電気・電子系 教科書シリーズ　20

パワーエレクトロニクス
（改訂版）

江間　敏
工学博士　高橋　勲　共著

コロナ社

刊行のことば

電気・電子・情報などの分野における技術の進歩の速さは，ここで改めて取り上げるまでもありません。極端な言い方をすれば，昨日まで研究・開発の途上にあったものが，今日は製品として市場に登場して広く使われるようになり，明日はそれが陳腐なものとして忘れ去られるというような状態です。このように目まぐるしく変化している社会に対して，そこで十分に活躍できるような卒業生を送り出さなければならない私たち教員にとって，在学中にどのようなことをどの程度まで理解させ，身に付けさせておくかは重要な問題です。

現在，各大学・高専・短大などでは，それぞれに工夫された独自のカリキュラムがあり，これに従って教育が行われています。このとき，一般には教科書が使われていますが，それぞれの科目を担当する教員が独自に教科書を選んだ場合には，科目相互間の連絡が必ずしも十分ではないために，貴重な時間に一部重複した内容が講義されたり，逆に必要な事項が漏れてしまったりすることも考えられます。このようなことを防いで効率的な教育を行うための一助として，広い視野に立って妥当と思われる教育内容を組織的に分割・配列して作られた教科書のシリーズを世に問うことは，出版社としての大切な仕事の一つであると思います。

この「電気・電子系 教科書シリーズ」も，以上のような考え方のもとに企画・編集されましたが，当然のことながら広大な電気・電子系の全分野を網羅するには至っていません。特に，全体として強電系統のものが少なくなっていますが，これはどこの大学・高専等でもそうであるように，カリキュラムの中で関連科目の占める割合が極端に少なくなっていることと，科目担当者すなわち執筆者が得にくくなっていることを反映しているものであり，これらの点については刊行後に諸先生方のご意見，ご提案をいただき，必要と思われる項目については，追加を検討するつもりでいます。

このシリーズの執筆者は，高専の先生方を中心としています。しかし，非常に初歩的なところから入って高度な技術を理解できるまでに教育することについて，長い経験を積まれた著者による，示唆に富む記述は，多様な学生を受け入れている現在の大学教育の現場にとっても有用な指針となり得るものと確信して，「電気・電子系 教科書シリーズ」として刊行することにいたしました。

これからの新しい時代の教科書として，高専はもとより，大学・短大においても，広くご活用いただけることを願っています。

1999年4月

編集委員長　高　橋　　寛

ま　え　が　き

1957年に米国GE社で半導体スイッチとしてのサイリスタが発明され，それまで使われていた水銀整流器に代わり，大電力の変換が容易に行えるようになったことから，本格的なパワーエレクトロニクスの時代が始まった。

現在では電力用ダイオード，サイリスタ，GTO，IGBTなどのパワーデバイスがめざましい進歩を遂げ，電力の変換，制御を応用したパワーエレクトロニクスの分野は格段に広がっている。エアコン，蛍光灯からソーラ発電，ロボットそして新幹線，リニアモータカーなどである。

本書『パワーエレクトロニクス』は，高専学生および大学生向けテキストとして，図表，写真や演習問題を多数用い，できるだけ平易に述べることに努め，基礎的な内容を扱っている。演習問題には，平成7年から始まった新制度の電気主任技術者第三種（電験三種）および第二種試験問題も多数使わせていただいた。

全体的には基礎的な内容を扱っている。前半の2～5章では，パワーデバイスについて説明し，後半の6～10章ではパワーエレクトロニクス機器，装置について説明している。パワーエレクトロニクスはあくまで，後半の部分がメインであり，後半により多くのページをさいたつもりである。前半においては，1章ではパワーエレクトロニクスの歴史から始まり，2～5章のパワーデバイスでは，最初に半導体の基礎的事項から始まっている。後半においては6章では交流波形の基礎理論と高調波を扱っている。その後，整流回路，インバータ，直流チョッパとサイクロコンバータと進み，最後の10章ではパワーエレクトロニクスの応用技術について触れている。

この本において学習を進める場合，学生の習熟度に合わせて2章の半導体の基礎的事項は省いていくとか，後半では整流回路，インバータの後に6章の交流波形と高調波を学ぶとか，10 章の応用技術では適宜ピックアップして勉強していくとか，この順序には特にこだわらなくてよいかと思う。

また，8 章インバータと 10 章パワーエレクトロニクスの応用技術では，具体的に突っ込んだ内容になっている。特に 10 章では，9 章までに学んだ内容を基礎として現社会で使用されている実システムについて示した。さらに進んだ学習に向けて，勉強していただきたい。

また，各章には「コーヒーブレイク」を用意した。“休憩”的な内容もあるが，パワーエレクトロニクスに関する重要な知識も含んでいるので学んでほしい。このような本を著すことは初めてであり，至らぬ点も多いことと思われるが，読者諸氏のご叱正をいただければ，後日のために幸いである。参考文献で示したように，パワーエレクトロニクスに関する多くの本が出ているので，さまざまな角度から勉強もしてほしい。

終わりに，本書の執筆にあたり，明電舎　総合研究所の鈴木俊昭博士からは種々有益な助言をいただいた。ここに記して感謝の意を表したい。

また，この本をまとめるにあたり，最後に示した多くの書籍，文献等を参考にさせていただいた。ここに感謝致します。

2001 年 11 月　　執筆者を代表して　江間　敏

改訂版にあたって

本書「パワーエレクトロニクス」は初版の発行から 20 年ほどが経過した。この間，ソーラ発電，電気自動車，家電製品など，パワーエレクトロニクスを取り巻く環境は日進月歩である。このような状況に対応するため，今回教科書として必要でかつ最新の知見を追加した。また，この機会に古いデータ更新も行うとともに，演習問題を電験三種問題を中心に増やすことで，パワーエレクトロニクスを学ぶ学生がさらに興味をもてるようにした。

2021 年 2 月　　江間　敏

目　　　次

4.　サイリスタとGTO

5.　パワーエレクトロニクスの周辺技術

6.　交流波形と高調波

7.　整流回路

8.　インバータ

9. 直流チョッパとサイクロコンバータ

10. パワーエレクトロニクスの応用技術

1

パワーエレクトロニクス

電力に変換，制御の概念が入ったのは電気が世に出たそのときからであろう。なぜなら電気は高速で容易に効率良く制御できるからである。“力”や“エネルギー”を自由にする，征服することは，人類の長年にわたる願望であった。

これから電力を変換，制御する技術“パワーエレクトロニクス”について基礎から学んでいこう。

1.1 パワーエレクトロニクスの登場

トランジスタが，1948年米国ベル研究所の**ショックレー**らによって発明され，エレクトロニクス時代が到来した。それまでは真空管が通信，音響分野などに使われており，トランジスタの登場によりとって代わられた。一方パワーを扱う技術は，1957年GE社で半導体スイッチとしてのサイリスタが発明され，大電力の変換が容易に行われるようになってから，パワーエレクトロニクスの時代が本格的に始まった。ここにおいても電力分野でそれまで活躍していた水銀整流器は使われなくなった。

パワーエレクトロニクス（power electronics）はパワー（回転機，静止器），エレクトロニクス（電子回路，デバイス）とコントロール（制御）を3本の柱として発展してきた（**図 *1.1***）。大きなものは，新幹線をはじめとする鉄道のモータ制御あるいは直流送電，家電分野ではエアコン，照明などに至るものまで電力に関するあらゆるものが，このパワーエレクトロニクスの技術で動いている。パワーエレクトロニクスという言葉は，サイリスタが世の中に使

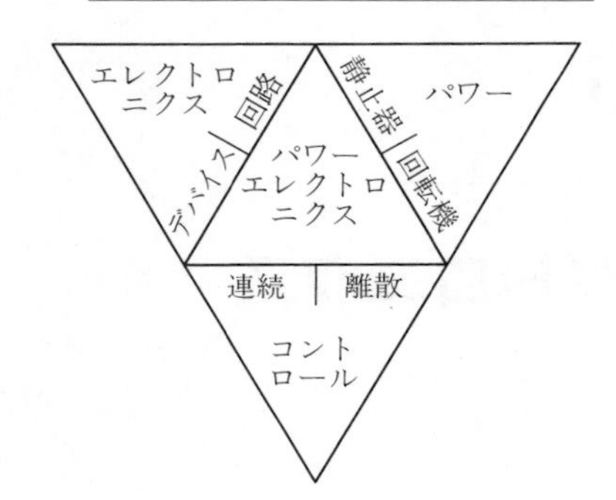

図 *1.1*　パワーエレクトロニクスの構成領域

用されるようになってから使われ，定着してきた。

1.2　パワーエレクトロニクスの歴史

科学技術の進歩につれ，真空管からトランジスタそしてIC，LSIとエレクトロニクスの発展には著しいものがある。一方，電力を扱うパワーエレクトロニクスの分野についても，(1)水銀整流器から始まり，(2)サイリスタ，(3)パワートランジスタをはじめとする各種デバイス，(4)インテリジェントパワー素子へと発展し，将来は(5)超高周波，超大容量高機能素子へと進むことが予想される（図 ***1.2***，図 ***1.3***）。

〔*1*〕 **第1期 —— 水銀整流器時代**　　1902年アメリカのヒューイットが，水銀蒸気アークが電流に対して弁作用があることを発見した。すなわち，水銀を封じ込めた内部が真空のガラス容器に電極をつけると電極から水銀方向のみ電流が流れる作用がある。このとき，水銀の蒸気が発生するように水銀をアークで加熱しておく必要がある。

図 *1.4* がこのガラス製**水銀整流器**（mercury rectifier）を示したものである。現在のダイオードに相当し，陽極にはカーボン電極，陰極には水銀が使用されていた。水銀の表面には高輝度を発生しながら陰極点（arc spot）が水銀表面上をランダムに動き，この部分に電流が集中し高温となる。励弧極は陽極の交流電流が0となると陰極点が消えるので，それを維持するための電極であ

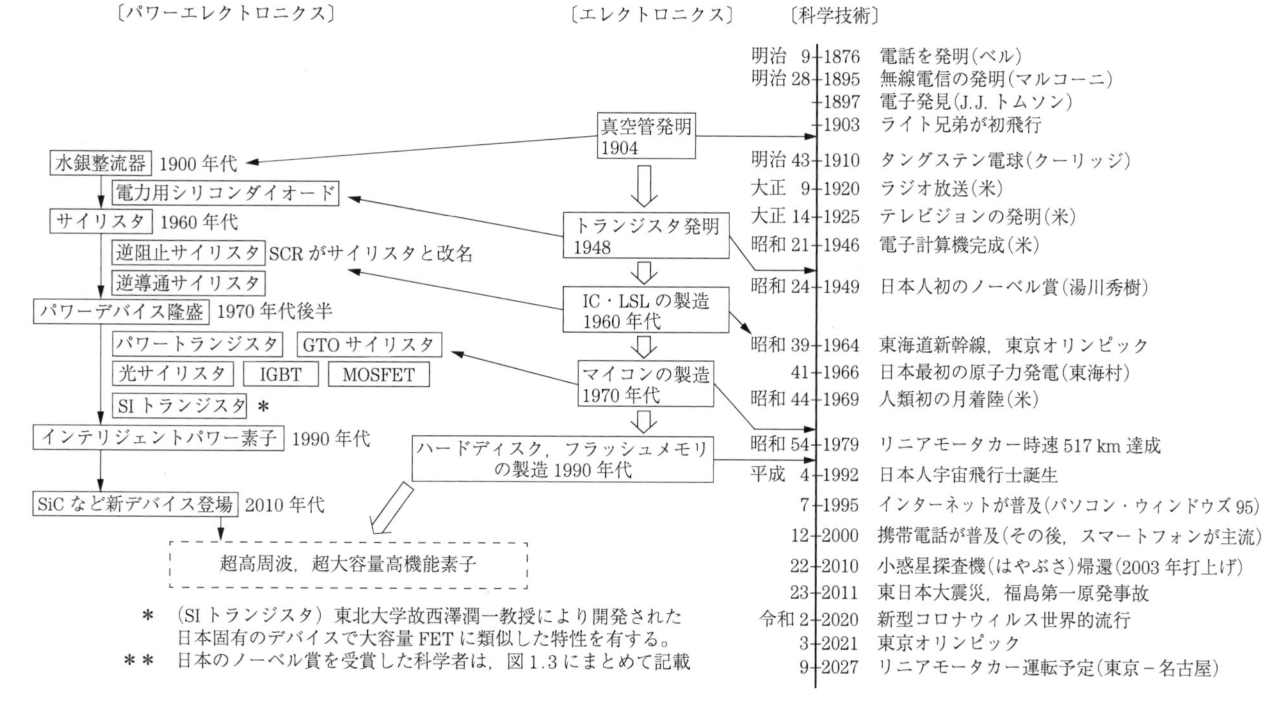

図 *1.2* パワーエレクトロニクスとエレクトロニクス，科学技術の歴史

湯川秀樹 (ゆかわ　ひでき) 1949 年　物理 未知の素粒子，中間子の存在を予言	朝永振一郎 (ともなが　しんいちろう) 1965 年　物理 素粒子をあつかうくりこみ理論を展開	江崎玲於奈 (えさき　れおな) 1973 年　物理 半導体エサキ・ダイオードを発明	福井謙一 (ふくい　けんいち) 1981 年　化学 フロンティア軌道理論を開拓
利根川進 (とねがわ　すすむ) 1987 年　生理学医学 免疫グロブリンの構造を解明	白川英樹 (しらかわ　ひでき) 2000 年　化学 導電性ポリマーの発見と開発	野依良治 (のより　りょうじ) 2001 年　化学 不斉合成のための触媒分子を開発	小柴昌俊 (こしば　まさとし) 2002 年　物理 宇宙からのニュートリノ検出に成功
田中耕一 (たなか　こういち) 2002 年　化学 生体高分子の構造解析手法を開発	南部陽一郎 (なんぶ　よういちろう) 2008 年　物理 自発的対称性の破れの予言	小林　誠 (こばやし　まこと) 2008 年　物理 CP 対称性の破れの起源の提唱	増川敏英 (ますかわ　としひで) 2008 年　物理 CP 対称性の破れの起源の提唱
下村　脩 (しもむら　おさむ) 2008 年　化学 クラゲから緑色蛍光タンパク質を発見	根岸英一 (ねぎし　えいいち) 2010 年　化学 パラジウム触媒によるクロスカップリング	鈴木　章 (すずき　あきら) 2010 年　化学 パラジウム触媒によるクロスカップリング	山中伸弥 (やまなか　しんや) 2012 年　生理学医学 細胞を初期化する方法を発見
赤﨑　勇 (あかさき　いさむ) 2014 年　物理 高効率青色発光ダイオードの発明	天野　浩 (あまの　ひろし) 2014 年　物理 高効率青色発光ダイオードの発明	中村修二 (なかむら　しゅうじ) 2014 年　物理 高効率青色発光ダイオードの発明	大村　智 (おおむら　さとし) 2015 年　生理学医学 寄生虫病に対する新しい治療法の発見
梶田隆章 (かじた　たかあき) 2015 年　物理 ニュートリノが質量をもつことを示すニュートリノ振動の発見	大隅良典 (おおすみ　よしのり) 2016 年　生理学医学 オートファジーのしくみの発見	本庶　佑 (ほんじょ　たすく) 2018 年　生理学医学 免疫抑制分子を標的としたがん治療法	吉野　彰 (よしの　あきら) 2019 年　化学 リチウムイオン電池の開発

(出典：文科省一家に 1 枚周期表，2020 年版)

図 *1.3*　ノーベル賞を受賞した日本の科学者（1949 年～2019 年）

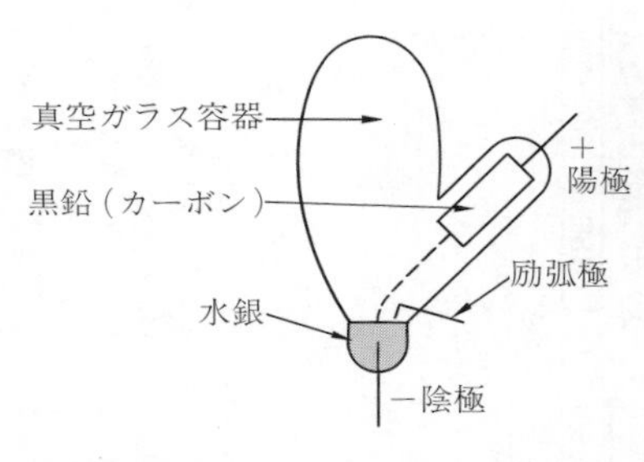

(励弧極を使用しアークを持続させる)
(陽極は 1，2，3，6 本のものが使用されたことがある)

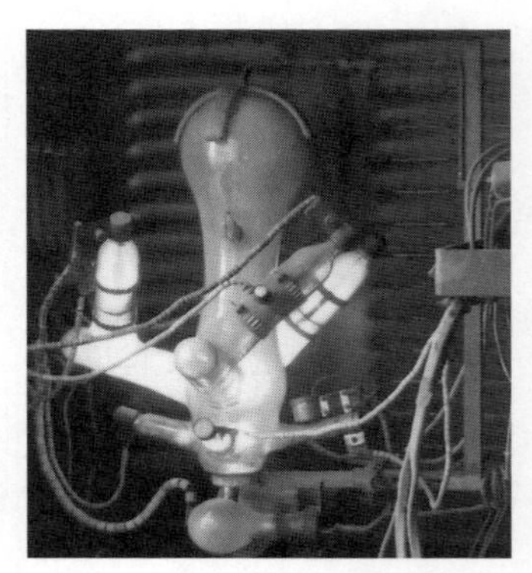

図 *1.4*　水 銀 整 流 器

る。現在ではシリコンダイオードのため，まったく姿を消し見られなくなった整流器であるが，1960 年代まで活躍していた。

1914 年，陽極の周りに格子（grid）を設けることにより，電流の制御作用があることが米国のラングミュアによって発見された。これがさらにガラス容器の代わりに鉄製水銀整流器に取り入れられ性能，容量ともに改良され化学プラント，交流電気機関車，さらには直流送電用電力変換器などにまで使用された。しかし，真空度，温度管理，逆弧・失弧†などの対策が難しくメンテナンスを要するため後に述べるサイリスタが出現するに至り，完全にとって代わられた。しかしながら，この時代は水銀整流器の登場により，重要な回路，基本原理等が確立された点において，その役割は大きいといえる。

〔*2*〕 **第 2 期 —— サイリスタ時代**　1957 年，米国 GE 社の R.A. ヨークらにより世に出された**サイリスタ**（thyristor；**SCR**）素子がパワーエレクトロニクスの第 2 段階の始まりである。1956 年，ベル研究所のジョン・モルにより提唱された素子であり，2 年ほどで実用化までこぎつけた。これは，水銀整流器に比べ電圧降下が少なく，高速スイッチング動作が可能であり，かつ，半導体素子なのでメンテナンスが不要である。

当時は画期的な素子で 10 A，100 V 程度の素子であった。幸いなことに日本は，いち早くこの開発に半導体各社一斉に取り組み始めた。大幅に遅れをとっていた日本であったがたがいに競い合ったおかげで，優秀な素子を生産できるまでになり，現在では世界一のレベルを誇っている。

この当時はまだ電子回路はトランジスタの時代で，インバータなどの主回路，制御回路は相当大形のものであった。

〔*3*〕 **第 3 期 —— パワーデバイス隆盛時代**　サイリスタは自己オフ能力がないので，インバータなどでは転流回路という大きな付属回路を必要としたため大形となった。これを除去するためパワートランジスタが 1975 年ごろから開発され入手できるようになった。数年後，インバータエアコン，汎用イン

† 逆弧（back fire：陰極になんらかの原因で陰極点が生じて，多量の電子が陽極へ逆流する現象），失弧（陽極-陰極間にアークが通じるべきときに通じない現象）。

バータに取り入れられ大量生産に至って大いに発展した。これに類似した機能を有する素子として大容量に使用される高速GTO，高速スイッチングが可能なIGBT，MOSFET素子がそれに続いて開発され現在に至っている。

この時代の電子回路の発展には今まで以上の大きなものがあった。ICとマイコンの出現である。ICは1970年ごろより，マイコンは1975年ごろより入手できるようになり，数年を待たずして取り入れられ実用化された。これらの採用が制御回路に従来の電力変換だけでなく，高度の制御概念まで組み入れたシステムを実現させ，パワーエレクトロニクスの分野に大きな飛躍をもたらした。

〔*4*〕 **第4期：現代 —— インテリジェントパワー素子時代**　1980年代になると米国GE社よりスマート（インテリジェント）パワーモジュールが発表された。これは，ドライブ（駆動）回路だけでなく種々の保護回路もIC化し，1個のパワーモジュールとしたものである。現在は大半これが使用されるようになり，三相インバータをワンチップ化し，さらにインテリジェント機能をもたせた素子まで出現している。

マイコンも高速となり，さらに32 bitまでインバータなどの制御に使用されるようになった。インテリジェント機能が制御回路にも波及し，現代制御理論を採用した多くのシステムを輩出した時代である。

〔*5*〕 **第5期～：将来 —— 超高周波，超大容量高機能素子**　将来の予測ははなはだ困難であるが，SiC（炭化けい素），GaN（窒化ガリウム），GaO（酸化ガリウム），C（ダイヤモンド）半導体の出現が期待できる。SiCは2010年代から実用化され，従来のSiに比べ高効率，低損失を実現し，一部の領域で使用され始めている。GHz帯のインバータ，がいしのなかに入る高圧・超小形大容量インバータ，さらなるインテリジェント機能を有するインバータなど夢は大きい。

制御に関しても予測しがたいが，人工知能（AI）はもちろん人の知力・能力を超えた機器が出現するであろうことは容易に予測できる。

以上のようにパワーエレクトロニクスは実生活に密着した欠くべからざる技

術の一つとなっている。エネルギーは文明を築いた糧であるともいわれ，どう料理するかがパワーエレクトロニクスで，種々の技術を結集した総合技術としてますますその重要さは増すであろう。

1.3　パワーエレクトロニクスの分野

電力用ダイオード，パワートランジスタ，サイリスタ，GTO，IGBT などのパワーデバイスがめざましい進歩を遂げ，電力の変換，制御を応用した領域は広がっている。ここでは，パワーデバイスが日常の生活のなかでどのように使われているのか，代表的な機器，装置を**図 *1.5***，**図 *1.6*** で紹介する。

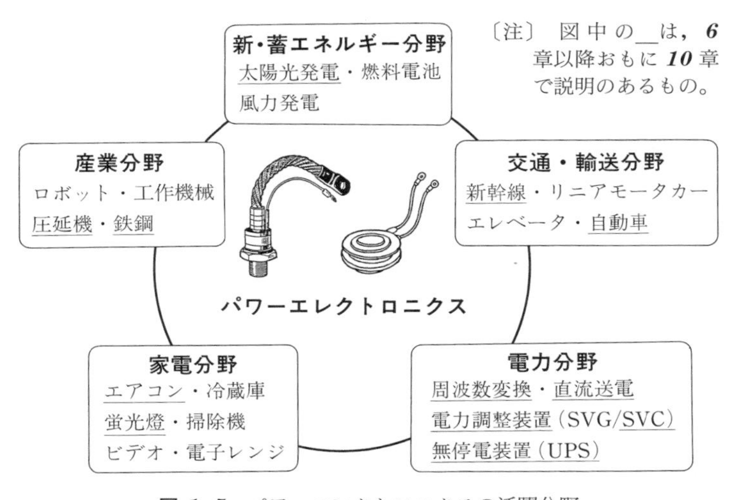

図 *1.5*　パワーエレクトロニクスの活躍分野

これらの活躍分野における一例として，**図 *1.7*** にかご形誘導電動機の可変速運転のブロック図を示す。交流をいったん直流電圧に変え，さらにインバータにより，可変電圧可変周波数の交流を出力させることにより，速度制御を行うことができる。原理的には，この誘導モータの軸に歯車を経て車輪が付けば新幹線となり，巻上機が付けばエレベータとなる。コンプレッサ（圧縮機）に

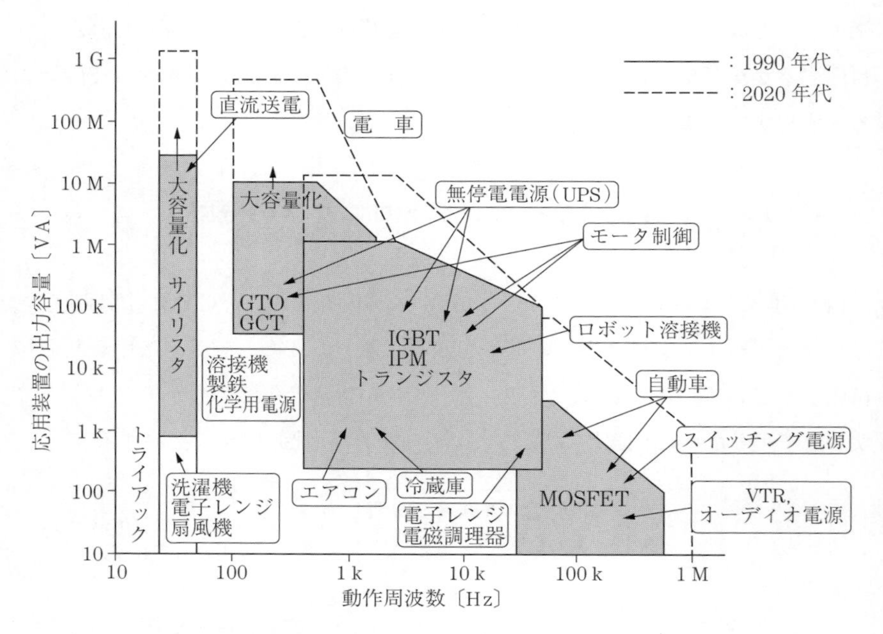

図 *1.6*　パワーデバイスの応用分野

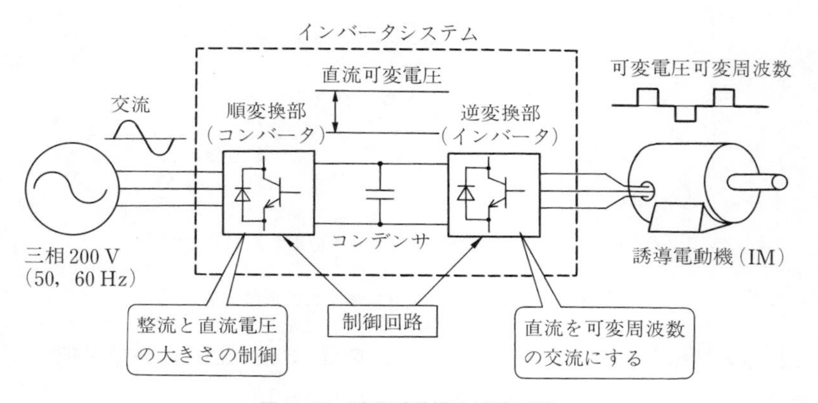

図 *1.7*　誘導電動機の速度制御

接続されればエアコン，冷蔵庫と原理的には考えられる。

このようにパワーエレクトロニクスの活躍分野，応用分野は広いことがわかる。なお図 ***1.5*** において，下線が付いている機器，装置は ***6*** 章以降，おもに

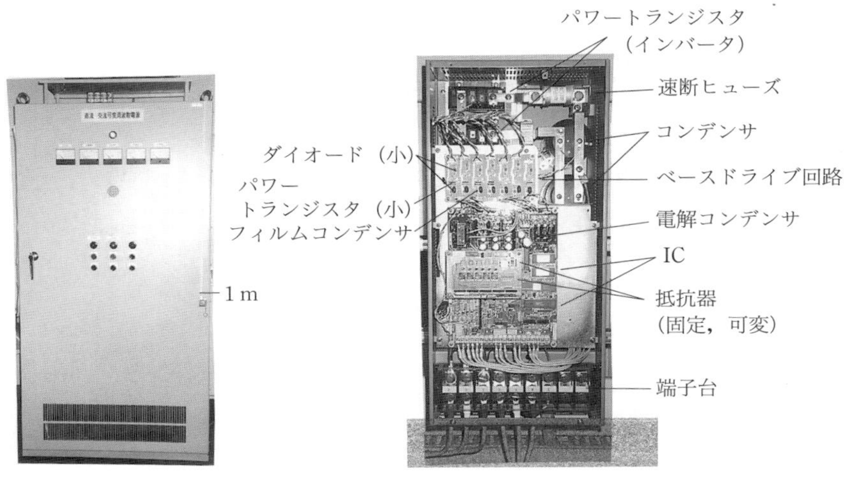

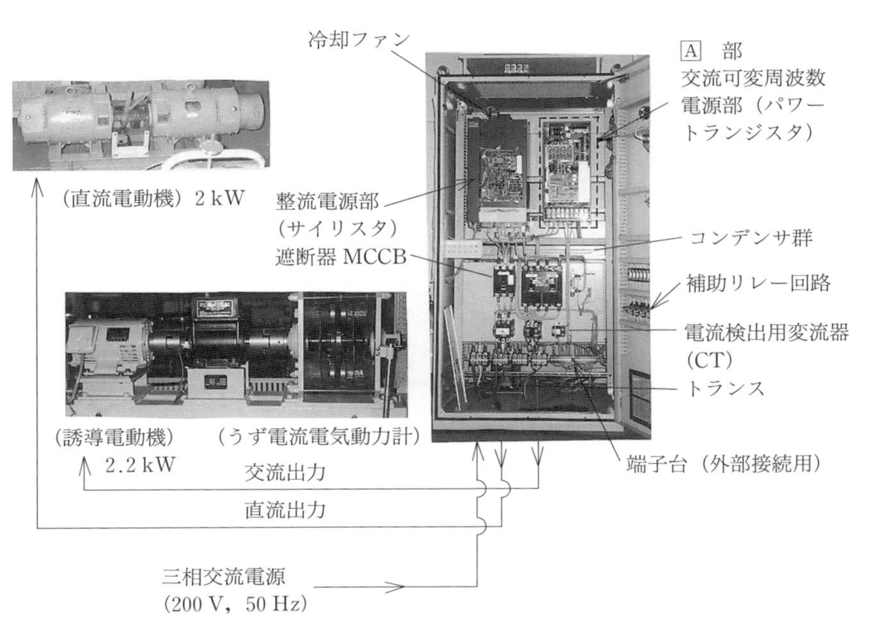

図 *1.8*　直流・交流可変周波数電源の例

10 章でさらに詳しく説明しているので勉強されたい。

一方，パワーデバイスのめざましい進歩は大容量化，高速・高周波化へと進んでいる。図 ***1.6*** はそれぞれの素子の動作周波数と出力容量の関係について応用分野を含めて示したものである。

図 ***1.8*** は 1988 年製の直流・交流可変周波数電源装置（7.5 kVA）の一例である。デバイス，電子回路，制御回路などが，高密度に入っている様子がわかる。

コーヒーブレイク

日本の半導体産業――エレクトロニクス社会に貢献した日本――

20 世紀はエレクトロニクスの世紀である。本世紀初頭に真空管の発明があり，電気工学に対する電子工学が誕生し，トランジスタの発明が続いた。その後，これらの半導体デバイスが飛躍的な発展を遂げ，エレクトロニクス社会が実現した。

産業の米とも呼ばれる LSI をはじめとする半導体素子は，日常生活から社会システムまで多量に使われている。テレビ，パソコン，エアコン，携帯電話，電卓，コンピュータ，産業用ロボット，宇宙開発の分野などである。

このようなエレクトロニクスの発展に対し，1990 年代に日本の果たした役割は大きく，平成 2 年には日本が海外に輸出する電気製品の総額は約 10 兆円にもなり，自動車に次ぐ額であった。日本がこの分野で発展を遂げたのは，このような精密な産業が，日本の国情に合致していたためであろう（図 ***1.9***）。

しかし，2000 年代から，中国，韓国をはじめとするアジア諸国の台頭もあり，かつての半導体王国日本も群雄割拠の時代となり，厳しい状況がつづいている。

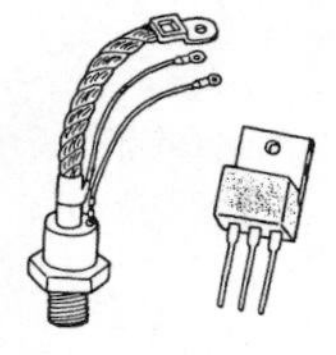

パワーデバイス
（電力用半導体）

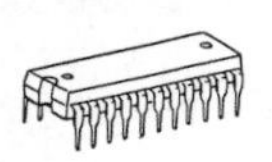

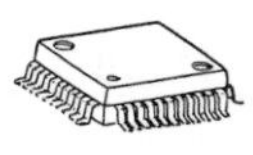

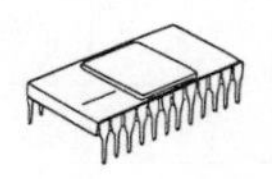

超 LSI（数万～百万個のトランジスタが入っている）
マイクロプロセッサ（1チップコンピュータ）

図 ***1.9***　さまざまな半導体デバイス

演　習　問　題

【1】 私たちの生活において，パワーエレクトロニクス技術が使われている例を調べよ。

【2】 次の各機器，装置の名称を英語で書け。
（1） 静止形無効電力補償装置（SVC）
（2） 無停電電源（UPS）
（3） 電気自動車（EV）

【3】 W.E. Newell の提唱したパワーエレクトロニクスの文章を訳せ。

[IEEE Trans. IA-10 (1), 1974, p.7]

Power Electronics is a technology which is interstitial to all three of major disciplines of electrical engineering: electronics, power, and control. Not only does power electronics involve a combination of the technologies of electronics, power, and control, as implied by the figure 1.1, but it also requires a peculiar fusion of the view points which characterize these different disciplines.

[Notes] interstitial：すきまのある，細胞間の　discipline：学問，学科，規律　peculiar：特別の，特有の　fusion：融和，融合

【4】 世界で初めてトランジスタを開発したのは，だれか。また，それはいつか。

【5】 図 ***1.7*** の VVVF インバータシステムにおいて，シンプルな V/f 制御で誘導電動機を運転した（無負荷）。結果の一例が**問図** ***1.1*** である（参考として**問図** ***1.2***）。実験結果から以下の問いに答えよ（***10.1.2***.項および ***10*** 章の演習問題【8】を参照）。
（1） この結果から誘導電動機の極数はいくらか。
（2） 周波数 $f = 15$ Hz のとき，回転数 $N = 448$ rpm である。すべり S はいくらか。
（3） $f = 15$ Hz のとき力率は 15％であった。グラフの値を用い，誘導電動機の無負荷損の概数を計算せよ。
（4） V/f 比 = 一定であることをグラフから確認せよ。

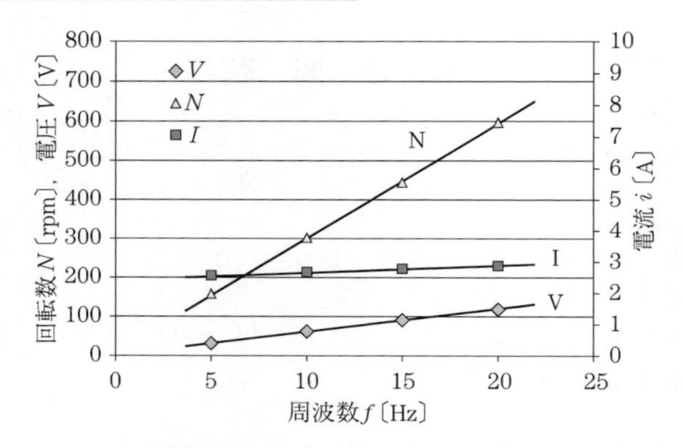

問図 *1.1*　V/f 制御でのモータ特性

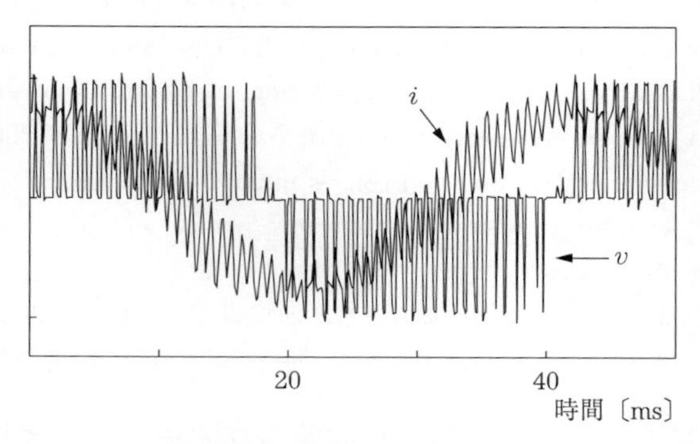

問図 *1.2*　電圧波形（PWM）と電流波形（$f = 20$ Hz）

【6】 図 ***1.3*** のノーベル賞を受賞した科学者で，電気・電子・情報・通信分野に関係する科学者とその業績を挙げよ。

【7】 2020 年以降，パワーエレクトロニクス，科学技術の進歩をまとめてみよ。

2

電力用ダイオードとパワートランジスタ

本章ではパワーデバイスの基本となる電力用ダイオードとパワートランジスタについて学ぶとともに半導体の基礎的な事柄についても勉強する。パワートランジスタは最近まで多く使用された素子であるが，現在ではあまり使用されなくなっている。しかし，原理的には大切な素子であるので，この章で述べることにする。

電力用ダイオードとパワートランジスタおよび ***3*** 章，***4*** 章と続くパワーデバイスについては基本的なところを数式による説明より，できるだけ図面を多くし説明している。

2.1 半導体とは

本節で勉強しようとすることは，読者はすでに半導体工学，あるいは電子回路などで必ず学んでいるはずである。しかし本節以下を学ぶ際にも欠かすことのできない基礎であり，この基礎の上に説明が展開されているから，あえて触れることにするが，読者によっては本節や ***2.2*** 節は飛ばしてもよい。

2.1.1 真性半導体

種々の材料をその抵抗率の順序に配列してみると**図 *2.1*** のようになり，**半導体**（semiconductor）はその抵抗率が導体と絶縁物の中間にある。

この半導体の電気的性質を知るには，原子の問題にまで立ち入らなければならない。原子は正の電荷をもった原子核と，その周りの一定の軌道を回ってい

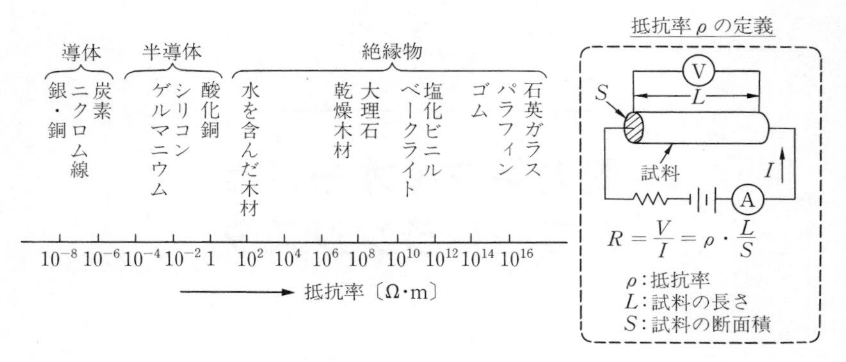

図 2.1　種々の材料の抵抗率

るいくつかの電子からなり，全体として電気的には中性になっている。そして，最も外側の軌道を回っている電子が，最もエネルギーの高い電子で，この電子を**価電子**（valence electron）といい，原子が集まって結晶をつくる場合や，化学反応をするときの結合の手（bond）の役目をする。化学でいう**原子価**はこの電子の数で決まる。

現在半導体の代表的なものは，シリコン，ゲルマニウムで，この原子価は 4 で，シリコン，ゲルマニウムの最も外側の軌道に 8 個（1 原子当りは 4）の共有電子座席数がある。そこで，**図 2.2** に示すように，隣の原子から電子を出し合ってこれらの座席を占めることになる。このような結合を**共有結合**という。

また，不純物を含まない半導体を**真性半導体**（intrinsic semiconductor）というが，このような真性半導体においては，価電子は原子核に吸引されているために，少しぐらいの電界では電子は移動しないから，電気伝導は起こらない。しかし，加熱，光や X 線の照射，磁界，電界などにより所要のエネルギーを与えると，価電子のいくつかは原子核の束縛から離れて，自由電子となり，半導体の電気的特性が変わってくる。自由電子は価電子より高エネルギーをもち，その半導体に電気伝導性を与える電子で，これが存在するエネルギー帯を**伝導帯**（conduction band）という。これに対し価電子のもつエネルギー帯を**価電子帯**（valence band）といい，真性半導体では，伝導帯の電子の数と

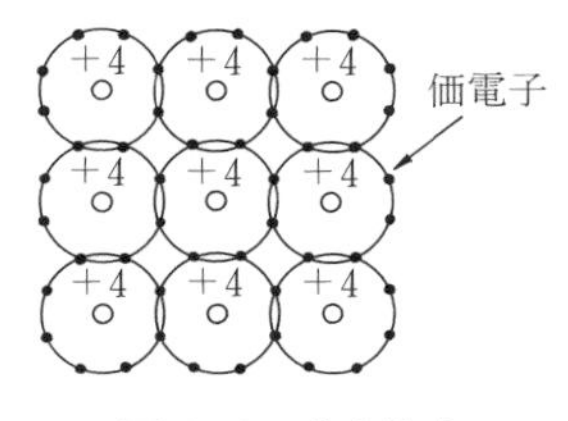

図 2.2　共有結合

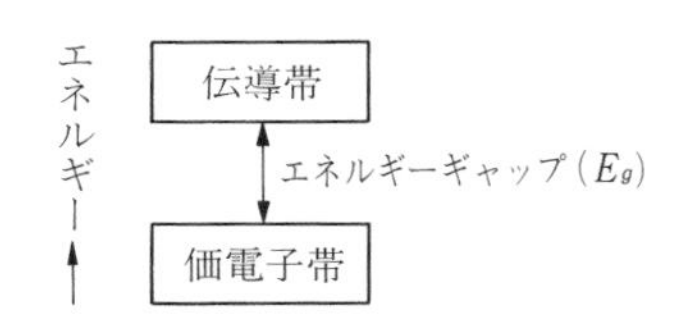

図 2.3　エネルギーギャップ

価電子帯の電子の空席数とは一致することになる。

図 2.3 のように，価電子帯と伝導帯とのエネルギー差 E_g を**エネルギーギャップ**といい，シリコンの場合 1.1 eV で比較的小さい（ダイヤモンドは 6 eV）ので，シリコン半導体の電気的性質は温度，電界，磁界などの影響を受けやすい。

2.1.2　n 形半導体と p 形半導体

真性半導体に P（リン），Sb（アンチモン），As（ヒ素）などの 5 価の原子を不純物として少し加えると，**図 2.4** に示すように，隣り合った原子と 4 個の電子までは結合するが，1 個の電子は余ってしまう。この電子は，原子核に軽く拘束されているだけであるから，電界がわずかでも加えられると電界と逆の方向に結晶中を動き，この場合は負（negative）の電荷が移動することになる。このようなものを **n 形半導体**といい，投入不純物を**ドナー**（donor）という。

また逆に，B（ボロン），Ga（ガリウム），Al（アルミニウム），In（インジウム）などの 3 価の原子を加えると，**図 2.5** に示すように，今度は最も外側

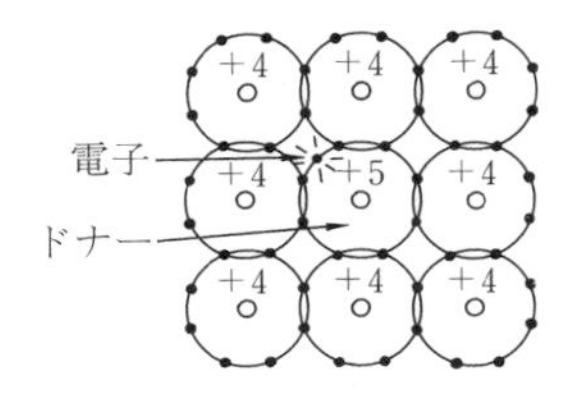

図 2.4　n 形半導体の電子配列

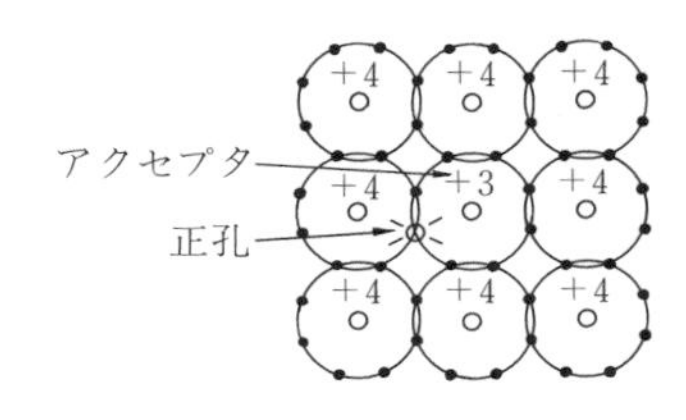

図 2.5　p 形半導体の電子配列

の軌道の座席に空席が1個生じる。この空席を**正孔**（hole，**ホール**）という。結晶中に空席ができると，隣の電子がこの空席に入り，そこにまた空席が生じる。かくして電界がわずかでも加えられると，電界の方向にこの空席が移動し，正（positive）の電荷が運ばれることになる。このような半導体を**p形半導体**といい，投入不純物を**アクセプタ**（acceptor）という。

このように，半導体は投入不純物によって電気的特性が大きく変わる。

2.2　電力用ダイオード

図 **2.6**（*a*）のように，**電力用ダイオード**の一般的な形式は**pn 接合ダイオー**

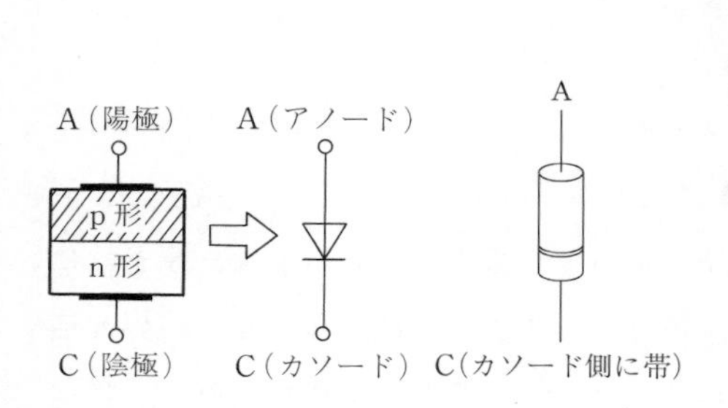

（*a*）　記　号

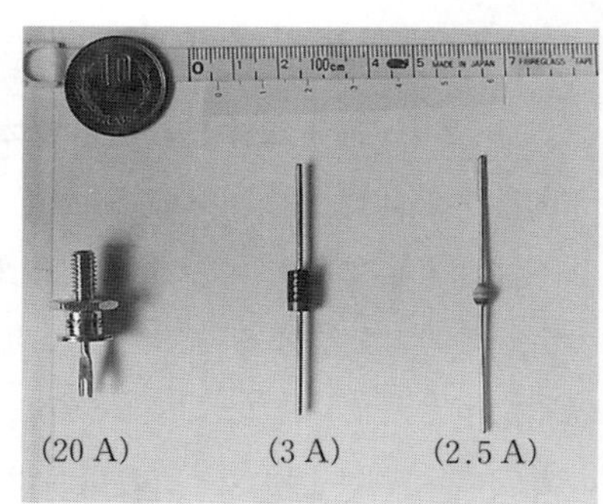

（*b*）　電源整流用ダイオード

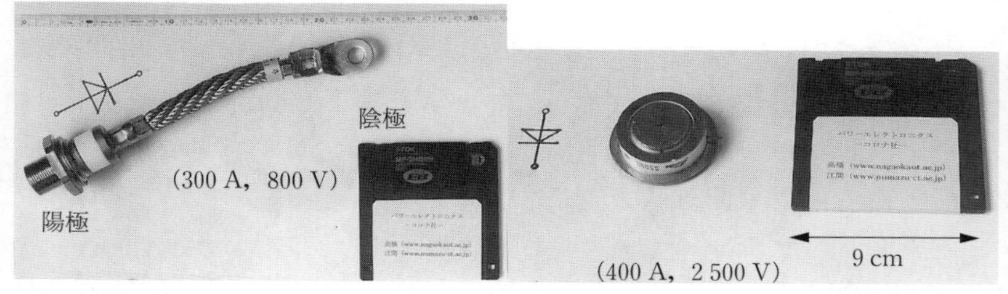

①　スタッド形素子　　　②　平形素子

＊数値は順方向電流（I_F）−逆方向電圧（V_R）を示す。

（*c*）　電力用シリコンダイオード

図 **2.6**　各種のシリコン整流器

ドである。これはp形半導体とn形半導体の2層を接合して，電流に対して整流作用をもたせた素子で，**陽極**A（anode）と**陰極**C（cathode）の2端子からなり，陽極から陰極に向かう方向にのみ電流が流れる。この方向を順方向という。

図 2.6(*b*)，(*c*)はシリコン整流器の外観で，大容量のものは整流素子内に発生した熱損失を外部に発散しやすくするため，冷却用フィンを設けているのが多い。

p形とn形の二つの半導体が，**図 2.6**(*a*)のように接合されると，接合面において，n層の過剰電子がp層に拡散し，正孔と結合する。また，p層の正孔はn層に拡散して電子と結合する。この結果，接合面の近傍のp層では正孔を失って負に，n層では電子を失って正の電子をもつから，接合面には**図 2.7**(*a*)に示すような電界が生じ，これ以上の電子，正孔の拡散を妨げる。この電圧を接合面の**電位障壁**という。そして，接合面の近傍は過剰な電子も正孔もない層を形成する。この層を**空乏層**（depletion layer）という。かくして生じた電位障壁のために接合面を通しての電子，正孔の拡散は行われず，接合面での電流は0になる。

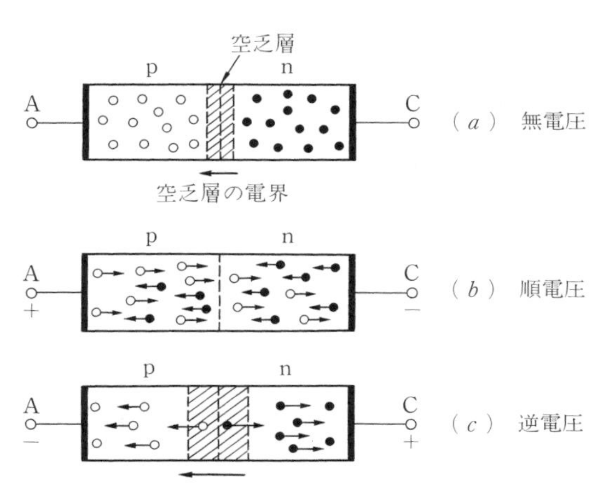

図 2.7　pn接合ダイオードの整流原理

また，**図 2.7**(*b*)に示すように，p 層のほうを正になるような極性の電圧（これを順電圧という）を印加し，しかもこの大きさが電位障壁より大きければ，p 層の正孔は右方へ，n 層の電子は左方へ加速され，接合面を超えて正孔は n 層へ，電子は p 層へ拡散が継続されて導通状態になる。導通時の電荷の**運び手**（carrier）は，接合面では電子と正孔であるが，接合面を遠ざかったところでは，p 層では正孔，n 層では電子が主たる運び手となる。

次に，図(*c*)のように，図(*b*)と極性の逆の電圧すなわち逆電圧を加えると，この電圧は接合面にかかり，電位障壁をますます高め，接合面の空乏層によりコンデンサを形成し，電流は流れず不導通になる。しかし，厳密には逆電流といわれる，ほとんど 0 に近い μA オーダの逆電流が流れる。

さらに逆電圧を増していくと，あるところすなわち $V \leqq V_a$ で急に大きい電流が流れ始める。この電流の急増を**アバランシ降伏**（avalanche breakdown）という。この降伏は，永久的な特性変化ではなく，接合部が熱破壊しない限り逆電圧を下げると，また元の状態に戻る。

以上より pn 接合の整流特性は**図 2.8**(*a*)，(*b*)のようになる。図(*c*)は大電力の整流用シリコンダイオードの順方向の特性例である。

図(*b*)において，$V > V_a$ に対する電流 I は次式で示される（演習問題【**5**】参照)。

$$I = I_s\left\{\exp\left(\frac{qV}{kT}\right) - 1\right\} \tag{2.1}$$

ここで，q：電子の電荷$=1.602\times10^{-19}$〔C〕，k：ボルツマン定数$=1.381\times10^{-23}$〔J/K〕，T：接合の温度〔K〕，I_s：飽和逆電流〔A〕である。

電力用ダイオードは主に整流作用であり，整流ダイオードでもある。整流ダイオードには，一般整流用と高周波用がある。商用周波数（50 Hz，60 Hz）程度の低周波数の電源には，一般整流用を用いる。数百 Hz 程度以上では高周波用を用いる。高周波用に**ショットキーバリアダイオード**（Schottky barrier diode；**SBD**）が用いられる。このダイオードは，pn 接合ダイオードの n 形

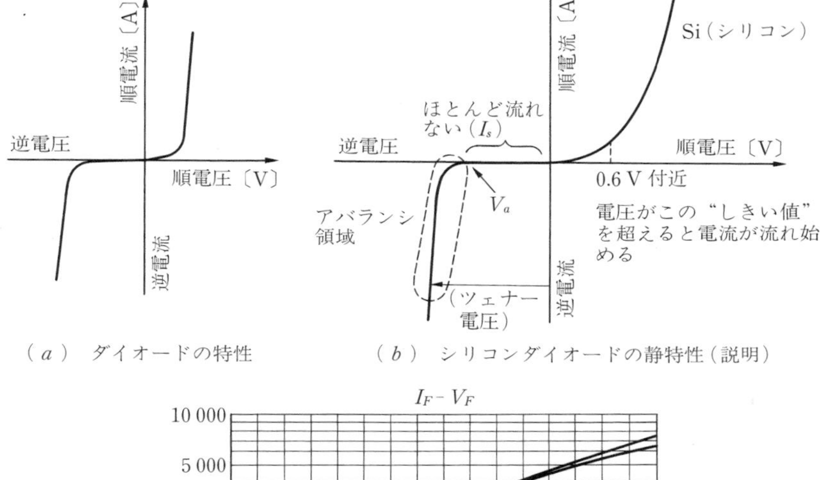

（a） ダイオードの特性　（b） シリコンダイオードの静特性（説明）

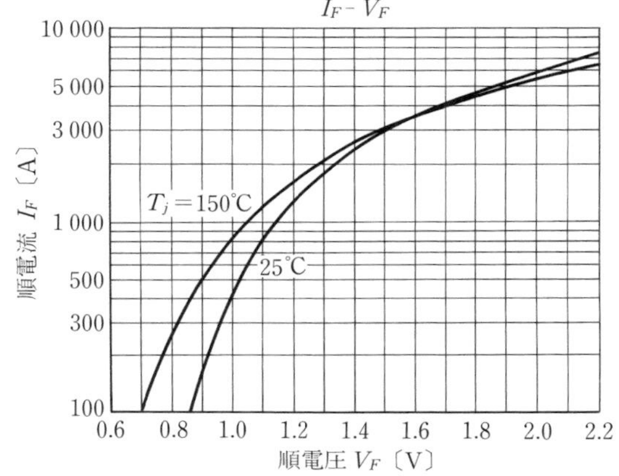

（c） 順方向特性（電力整流用）

図 **2.8** ダイオードの整流特性

シリコンに金属薄膜を形成した構造となっている。高速スイッチング特性を有し，インバータ回路，チョッパ回路の環流用（**8** 章，**9** 章参照），スイッチング電源の二次側整流用（**7** 章コーヒーブレイク，**10.2.1** 項参照）などに用いられる。

2.3 パワートランジスタ

パワートランジスタは主電流の運び手から分類すると，バイポーラ形（bipolar type）とユニポーラ形（unipolar type）とになる。前者はキャリヤが電子と正孔の二つであるのに対し，後者は多数キャリヤの電子のみ（または正孔のみ）である。

ユニポーラ形はゲートに加える電圧によって生じるゲート近傍の電界で，電流が制御されるので**電界効果トランジスタ**（field effect transistor：**FET**）とも呼ばれ，これもまた JFET と MOSFET に分類される（図 ***2.9***）。

ユニポーラ形トランジスタ（FET）については，***3*** 章で説明する。

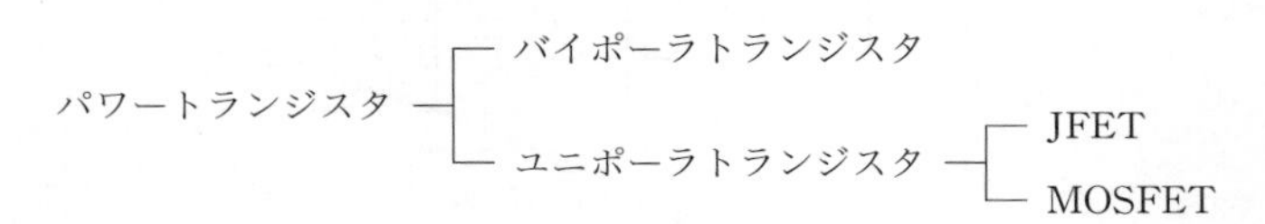

図 ***2.9*** パワートランジスタの分類

2.3.1 バイポーラトランジスタ

トランジスタには pnp 形と npn 形の 2 種類があり，そのなかを流れるおもな電流は前者では正孔電流，後者では電子電流である。図 ***2.10***(*a*)，(*b*)は

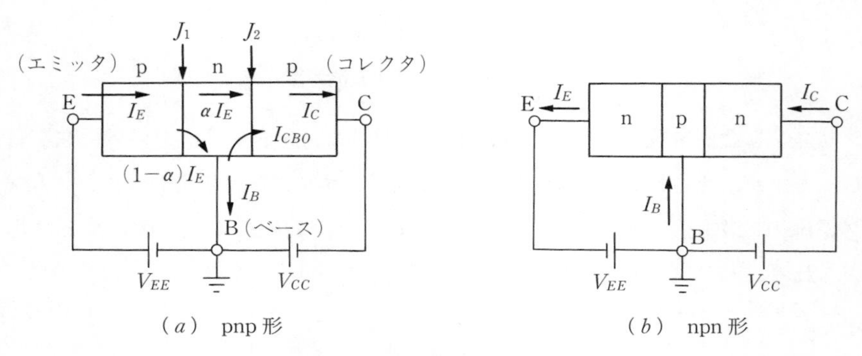

図 ***2.10*** ベース接地トランジスタ

それぞれ pnp 形と npn 形トランジスタに与える電源電圧と電流の方向を示す。両者で電圧と電流の方向はたがいに反対になっている。

一方，電極を接地する方式としては**ベース**（base）接地，**コレクタ**（collector）接地，**エミッタ**（emitter）接地の 3 方式がある。パワーエレクトロニクスでは，通常小さな電流で大きな電流をオン・オフできる npn 形トランジスタのエミッタ接地が使用される。

はじめにトランジスタの基礎特性を理解する。**図 *2.10*(*a*)**はベース接地の pnp 形トランジスタの電流成分を示す。エミッタからベースに流入する電流 I_E の大部分は J_2 の空乏層の電界により，コレクタ層に吸い込まれて電流 I_C を形成する。この電流は αI_E で表され，ベース電極へ流れる電流は $(1-\alpha)I_E$ となる。

$$\alpha = \frac{I_C}{I_E} \tag{2.2}$$

この α を**電流伝達率**といい，0.95〜0.99 程度で 1 に近い。エミッタから電流が流れ込まなくても，ベース・コレクタ間は逆方向接続であるから，わずかながら漏れ電流が流れる。この電流を遮断電流といい，I_{CBO} または I_{CO} で表す。電流緒量の間には以下の関係が成り立つ。

$$I_C = I_{CBO} + \alpha I_E \tag{2.3}$$

$$I_B = -I_{CBO} + (1-\alpha)I_E \tag{2.4}$$

$$I_E = I_C + I_B \tag{2.5}$$

また，I_C と I_B との比を β とすれば，

$$\beta = \frac{I_C}{I_B} \fallingdotseq \frac{\alpha}{(1-\alpha)} = 20 \sim 100 \tag{2.6}$$

となる。この β を**電流増幅率**（d.c. current gain）といい，トランジスタの h パラメータ，h_{FE} に等しい。α，β は I_B または I_C により変化して一定のものではないが，これをほぼ一定とすれば，トランジスタは I_B により I_C を制御することができるし，I_B が増幅されて I_C になるとも考えられる。このような線形増幅が行われている状態を**順方向活性状態**という。

図 *2.11* は，エミッタ接地の npn 形トランジスタ（**図 *2.12***）のベース電

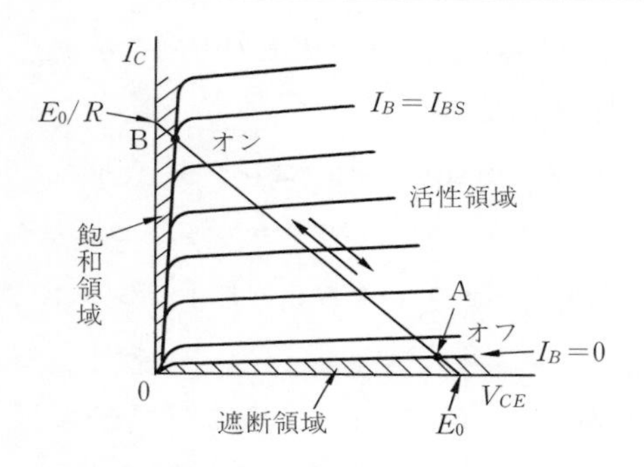

図 **2.11**　トランジスタの静特性

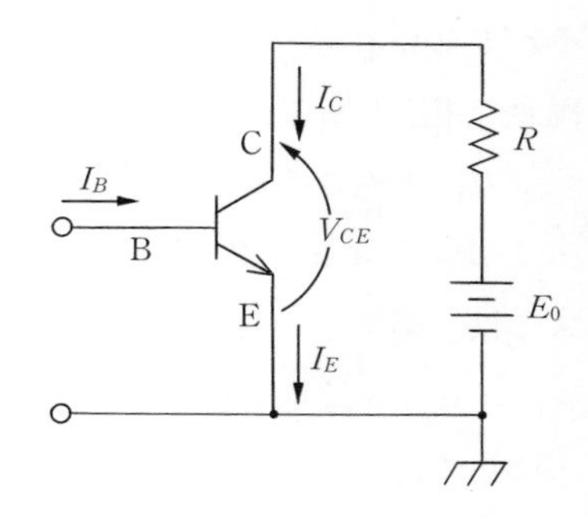

図 **2.12**　エミッタ接地トランジスタ

流をパラメータとした静特性である。図 **2.11** においてベース電流が 0 の領域を**遮断領域**（cut-off area），コレクタ接合が順バイアスとなる領域を**飽和領域**（saturation area），その中間の領域を**活性（能動）領域**（active area）という。トランジスタをスイッチ動作させるときは，遮断領域（オフ状態）と飽

コーヒーブレイク

シリコンができるまで①― けい石からシリコンへ，そして**イレブンナイン**の純度（99.999 999 999 %）

ダイオード，トランジスタ，IC，LSI などの半導体素子の大部分はシリコンからなっている。シリコンの材料はけい石である。北極に近い極寒の地，ノルウェーのブレメンガー地方と南米がおもな採掘地である（図 **2.13**）。

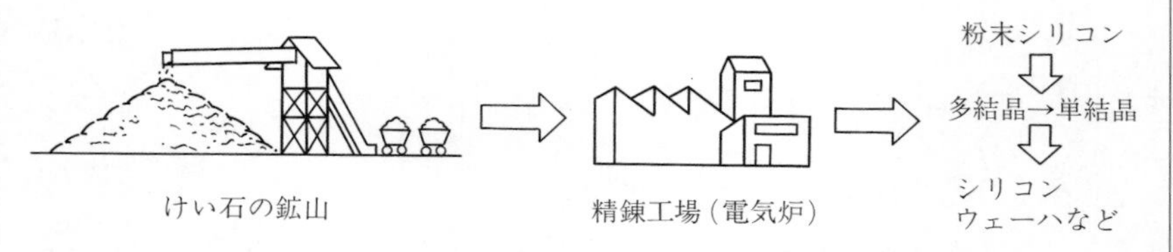

図 **2.13**

取り出されたシリコンを化学処理すると純度 98 %の粉末シリコンになる。しかし半導体材料として使われるシリコンは，純度 99.999 999 999 %（イレブンナイン）。9 が 11 個も続く，想像を絶する純度にしなければならない。1 000 億個のシリコン原子のなかに紛れ込んでいる他の原子がたった 1 個，つまり不純物の存在が限りなく 0 に近い状態まで精錬しなければならない。

和領域（オン状態）をベース電流により切り換えて動作させる。

図 2.11 で，ベース電流 $I_B = 0$ のときの動作点は遮断領域の点 A（≒ E_0）

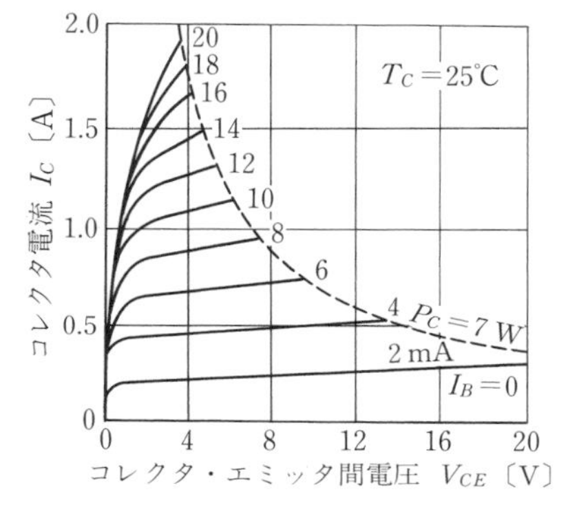

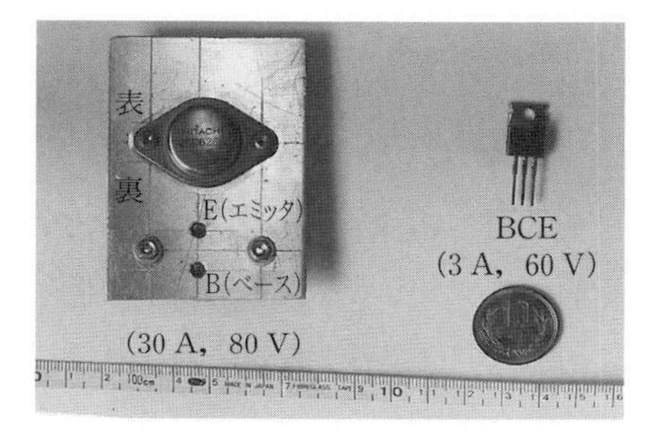

（＊数値は最大コレクタ電流（I_C）と最大コレクタ・エミッタ間電圧（V_{CE}）を示す）

図 2.14　パワートランジスタの出力特性（エミッタ接地）と外観

コーヒーブレイク

シリコンができるまで ② — 半導体工場の水と空気

不純物といえば，半導体工場の水と空気も同様である。「**超純水**」と「**クリーンルーム**」（図 2.15）である。水道の水の純度は 99.99 %程度で，常識的に考えると，これだって相当純粋といえる。しかし，LSI 製造に使う超純水は実に 99.999 999 %という気の遠くなるような高純度である。

一方，空気についてもレーザ測定で約 30 cm^{3}の空気中に，0.1 ミクロン（1 万分の 1 ミリ）のゴミが 1 個以下の超クリーンルームもできている。一般的な部屋でも 0.5 ミクロン以上のゴミが 100 万個以上あるのが普通である。ミクロンの世界は，ゴミとの闘いでもある（図 2.15）。

図 2.15　クリーンルーム

にある。活性領域と飽和領域の境界のベース電流 I_{BS} を流すと，動作点は点B（≒ E_0/R）になる。**図 *2.11*** における負荷線は $V_{CE} = E_0 - RI_C > 0$ の関係を満足する。

図 *2.14* は，小電力のパワートランジスタの出力特性とその外観である。

2.3.2　バイポーラトランジスタのスイッチング特性

本来トランジスタは線形増幅機能をもつデバイスであるが，パワーエレクトロニクスではこれをカットオフ状態とオン状態のみで動作させて，損失の小さな電力用無接点スイッチとして利用する。

飽和状態（オン状態）では，コレクタ層（n）からベース層（p）へ電子が，p層からn層へ正孔が放出され，p層とn層は少数キャリヤが過剰な状態にある。そこで $I_B = 0$ として，この飽和状態から遮断状態に切り換えようとする場合，この過剰なキャリヤの掃き出しに時間がかかり，この時間だけ状態の移行が遅れる。この時間を**蓄積時間**（storage time）t_s という。バイポーラ形トランジスタの場合には5〜20μs程度で他の素子よりこれが長い。

図 *2.16* がバイポーラトランジスタのスイッチング動特性である。パワーデバイスは ***2*** 章から始まり ***3*** 章のMOSFET，IGBT，***4*** 章のサイリスタ，GTOと続くが，そのスイッチング特性はほぼ**図 *2.16*** のトランジスタの特性と同様に考えられる。入力信号のベース電流がゲート電圧（電流），出力波形

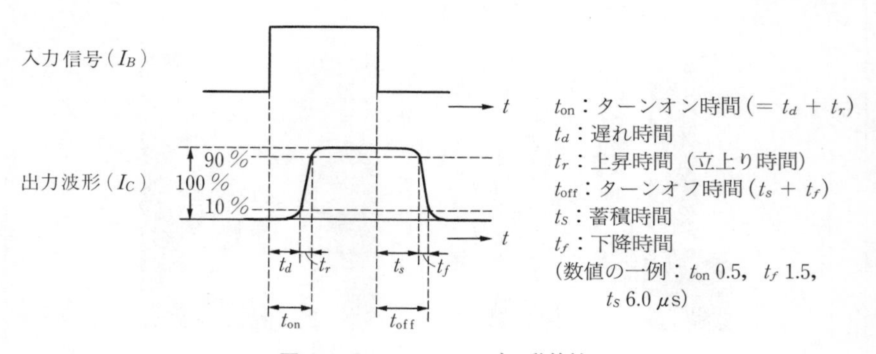

図 *2.16*　スイッチングの動特性

のコレクタ電流がコレクタ電圧，ドレーン電圧などである。MOSFET，IGBT では，t_s の蓄積時間に対応する時間帯をターンオフ遅れ時間と呼んでいる。

またパワーデバイスのスイッチング動作については，**3** 章のコーヒーブレイクでも説明しているので参照されたい。

コーヒーブレイク

シリコンから薄い円板上のシリコンウェーハへ

高精度で取り出したシリコンのかたまり**シリコンインゴット**を薄い円板上にスライスする。これを**シリコンウェーハ**という†。つぎに鏡のように磨き上げたウェーハ上に半導体の回路（IC）をつくる。1 枚のウェーハから多くの IC をとるため，その口径（直径）も年を追うごとに技術の進歩とともに大きくなっている。この大口径化は半導体の製造コスト低減と生産量増大に貢献している（**図 2.17**）。

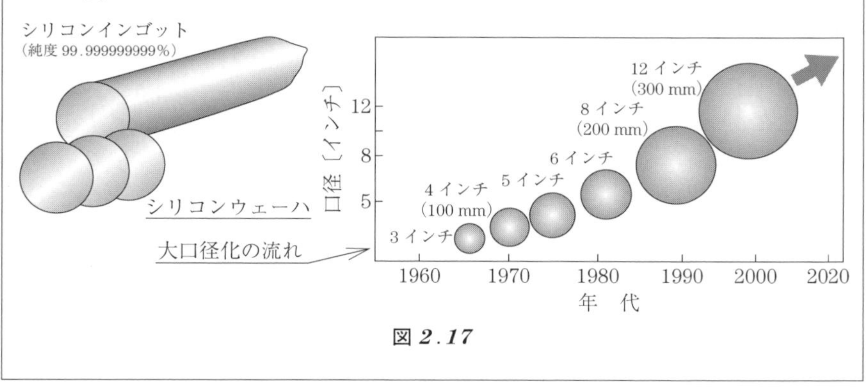

図 **2.17**

演　習　問　題

【1】 半導体とはなにか。その特徴を三つ以上あげよ。

【2】 n 形半導体が大きさ 500 V/m の電界中に置かれている。いま，この半導体にホール（正孔）を注入したとき，ホールの移動速度はいくらになるか。ただし，この半導体でのホールの移動度は 0.048 $m^2/(V\cdot S)$ とする。

【3】 1 種類のキャリヤのみをもつ半導体において，その導電率 σ〔S/m〕は，キャリヤ濃度を n〔m^{-3}〕，移動度を μ〔$m^2/(V\cdot S)$〕とすると $\sigma = n\cdot e\cdot \mu$ で与え

† ウェーハ（wafer）は薄い軽焼きの菓子，ウェハースの意味。

られることを示せ。ただしキャリヤの電荷量を e〔C〕とする。

【4】 電力用以外の情報・通信，その他のダイオードにはさまざまな種類がある。ダイオードの名称を三つあげ，その特徴（例えば，電圧-電流特性）についても述べよ。

【5】 ダイオードの**図 *2.8***(c)のグラフと式(*2.1*)より，理論上の I_s（飽和逆電流）を求めよ（例：$T_j = 150$℃のとき，$V_F = 0.9$ V，$V_F = 0.7$ V など）。

【6】 **問図 *2.1***(*a*)のような順方向特性をもったダイオード D を図(*b*)のような回路に接続して，直流電圧 $V_s = 10$V を加えたとき，流れる電流 I〔mA〕およびダイオード両端の電圧 V_D〔V〕を求めよ。

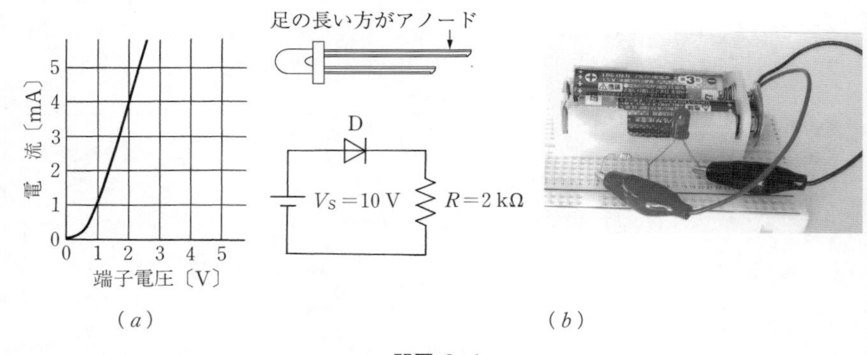

(*a*)　　　　(*b*)

問図 *2.1*

【7】 許容電流 10 mA，電圧 10 V の**ツェナーダイオード**（**ZD**）（図 ***2.8***(*b*)のようにアバランシ領域を使用した定電圧ダイオード（ツェナーダイオード）が製造されている）を使用し，**問図 *2.2*** のような回路を構成して 10 V の定電圧出力を得たい。電源電圧が 12～15 V の範囲で変動する場合，直列抵抗 R〔Ω〕はいくらの範囲に選定すればよいか。ただし，ZD は許容電流の 20 %以上の電流領域で 10 V 一定の特性が得られるものとし，また，出力電流は 0 とする。

(1) $200 < R < 500$　　(2) $500 < R < 1\,000$　　(3) $1\,000 < R < 1\,200$
(4) $1\,200 < R < 1\,500$　　(5) $1\,000 < R < 2\,500$

【8】 ダイオードの V-I 特性の測定回路を，次の記号を使用して順方向と逆方向特性について書け。（使用する記号：可変直流電源，抵抗，電圧計，電流計，ダ

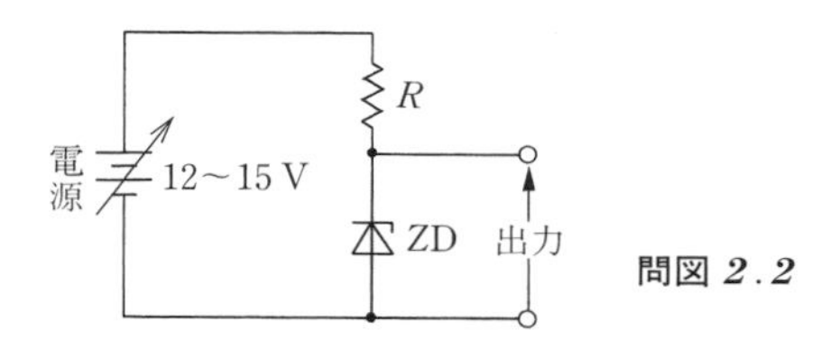

問図 2.2

イオード）

【9】 **問図 2.3** のようなエミッタ接地増幅回路において，コレクタに流れる電流 I_C〔mA〕の値として，正しいものを次のうちから一つ選べ。ただし，トランジスタのエミッタ接地電流増幅率 $\beta=200$ とし，ベース・エミッタ間電圧 $V_{BE}=0.7$ V とする。　［平 8 III・理論］

（1）0.5　（2）1.0　（3）1.5　（4）2.0　（5）2.5

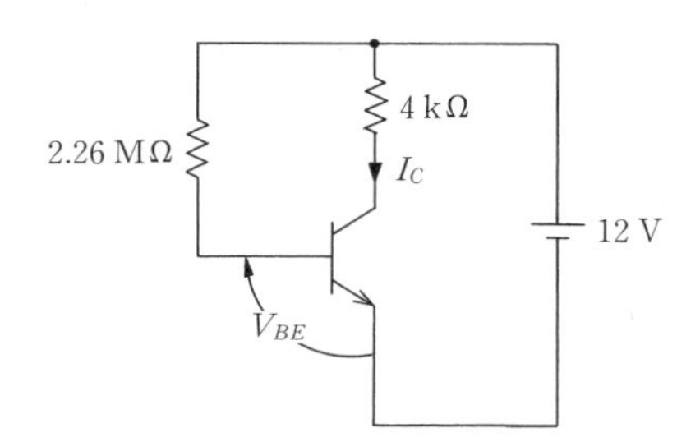

問図 2.3

【10】 2 個のトランジスタを**問図 2.4** のように縦続接続した回路は**ダーリントン回路**と呼ばれ，パワートランジスタとして多く使われている（**問図 2.4 写真**）。トランジスタおのおのの電流増幅率は同一で β とすると，ダーリントン形トランジスタの電流増幅率はいくらとなるか。

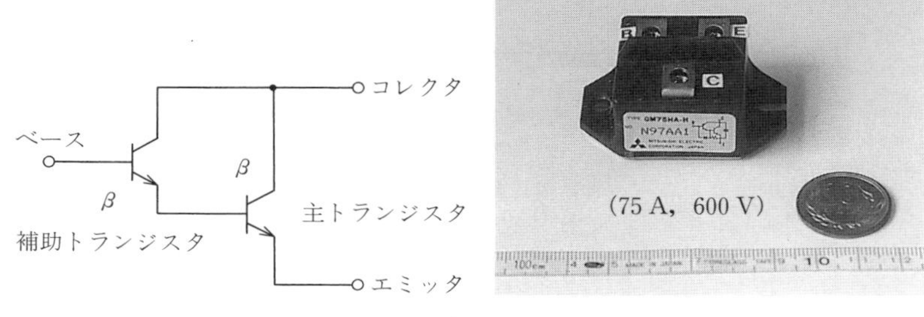

問図 2.4　ダーリントン回路

【11】 次の文章は，不純物半導体に関する記述である。

きわめて高い純度に精製されたケイ素（Si）の真性半導体に，微量のリン（P），ヒ素（As）などの［（ア）］価の元素を不純物として加えたものを［（イ）］形半導体といい，このとき加えた不純物を［（ウ）］という。

ただし，Si，P，As の原子番号は，それぞれ 14，15，33 である。

上記の記述中の空白箇所(ア)，(イ)および(ウ)に当てはまる組合せとして，正しいものを次の(1)～(5)のうちから一つ選べ。　　［平 25 III・理論］

	(ア)	(イ)	(ウ)
(1)	5	p	アクセプタ
(2)	3	n	ドナー
(3)	3	p	アクセプタ
(4)	5	n	アクセプタ
(5)	5	n	ドナー

【12】 **問図 2.5** は，ダイオード D，抵抗値 R〔Ω〕の抵抗器，および電圧 E〔V〕の直流電源からなるクリッパ回路に，正弦波電圧 $v_i = V_m \sin \omega t$〔V〕（ただし，$V_m > E > 0$）を入力したときの出力電圧 v_o〔V〕の波形である。つぎの(a)～(e)のうち**問図 2.5** の出力波形が得られる回路として，正しいものの組合せを次の(1)～(5)のうちから一つ選べ。

ただし，ω〔rad/s〕は角周波数，t〔s〕は時間を表す。また，順電流が流れているときのダイオードの端子間電圧は 0 V とし，逆電圧が与えられているときのダイオードに流れる電流は 0 A とする。　　［平 30 III・理論］

(1)　(a)，(e)　　(2)　(b)，(d)　　(3)　(a)，(d)

(4)　(b)，(c)　　(5)　(c)，(e)

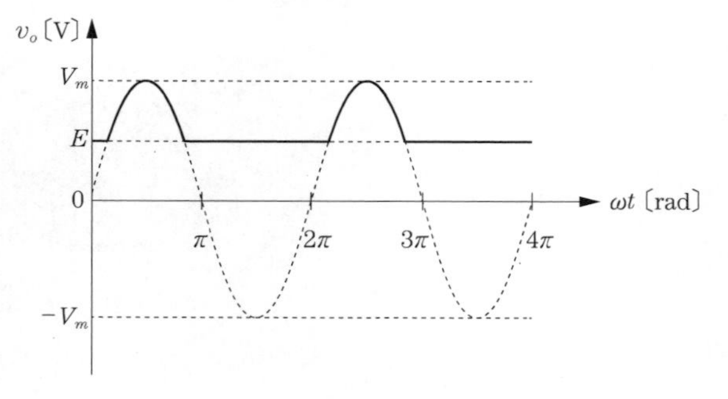

問図 2.5

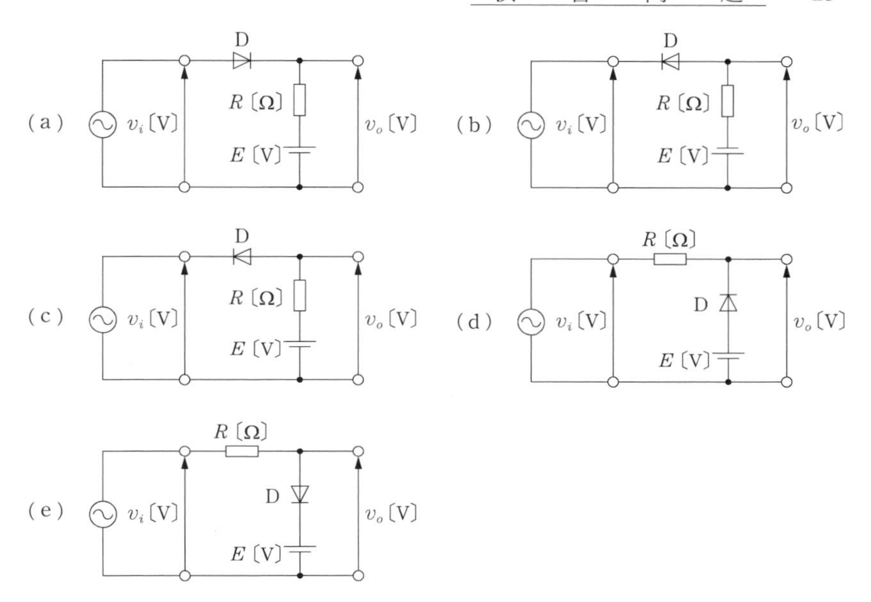

【13】 半導体に関する記述として，誤っているものを次の(1)～(5)のうちから一つ選べ。　［平 28 III・理論］

(1)　きわめて高い純度に精製されたシリコン(Si)の真性半導体に，価電子の数が 3 個の原子，例えばホウ素（B）を加えると p 形半導体になる。

(2)　真性半導体に外部から熱を与えると，その抵抗率は温度の上昇とともに増加する。

(3)　n 形半導体のキャリヤは正孔より自由電子のほうが多い。

(4)　不純物半導体の導電率は金属よりも小さいが，真性半導体よりも大きい。

(5)　真性半導体に外部から熱や光などのエネルギーを加えると電流が流れ，その向きは正孔の移動する向きと同じである。

【14】 半導体の pn 接合の性質によって生じる現象もしくは効果，またはそれを利用したものとして，すべて正しいものを次の(1)～(5)のうちから一つ選べ。

(1)　表皮効果，ホール効果，整流作用　［平 29 III・理論］

(2)　整流作用，太陽電池，発光ダイオード

(3)　ホール効果，太陽電池，超伝導現象

(4)　整流作用，発光ダイオード，圧電効果

(5)　超伝導現象，圧電効果，表皮効果

【15】 半導体の pn 接合を利用した素子に関する記述として，誤っているものを次の(1)～(5)のうちから一つ選べ。　[平 26 Ⅲ・理論]

(1) ダイオードに p 形が負，n 形が正となる電圧を加えたとき，p 形，n 形それぞれの領域の少数キャリヤに対しては，順電圧と考えられるので，この少数キャリヤが移動することによって，きわめてわずかな電流が流れる。

(2) pn 接合をもつ半導体を用いた太陽電池では，その pn 接合部に光を照射すると，電子と正孔が発生し，それらが pn 接合部で分けられ電子が n 形，正孔が p 形のそれぞれの電極に集まる。その結果，起電力が生じる。

(3) 発光ダイオードの pn 接合領域に順電圧を加えると，pn 接合領域でキャリヤの再結合が起こる。再結合によって，そのエネルギーに相当する波長の光が接合部付近から放出される。

(4) 定電圧ダイオード（ツェナーダイオード）はダイオードに見られる順電圧-電流特性の急激な降伏現象を利用したものである。

(5) 空乏層の静電容量が，逆電圧によって変化する性質を利用したダイオードを，可変容量ダイオードまたはバラクタダイオードという。逆電圧の大きさを小さくしていくと，静電容量は大きくなる。

【16】 問図 ***2.6*** は，抵抗 R_1〔Ω〕とダイオードからなるクリッパ回路に負荷となる抵抗 R_2〔Ω〕（$= 2R_1$〔Ω〕）を接続した回路である。入力直流電圧 V〔V〕と R_1〔Ω〕に流れる電流 I〔A〕の関係を示す図として，最も近いものを次の(1)

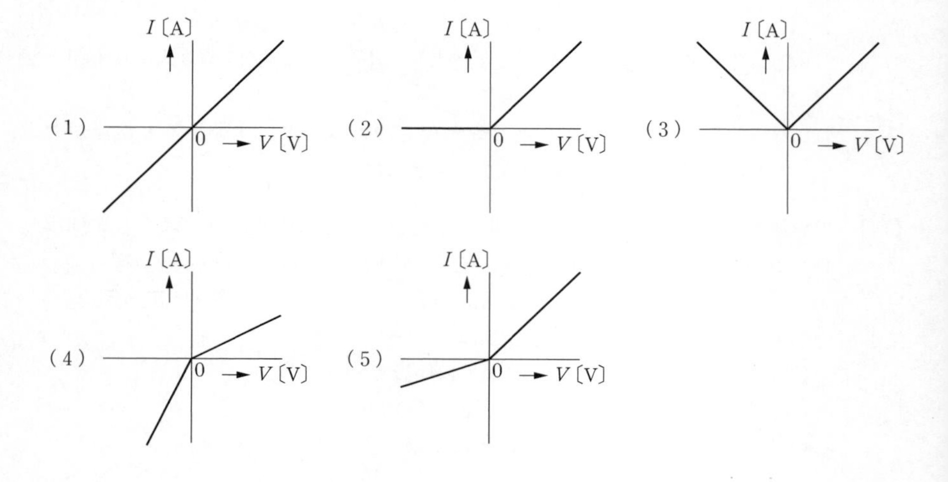

〜(５)のうちから一つ選べ。

ただし，順電流が流れているときのダイオードの電圧は，0 V とする。また，逆電圧が与えられているダイオードの電流は，0 A とする。

［平 24 III・理論］

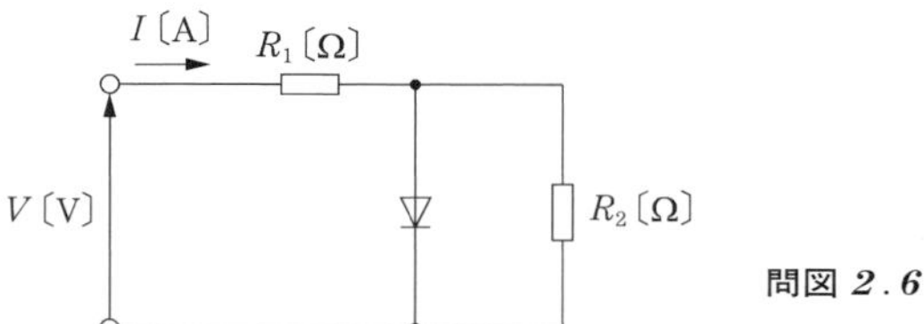

問図 2.6

【17】 **問図 2.7** は，固定バイアス回路を用いたエミッタ接地トランジスタ増幅回路である。**問図 2.8** は，トランジスタの五つのベース電流 I_B に対するコレクタ-エミッタ間電圧 V_{CE} とコレクタ電流 I_C との静特性を示している。この V_{CE}-I_C 特性と直流負荷線との交点を**動作点**という。**問図 2.7** の回路の直流負荷線は**問図 2.8** のように与えられる。動作点が $V_{CE} = 4.5$ V のとき，バイアス抵抗 R_B の値〔MΩ〕として最も近いものを次の(１)〜(５)のうちから一つ選べ。

ただし，ベース・エミッタ間電圧 V_{BE} は，直流電源電圧 V_{CC} に比べて十分小さく無視できるものとする。なお，R_L は負荷抵抗であり，C_1，C_2 は結合コンデンサである。

［平 29 III・理論］

(１)　0.5　　(２)　1.0　　(３)　1.5　　(４)　3.0　　(５)　6.0

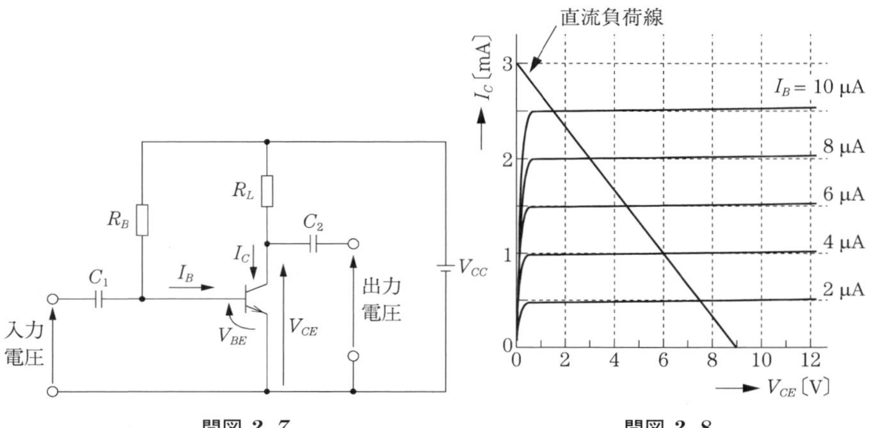

問図 2.7　　**問図 2.8**

3

パワーMOSFETとIGBT

最近普及がめざましい電力変換器の分野において，バイポーラ形のパワートランジスタに代わるデバイスとして，パワーMOSFETおよびIGBTが注目されている。特にIGBTは，高耐圧・大容量のデバイスも開発されてきている。それは，製造プロセスの進歩とともにオン抵抗や入力容量が低減され小形化も進んでいるからである。

3.1　FET（電界効果トランジスタ）の基本原理

まず**FET**の基本原理から始めよう。

図3.1において，q：電子の電荷，n：n形半導体の電子密度，μ：電子の移動度，A：導体（半導体）の断面積，L：導体長とすれば

$$\text{電流 } I_D = (\text{単位長当りの電圧}) \times \underbrace{(\text{電荷密度} \times \text{移動度})}_{\text{導電率}} \times \text{断面積}$$

$$= \frac{V_D}{L} \cdot nq\mu \cdot A$$

したがって，導体（nチャネル）の抵抗をRとすれば

$$R = \frac{V_D}{I_D} = \frac{L}{nq\mu A} \tag{3.1}$$

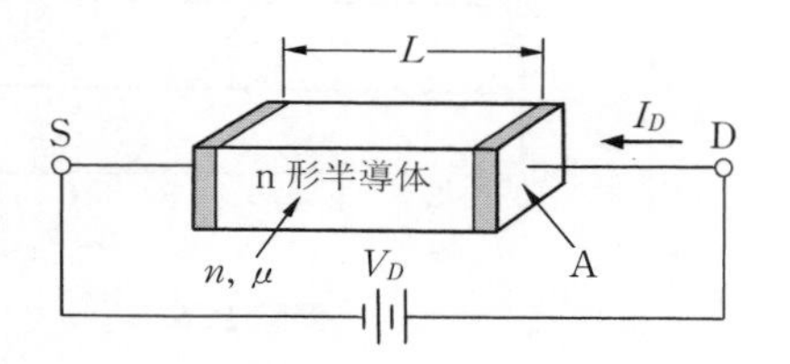

図3.1　FETの基本原理図（nチャネルの場合）

前式において，V_D，L，q，μ を一定として，なんらかの方法により

① A を加減する

② n を加減する

などの方法をとれば，I_D を加減できる。JFET は上記の ① を，MOSFET は ② を適用したものである。

3.2 接合形FET（JFET）

接合形 FET（**JFET**）も次に述べる MOSFET もいずれも電子を供給する**ソース S**（source），電子を吸い込む陽極に相当する**ドレーン D**（drain），電流を制御する**ゲート G**（gate）をもつ 3 端子の素子である。ソースとドレーン間の電流，すなわち**図 3.2** の I_D を構成するのは，**2** 章でも触れたように一般に電子（または正孔）のみであるから**ユニポーラ**（unipolar）**形**であり，I_D の通路は**チャネル**（channel），この場合は電子の通路であるから **n チャネル**と呼ばれる。

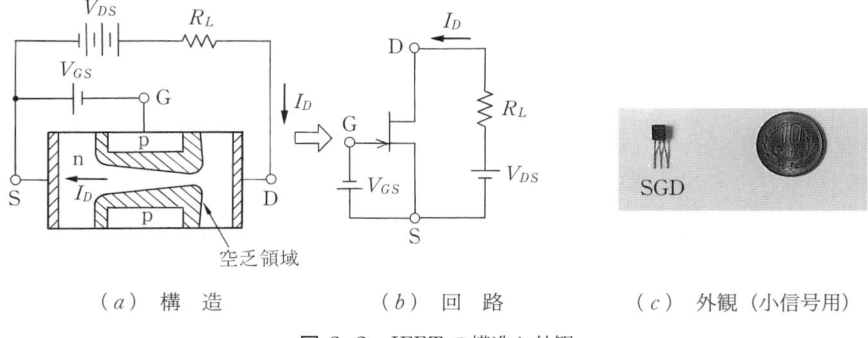

（a） 構 造　（b） 回 路　（c） 外観（小信号用）

図 3.2 JFET の構造と外観

図（a）において，pn 接合のゲートに対し，ゲート電圧 V_{GS} を大にすると空乏層が広がり，電流 I_D の通路は狭くなり I_D は減少する。

電界効果トランジスタは，バイポーラトランジスタに比べて発生する雑音は小さく，特に 1 MHz 以下では非常に小さな値となっている。このように FET

の特徴は，入力インピーダンスの値が大きく，ドレーン・ソース間電圧（V_{DS}）の値が小さいときの，ドレーン電流（I_D）とドレーン・ソース間電圧（V_{DS}）特性は，直流抵抗のように直線的に変化してオフセット電圧も生じない。この

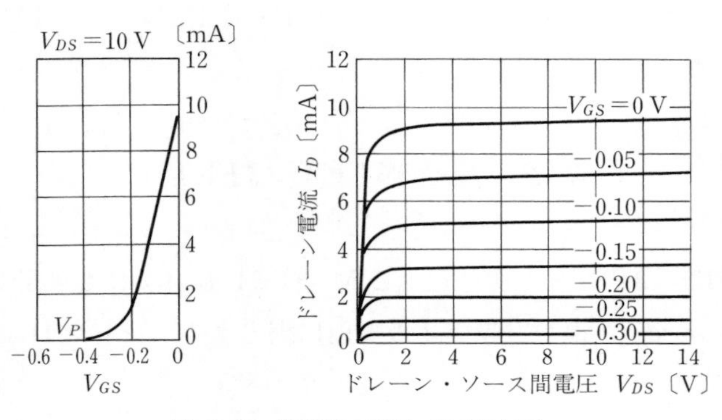

図 ***3.3***　JFETの特性（2 SK 147）

コーヒーブレイク

水の流れとドレーン，ソース，ゲート

半導体デバイスの名称はカタカナ語（英語）が大部分であるが，とりわけFET（ユニポーラ形）がユニークである。バイポーラ形トランジスタはemitter（放出する），base（土台），collector（集める）であり，なんとなくイメージはつかめる一方で，FETとなると一変して様相が変わり，皆目イメージがわかない。

電気はよく“水の流れ”にたとえられる。水位に対して電圧，水流に対して電流をイメージする。FETの場合は，**図 *3.4*** に示すような“水路”をイメージするとわかりやすい。

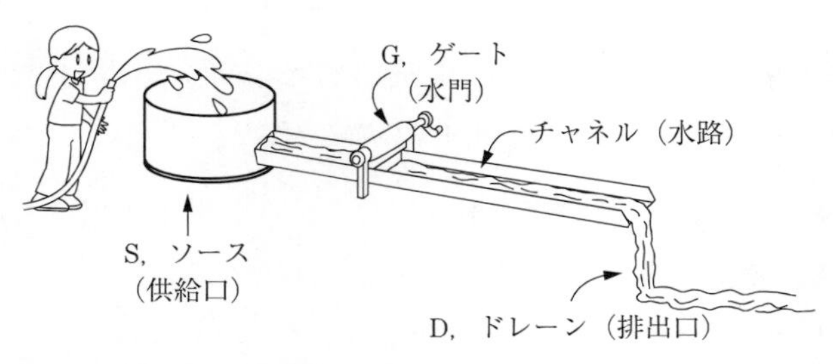

図 ***3.4***　水の流れとドレーン，ソース，ゲート

素子は小電力用のためパワーデバイスとしては使用されない（**図 3.3**）。

3.3 パワーMOSFET

MOS とは Metal-Oxide-Semiconductor（金属-酸化膜-半導体）の略で，名前のとおり原理的には 3 層構造をしている。**パワー MOSFET** にはエンハンスメント形（enhancement＝増大）とディプレション形（depletion＝減少）の 2 種類がある（**図 3.5**）。

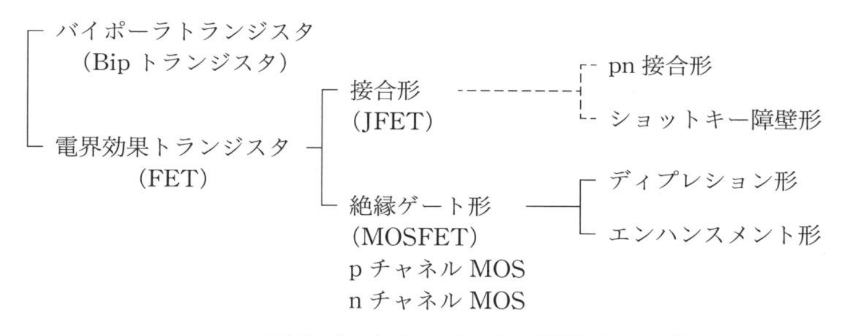

図 3.5 トランジスタの種類（まとめ）

3.3.1 エンハンスメント形 MOSFET

図 3.6（*a*）に**エンハンスメント形 MOSFET** の構造を示す。図の例では p 形半導体の両側に n 層を形成して電極を付け，中央部にはゲート電極がある。MOS 構造のゲート（G）に電圧をかける前は，ドレーン（D）・ソース（S）間は n-p-n となっているため電流は流れない。ゲートに正の電圧を印加すると，酸化膜（絶縁膜）を通して，ゲートの下側に負電荷が集まり薄い n 形層が形成され，ドレーン・ソース間が n-n-n となり電流が流れる。ゲートの下に n 形層のチャネルが形成される。この層は p 形から n 形へ反転したので**反転層**（inversion layer）とも呼ばれている。チャネルの厚さはゲートに印加される電圧 V_{GS} によって制御され，I_D - V_{GS} 特性は図（*b*）となり，I_D - V_{DS} 特性の例は図（*c*）のようになる。多くのパワー MOSFET はエンハンスメント形である。

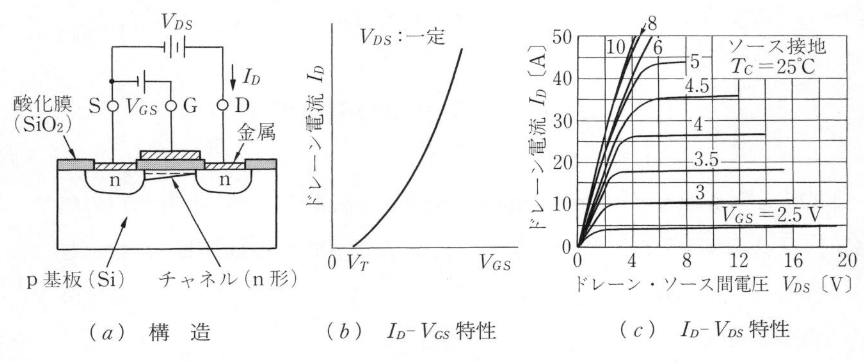

(*a*) 構　造　　　(*b*) I_D-V_{GS} 特性　　　(*c*) I_D-V_{DS} 特性

図 3.6　エンハンスメント形 MOSFET（2 SK 2314）

3.3.2　ディプレション形 MOSFET

エンハンスメント形は，$V_{GS} = 0$ ではドレーンに電流は流れないが，ディプレション形では，$V_{GS} = 0$ の状態でドレーンに電流が流れるように，あらかじめドレーン・ソース間にチャネルを形成しておく。**図 3.6**(*a*)がディプレション形 MOSFET の構造である。ドレーン・ソース間には n チャネルが形成されている。ゲートに負の電圧を印加すると，ゲートの下にあらかじめ形成されたチャネル内に，**図 3.7**(*a*)に示すように正電荷が集まり n 形のチャネル幅が狭くなり，ドレーン電流 I_D が変化を受け，減少する。

ディプレション形 MOSFET の I_D - V_{GS} 特性は図(*b*)に示すように，V_{GS} の

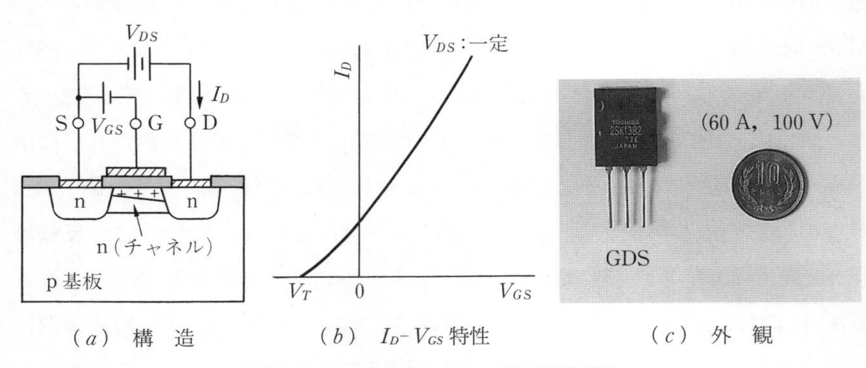

(*a*) 構　造　　　(*b*) I_D-V_{GS} 特性　　　(*c*) 外　観

図 3.7　ディプレション形 MOSFET

正負いずれの領域でも V_{GS} により I_D を制御できるのが特徴である。**3.2** 節で述べた接合形 FET もディプレション形であり，V_{GS} が負の領域で動作する。

MOSFET はエンハンスメント形，ディプレション形のいずれも，ゲートは酸化膜で絶縁されているため，ゲートにはほとんど電流が流れない。**2** 章のバイポーラトランジスタがベース電流でオンオフを制御する電流制御形素子であるのに対し，接合形 FET およびパワー MOSFET は電流でなくゲートに加えた電圧でオンオフする電圧制御形素子である。

しかし，MOSFET ではゲート端子を素手で触ると，人体からの静電気などによりゲート回路の絶縁膜を破壊させてしまう恐れがある。また，MOSFET を長時間保存する場合には，ゲート端子とソース端子間は必ず短絡させておく必要がある。この素子は，超高周波帯域で使用されるデバイスである。

表 3.1 は FET 関係のデバイスをまとめた図記号である。

表 3.1　FET の図記号

		nチャネル	pチャネル
接合形 FET		G D S	G D S
MOSFET	エンハンスメント形	G D S	G D S
	ディプレション形	G D S	G D S

3.4　IGBT

IGBT（insulated gate bipolar transistor）は，バイポーラトランジスタと MOSFET を 1 チップ上に複合したデバイスで，比較的新しいパワーデバイスである。バイポーラトランジスタのオン状態での低電圧特性とMOSFETの高速スイッチング特性のそれぞれの長所を併せもつデバイスで，1982年に米国のGE社から発表されて以来，応用が広がってきている。

IGBTの図記号と基本構造を**図 *3.9***に示す。IGBTの構造はMOSFET（縦型）のドレーン側にp層を付加した形である（図(*a*)）。エミッタを基準にしてゲートに正の電圧を印加すると，パワーMOSFETの場合と同様にゲート電極の下のp層表面にnチャネルが形成されn（ベース）層に電子が流入する。これによりコレクタ側p層からは正孔の注入が起こり，少数キャリヤが蓄積され，n（ベース）層の抵抗値は伝導度変調により大幅に減少する。これによりバイポーラトランジスタなみの低いオン電圧とすることができる。

IGBTをターンオフするには，ゲート電圧を0または負電圧にする。MOSFETを流れる電子電流は，ゲート電圧の変化にすぐ追随して消滅するが，

コーヒーブレイク

パワーデバイスのスイッチング動作①―人間が手で動かすスイッチ
（機械式スイッチ）

電気（電子）回路には多くのスイッチが使用されている。周囲を見渡すとナイフスイッチ，スライドスイッチ等々，各種スイッチがある。いずれも機械式スイッチ（接点スイッチ）であり，可動接点と固定接点とから構成され可動接点を機械的に動かし導体と導体を接触，開放することにより，電気回路のオンオフを行っている。機械式スイッチは，構造が簡単で簡易に使えるが

1．可動部分をもっているので，信頼度に欠け寿命が短い。
2．動作が遅い。
3．接点の摩耗がある。などの欠点がある（**図 *3.8***）。

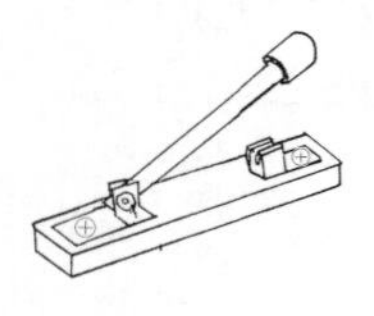

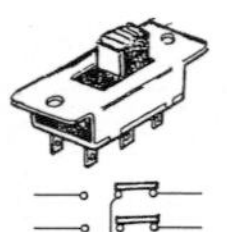

ナイフSW　　スナップSW　　スライドSW　　押しボタンSW（プッシュ）

図 *3.8*　機械式スイッチ

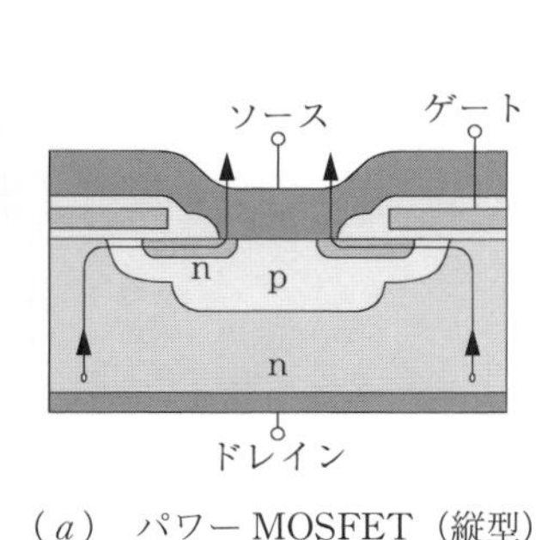

（*a*）パワー MOSFET（縦型）

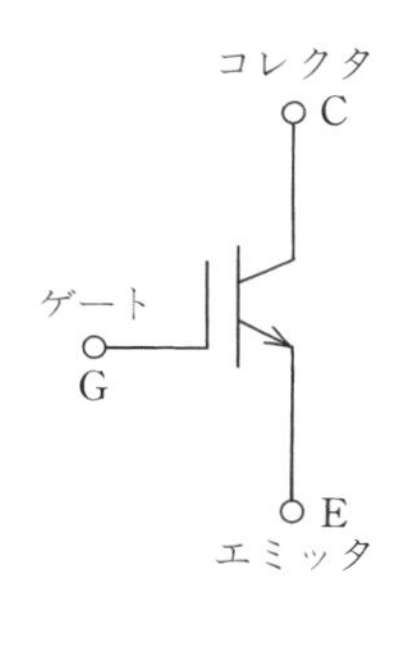

（*b*）図記号

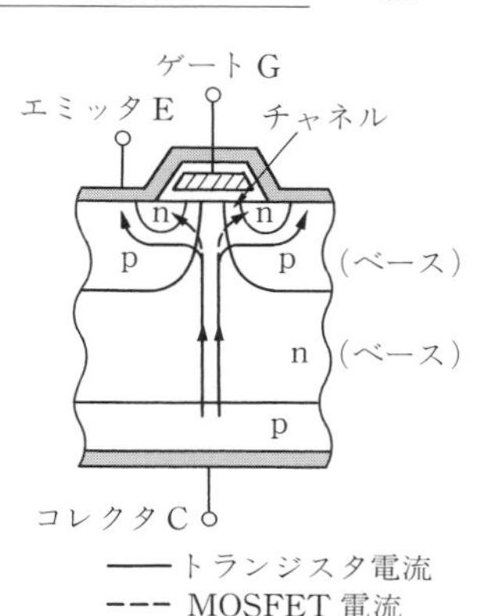

（*c*）基本構造

（*d*）外　観

（ディプレション形，n チャネルの場合）
図 *3.9* IGBT の図記号と基本構造

pnp トランジスタを流れる正孔電流の減少は，n（ベース）層内の蓄積キャリヤの排除まで少し遅れる。このため，ターンオフ時の IGBT 電流は 2 段に減

コーヒーブレイク

パワーデバイスのスイッチング動作 ② — パワーデバイスによるスイッチ

機械式スイッチの欠点をなくしたものが，パワーデバイスによるスイッチである。**図 *3.10*** は，トランジスタの簡単なスイッチング回路を示したものである（***2*** 章演習問題【**9**】参照）。

理想的なスイッチは，以下の ①〜③ である。

① off 時の漏れ電流が 0

② on 時の電圧ドロップが 0

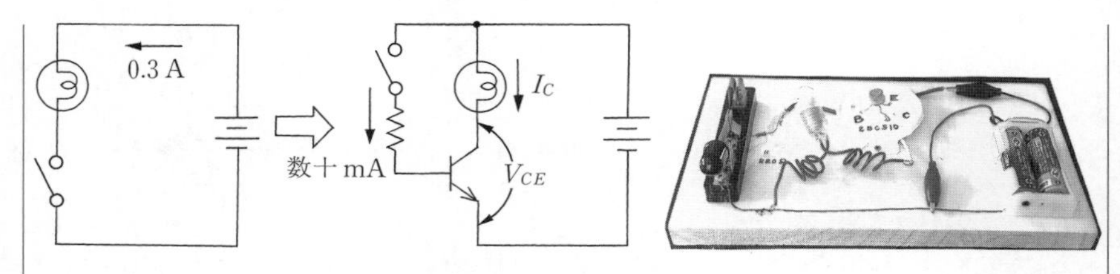

図 *3.10*　簡単なスイッチング回路

③　スイッチング時間が 0

従来の機械式スイッチ，電磁力によるスイッチと異なり，わずかな電流で主回路の電流を開閉させることができる。**図 *3.11*** は，1 回の ON/OFF 動作について，トランジスタのスイッチング回路の様子を詳しく示したもので，スイッチングには 5〜20 μs 程度の時間がかかる。1 μs は 100 万分の 1 秒である。この動作を 1 秒間においては，毎秒のスイッチング回数だけ繰り返すことにより，熱となる**スイッチング損失**（switching loss）も発生し，冷却のため放熱器などが必要となる。スイッチング損失はスイッチングターンオン損失とスイッチングターンオフ損失の和となる（演習問題【**11**】参照）。

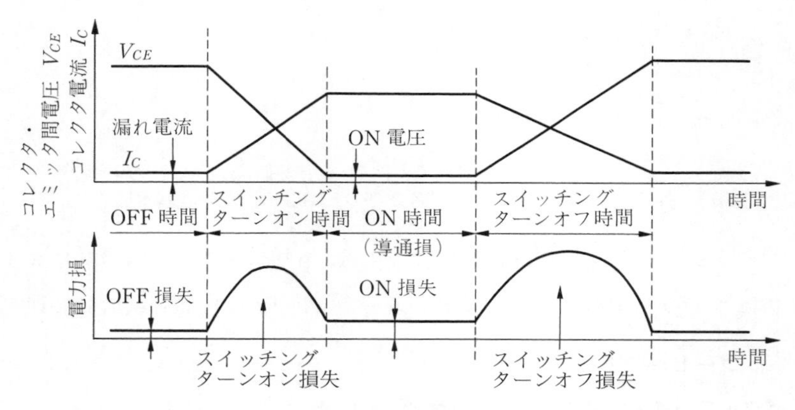

図 *3.11*　スイッチング動作時の電圧，電流，電力損波形

現在では，数 kHz から数百 kHz という高速スイッチングにより，ON/OFF の時間比を制御することで電力を変換，制御することが行われている。制御スイッチの応用例が，***7*** 章整流回路，***8*** 章インバータ，***9*** 章直流チョッパ，サイクロコンバータへと続く。

少する。ターンオフ時間は数百 ns 程度が可能で，MOSFET に比べると遅いが，バイポーラパワートランジスタに比べればかなり速い。

IGBT は，高耐圧化するとオン電圧が高くなる問題があり，現状では 3.3 kV 程度の耐圧のデバイスが実現されているが，それを上回る耐圧のデバイスの実現は困難とみられている。その解決策の一つとして，電子注入促進効果を生かして IGBT のオン電圧の低減を図った **IEGT**（injection enhanced gate transistor，東芝製）と呼ばれる素子があり，現状で 4.5 kV の耐圧のデバイスが実現され，これらの新デバイスの開発が活発である（**図 *3.12***，**図 *3.13***）。

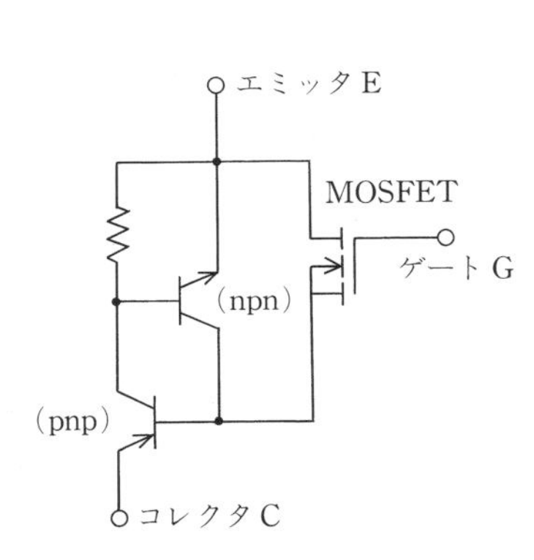

図 *3.12*　IGBT の等価回路

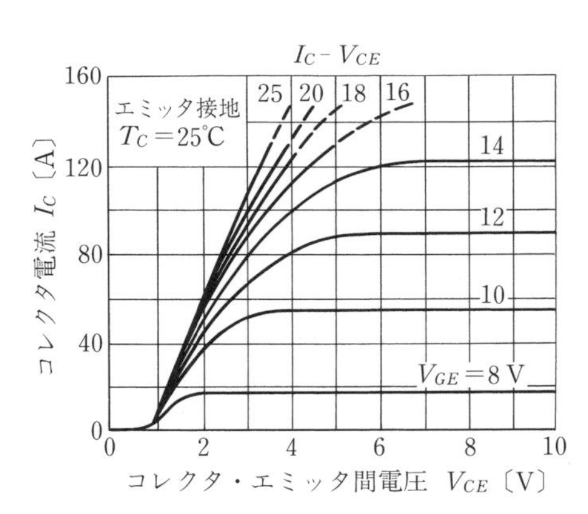

図 *3.13*　IGBT の出力特性（400 V，100 A 級デバイス）

演　習　問　題

【1】 次の記述の［　　　］のなかに適当な答えを記入せよ。

（1） 最近，スイッチング素子としてパワー MOSFET が注目されているが，パワー MOSFET は［（1）］キャリヤデバイスであるため，キャリヤの［（2）］がなく，高周波スイッチング動作が可能である。また，入力インピーダンスが高く［（3）］であるのでゲート駆動回路の製作が容易であると同時に，P/N コンプリメンタリー素子を用いることにより回路部品を減少できる利点がある。さらに，電流の温度係数が負であり，［（4）］がないなど熱的安定性に優れている。

（2）パワーMOSFETは，パワートランジスタに比べてスイッチング損失が［（5）］，動作周波数を1けた以上［（6）］することができる。

（3）パワーMOSFETの出力容量は，GTOやパワートランジスタより［（7）］。

【2】パワーMOSFETとバイポーラパワートランジスタにつき，その特徴を比較せよ。

【3】パワーMOSFET，IGBTの構造の違いと特性の共通点，相違点を説明せよ。

【4】次の**問図 3.1**の記号の素子名を答えよ。

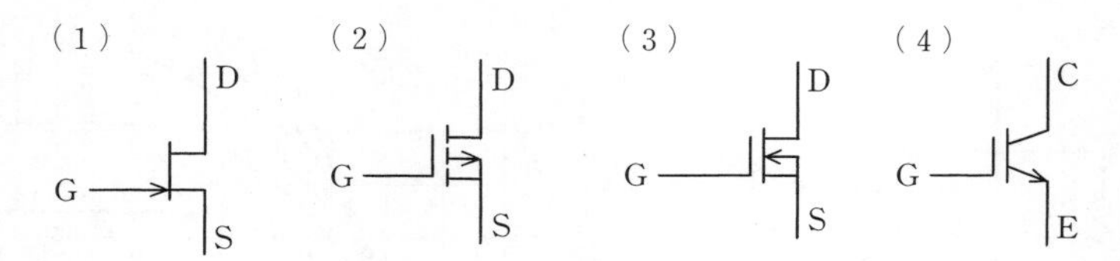

問図 3.1

【5】次の文章は，トランジスタの動作に関する記述である。次の［　　］の中に当てはまる語句を解答群の中から選び，記入せよ。

電界効果トランジスタは，ゲート電極に加えた［（1）］を変えることにより，素子内部の電流路に［（2）］方向の電界を変化させて，電流路に流れる［（3）］を制御するもので，その動作機構には［（4）］キャリヤのみが関与している。

通常のバイポーラトランジスタのおもなパラメータが電流増幅率で表されるのに対し，電界効果トランジスタのそれは，［（5）］で表される。

［平8 II・1次　理論］

［解答群］

(イ)垂直　(ロ)エミッタ電流　(ハ)ベース電流　(ニ)電力　(ホ)電圧
(ヘ)増幅率の逆数　(ト)ドレーン電流　(チ)同じ　(リ)インダクタンス
(ヌ)相互コンダクタンス　(ル)多数　(ヲ)コレクタ電流　(ワ)少数
(カ)水平（平行）　(ヨ)自由

【6】伝導度変調効果とはどのようなことか。

【7】 FET は，半導体のなかを移動する多数キャリアを［（ア）］電圧により生じる電界によって制御する素子であり，接合形と［（イ）］形がある。次の**問図 3.2** の記号は接合形の［（ウ）］チャネル FET を示す。

上記の記述中の空白箇所(ア)，(イ)および(ウ)に記入する字句として，正しいものを組み合わせたのは次のうちどれか。　［平 11 III・理論］

(1)　(ア)ゲート　(イ)MOS　(ウ)n
(2)　(ア)ドレーン　(イ)MSI　(ウ)p
(3)　(ア)ソース　(イ)DIP　(ウ)n
(4)　(ア)ドレーン　(イ)MOS　(ウ)p
(5)　(ア)ゲート　(イ)DIP　(ウ)n

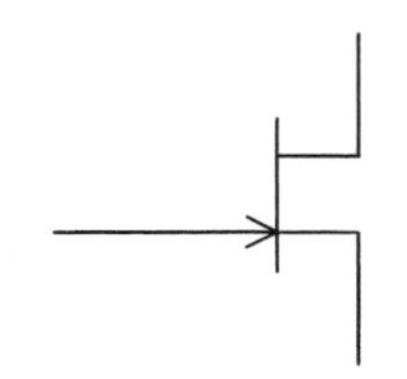

問図 3.2

【8】 電力用半導体素子（半導体バルブデバイス）である IGBT（絶縁ゲートバイポーラトランジスタ）に関する記述として，正しいのは次のうちどれか。

［平 20 III・機械］

(1)　ターンオフ時の駆動ゲート電力が GTO に比べて大きい。
(2)　自己消弧能力がない。
(3)　MOS 構造のゲートとバイポーラトランジスタとを組み合わせた構造をしている。
(4)　MOS 形 FET パワートランジスタより高速でスイッチングできる。
(5)　他の大電力用半導体素子に比べて，並列接続して使用することが困難な素子である。

【9】 次の文章は，電界効果トランジスタに関する記述である。

問図 3.3 に示す MOS 電界効果トランジスタ（MOSFET）は，p 形基板表面に n 形のソースとドレーン領域が形成されている。また，ゲート電極は，ソースとドレーン間の p 形基板表面上に薄い酸化膜の絶縁層（ゲート酸化膜）を介してつくられている。ソース S と p 形基板の電位を接地電位とし，ゲート G にしきい値電圧以上の正の電圧 V_{GS} を加えることで，絶縁層を隔てた p 形基板表面近くでは，［（ア）］が除去され，チャネルと呼ばれる［（イ）］の薄い層ができる。これによりソースSとドレーンDが接続される。この V_{GS} を上昇させるとドレーン電流 I_D は［（ウ）］する。

また，このFETは［（エ）］チャネルMOSFETと呼ばれている。

上記の記述中の空白箇所(ア)，(イ)，(ウ)および(エ)に当てはまる組合せとして，正しいものを次の(1)～(5)のうちから一つ選べ。［平23 III・理論］

	(ア)	(イ)	(ウ)	(エ)
(1)	正　孔	電　子	増　加	n
(2)	電　子	正　孔	減　少	p
(3)	正　孔	電　子	減　少	n
(4)	電　子	正　孔	増　加	n
(5)	正　孔	電　子	増　加	p

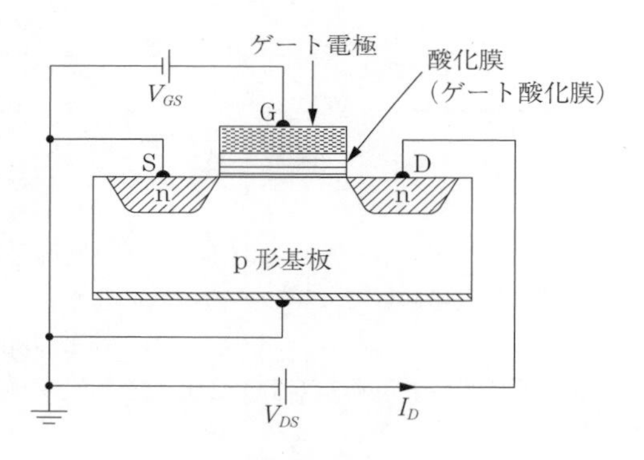

問図 3.3

【10】 **問図 3.4** にソース接地のFET増幅器の静特性に注目した回路を示す。この回路のFETのドレーン・ソース間電圧 V_{DS} とドレーン電流 I_D の特性は，**問図 3.5** に示す。**問図 3.4** の回路において，ゲート・ソース間電圧 $V_{GS} = -0.1$ V のとき，ドレーン・ソース間電圧 V_{DS}〔V〕，ドレーン電流 I_D〔mA〕の値として，最も近いものを組み合わせたのは次のうちどれか。

ただし，直流電源電圧 $E_2 = 12$ V，負荷抵抗 $R = 1.2$ kΩ とする。

［平21 III・理論］

	V_{DS}	I_D
(1)	0.8	5.0
(2)	3.0	5.8
(3)	4.2	6.5
(4)	4.8	6.0
(5)	12	8.4

問図 *3.4*

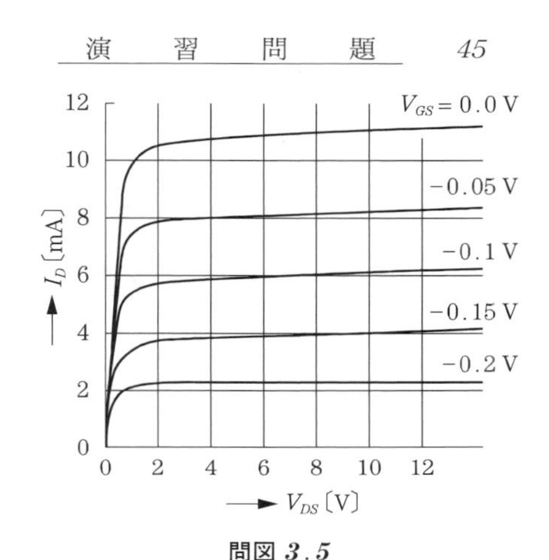

問図 *3.5*

【11】 コーヒーブレイクのスイッチング動作②（図 ***3.11***）を参考に，スイッチングターンオン損失の計算をせよ。

（1） スイッチングターンオン時の電圧と電流の動作を**問図 *3.6*** のように仮定すると，スイッチングターンオン損失の平均値 $\overline{P}_S$ は次式となることを証明せよ。

$$\overline{P}_S = \frac{1}{T}\int_0^{t_S} P_S\, dt = \frac{1}{6}E_S I_L \frac{t_S}{T} \quad \text{〔W〕}$$

（2） パワーデバイスのスイッチング時の電圧 E_S，電流 I_L がそれぞれ 200 V, 25 A でスイッチングターンオン・オフ時間が約 8 μs, スイッチング周波数が 10 kHz の場合，スイッチング損失は概数でいくらになるか。

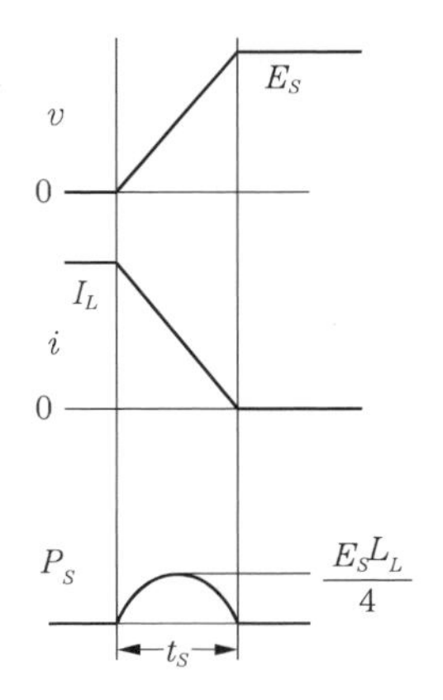

問図 *3.6*

4

サイリスタとGTO

パワーデバイスの草分け的存在のサイリスタは，小容量の機器においてはMOSFET，IGBT などに押され消える運命にあるかもしれないが，1 MVA を超す大容量器を必要とする電力分野などでは，信頼性の高いサイリスタとGTO がパワーデバイスとして活躍している。サイリスタは自己消弧形ではなく，自己消弧のできるデバイスが GTO として開発された。これらのデバイスは，他のスイッチング素子に比べて過電流に対しきわめて強いデバイスで，大電力用に多く使用されている。

4.1 サイリスタの構造とその働き

図 ***4.1***(*a*)〜(*d*)はサイリスタの記号，小電力用サイリスタ，大電力用のサイリスタであるスタッド形と平形をそれぞれ示す。サイリスタ（SCR）はその主要部が図 ***4.2*** にも示すように，$p_1n_1p_2n_2$の 4 層，$J_1J_2J_3$の 3 接合，**陽極**，**陰極**，**ゲート**の 3 端子とからなる整流素子である。

普通のダイオードは順電圧に対しては導通し，逆電圧に対しては阻止するだけであるが，サイリスタはたとえ順電圧が加わっていてもゲートに信号を加えるまでは，その導通を阻止している。すなわち，図 ***4.3*** で交流電圧 $v = \sqrt{2}\,V\sin\theta\,(\theta = \omega t)$ が加わっている場合，$\theta > 0$ で順電圧が加わっていても $\theta = \alpha$ でゲートに電流を流すまではオン状態にはならない。この $0 \leqq \theta \leqq \alpha$ の区間を**順阻止区間**といい，この区間の電圧の大部分は J_2にかかり，J_2には厚い空乏層が生じている。$\theta = \alpha$ でゲートに数百 mA 以上の電流を流すと，初めて**オン状態**（on-state）に転ずる。いったんオン状態になれば，たとえゲー

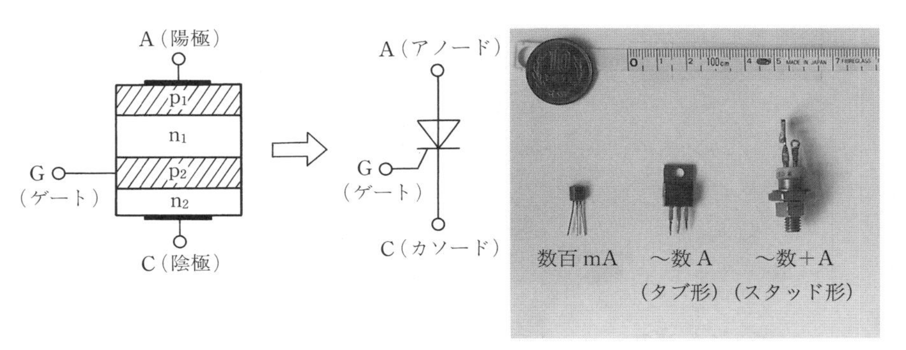

（a） 記　号　　　（b） 小電力用サイリスタ

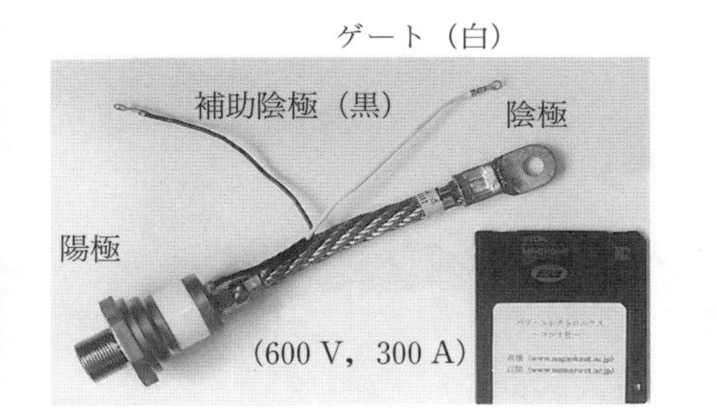

（c） スタッド形（600 V，300 A）

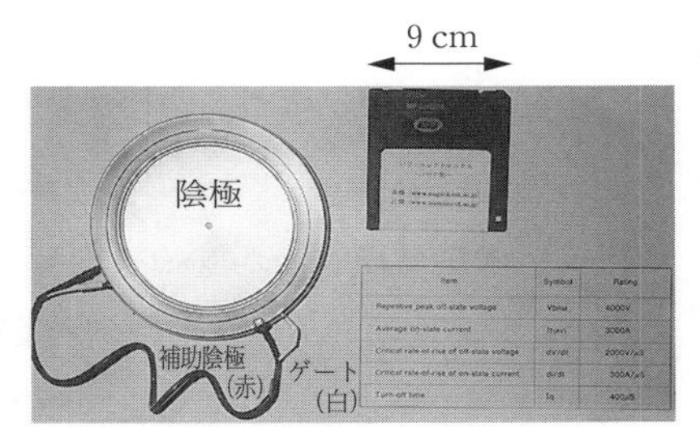

（d） 平形（4 000 V，3 000 A）

＊ 数値はピークオフ電圧-平均オン電流を示す。

図 4.1 サイリスタの外観

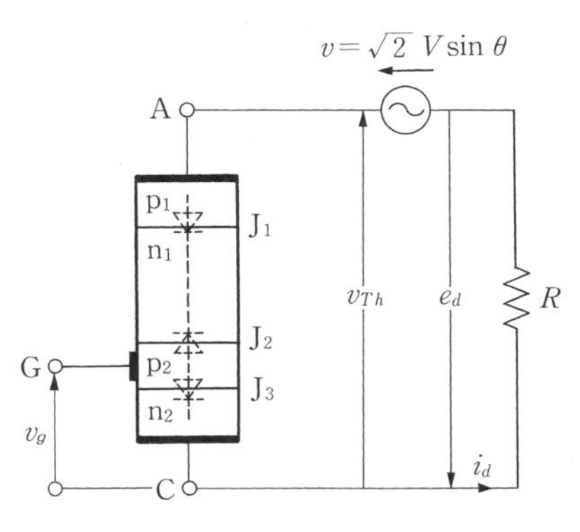

図 4.2 サイリスタの回路

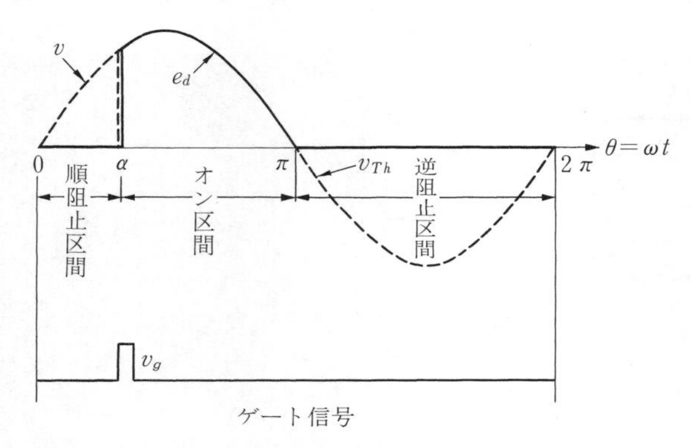

図 4.3　サイリスタの順電圧降下を無視した場合の負荷電圧

ト電流がなくても，**保持電流**（holding current）と呼ばれるある一定の電流（普通 20 mA 程度）以上の順電流が流れている限りオン状態を維持し，純抵抗負荷の場合は $\theta = \pi$ までこの状態が続く。

$\theta = \pi$ で逆電圧がかかり始めると，この電圧に対して J_2 は順方向であるが，$J_1 J_3$ は逆方向になるので，オフ状態に転じ，この状態が $\theta = 2\pi$ まで続く。この $\pi \leqq \theta \leqq 2\pi$ の区間を**逆阻止区間**という。

サイリスタをオフ状態からオン状態にすることを，**点弧**（firing）または**ターンオン**（turn-on）。その逆を**消弧**（extinction）または**ターンオフ**（turn-off），α を**制御角**（phase control angle）または**点弧角**（firing angle）などという。

いまサイリスタの順電圧降下（1.5 V 程度）を無視すると，**図 4.2** の負荷電圧 e_d は**図 4.3** の太線のようになる。この平均値 $E_{d\alpha}$ は次のようになり，α を調節することによって $E_{d\alpha}$ を加減することができる。

$$E_{d\alpha} = \frac{1}{2\pi}\int_0^{2\pi} e_d d\theta = \frac{1}{2\pi}\int_\alpha^{\pi} v d\theta = \frac{2\sqrt{2}\,V}{2\pi}\cdot\frac{1+\cos\alpha}{2} \qquad (4.1)$$

なお，**図 4.3** の点線は**図 4.2** の電圧 v_{Th} の変化を示している。

以上述べたようにサイリスタのゲートは点弧を制御する能力はもっているが消弧能力をもっていない。したがって消弧しようとすれば，

① 　サイリスタの主電流を保持電流以下にする。

② サイリスタの陽極，陰極間に逆電圧をかける（これを逆バイアスするともいう）

のどちらかの方法によらなければならない。

図 4.2 の回路では電源が交流であったため，$\theta \geqq \pi$ でサイリスタには自然に逆電圧がかかって消弧したが，電源が直流あるいは，交流であっても任意の位相で消弧しようとすればなんらかの方法で上記の ① か ② を作り出さなければならない。その方法の一例を示すために，次にフリップフロップ形のスイッチを示す。直流無接点スイッチとも呼ばれている。

フリップフロップ形スイッチ（直流無接点スイッチ）　**図 4.4**(*a*)は図(*b*)のようなスイッチの作用を行うことができる。図(*a*)で，主サイリスタ Th_1 がオンしているときは負荷抵抗 R には電圧 E がかかり，コンデンサ C は図に示す極性で E に充電されている。この状態にあるとき補助サイリスタ Th_2 をオンする（$t=0$）と，Th_1 はコンデンサ電圧により逆バイアスされてオフに転ずる。このとき，コンデンサの電荷の放電はないものとすると，図(*c*)から電流 i_1，点 b の電位 v_b は次のようになる。

$$i_1 = \frac{2E}{R} e^{-\frac{t}{CR}} \tag{4.2}$$

$$v_b = E - Ri_1 = E(1 - 2e^{-\frac{t}{CR}}) \tag{4.3}$$

Th_1 に逆バイアスのかかっている期間 τ は，上式で $v_b(t=\tau)=0$ として求められ

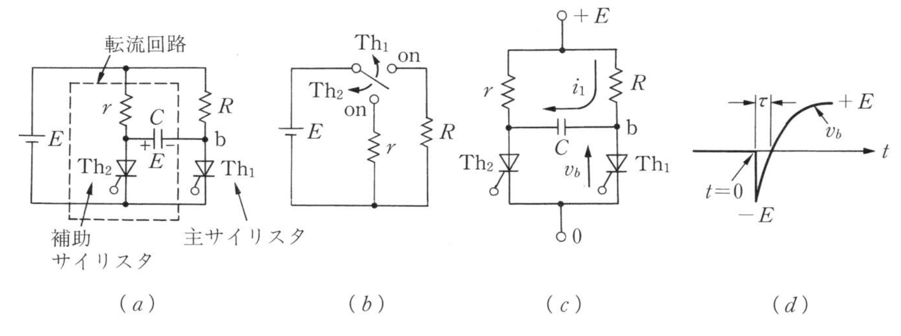

(*a*)　(*b*)　(*c*)　(*d*)

図 4.4　フリップフロップ形スイッチ

$$\tau = -CR \ln \frac{1}{2} = 0.693CR \tag{4.4}$$

となる。この τ は逆バイアス時間と呼ばれ，**4.3** 節で述べるターンオフ時間より大になるよう C を定める必要がある。Th_2 の導通は E/r と Th_2 の保持電流 I_h との大小関係により

$I_h < \dfrac{E}{r}$：Th_2 は導通し続け，$\dfrac{E^2}{r}$ の損失がある

$I_h > \dfrac{E}{r}$：Th_2 は消弧

このようにオン，オフし電流が移る現象を電流が転じるという意味から**転流**（commutation）と呼ばれる。したがって，ここで C を**転流コンデンサ**，図（a）において点線で囲まれた回路を**転流回路**という。

4.2　サイリスタのターンオン

4.2.1　サイリスタのターンオン機構

電流伝達率 α_1，α_2 の二つのトランジスタを**図 4.5**（a）のように考えれば，サイリスタは図（b）のように二つのトランジスタを用いた回路で表される。ここでは簡単化するために，図で示した点線箇所のゲートについては省いて考えてみる。したがって pnpn の 4 層ダイオード（ショックレーダイオード）について進めていく。

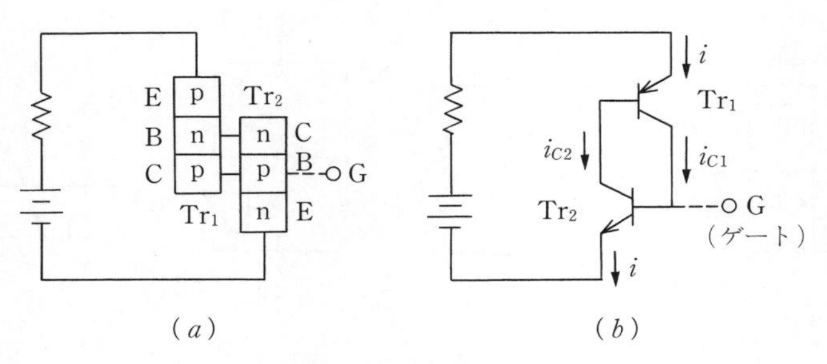

図 4.5　2 個のトランジスタモデル

Tr_1，Tr_2の各トランジスタの電流伝達率は α_1，α_2 であり，漏れ電流を I_{C0_1}，I_{C0_2} とする。するとトランジスタ Tr_1のコレクタ電流 i_{C1} は

$$i_{C1} = \alpha_1 i + I_{C0_1} \qquad (4.5)$$

で，トランジスタ Tr_2のコレクタ電流 i_{C_2} は

$$i_{C2} = \alpha_2 i + I_{C0_2} \qquad (4.6)$$

である。Tr_1に入る電流の和は 0 であるから

$$i - i_{C_1} - i_{C2} = 0 \qquad (4.7)$$

である。式(*4.5*)〜(*4.7*)より i を求めると

$$i = \frac{I_{C0_1} + I_{C0_2}}{1 - \alpha_1 - \alpha_2} \qquad (4.8)$$

となる。上式の α_1，α_2，I_{C0} は温度や電流により著しく変化する。そこで I_g（ゲート電流）を流したり，空乏層にかかる電圧を高めたり，接合部の温度を上げたり，レーザ光線を当てたりして

$$\alpha_1 + \alpha_2 \fallingdotseq 1 \qquad (4.9)$$

に達すれば，式(*4.8*)の分母は 0 に近くなるので導通状態になり，i は外部回路で定まる電流になる。ここで，式(*4.9*)を実現する物理的手段がいわゆる点弧法で，以下の方法がある。

① ブレークオーバ電圧による点弧

② ゲート点弧

③ 光点弧

④ 熱点弧

⑤ dv/dt 点弧

最も一般的に用いられているのは ② であり，① は主として**対称形スイッチ**（silicon symmetrical switch：**SSS**）に用いられ，③ は**光トリガサイリスタ**（light triggered thyristor：**LTT**）[†]に用いられ，電流の代わりに光で点弧するものである。

† 光サイリスタは，日本で開発，実用化されているサイリスタである。LASCR（light activated SCR）とも呼ばれている。

④，⑤ はむしろ誤点弧の原因となり得るもので，これをいかに回避するかが重要である。熱による温度上昇のための冷却方式については **5.4** 節で，dv/dt 対策については **4.4** 節で説明している。

4.2.2 ブレークオーバ電圧による点弧

サイリスタの順電圧 v を高めていくと J_1 および J_3 接合は順バイアスで J_2 接合は逆バイアスである。したがって電圧はほとんど J_2 接合にかかる。しかし，ある電圧に達すると電流が急増し，J_2 接合は飽和状態となる。この電圧を**ブレークオーバ電圧**（breakover voltage）V_{B0} という。図 **4.6** の $I_{g0}=0$ の曲線はこれを示している。

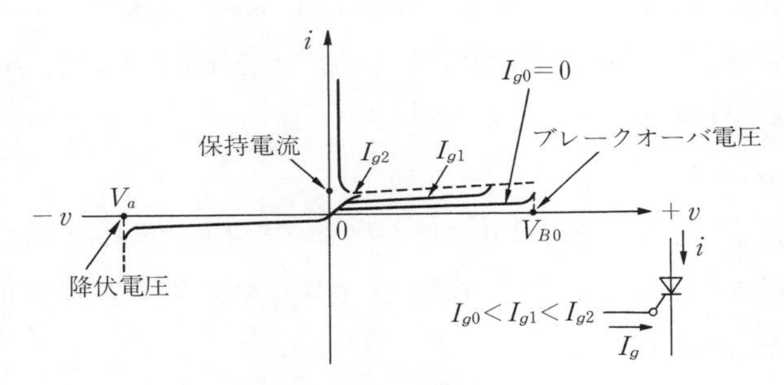

図 **4.6**　ゲート点弧特性

この特性において $V_{B0} \fallingdotseq V_a$ となるが，これはサイリスタのブレークオーバ電圧が，接合 J_2 のアバランシ電圧 V_a にほぼ等しいことを示している。

通常 V_{B0} でオンさせるのは SSS に対してだけで，普通のサイリスタに対してはサージ電圧などを極力 V_{B0} 以下に制御して，その誤点弧を防ぐようにしている。

SSS は双方向性 2 端子サイリスタのことであり，pnpn 4 層ダイオードを逆並列に接続したものである。この SSS にゲートを取り付けたと考えられるのが，**Triac**（triode AC switch：**3 端子交流スイッチ**）である（図 **4.7**）。

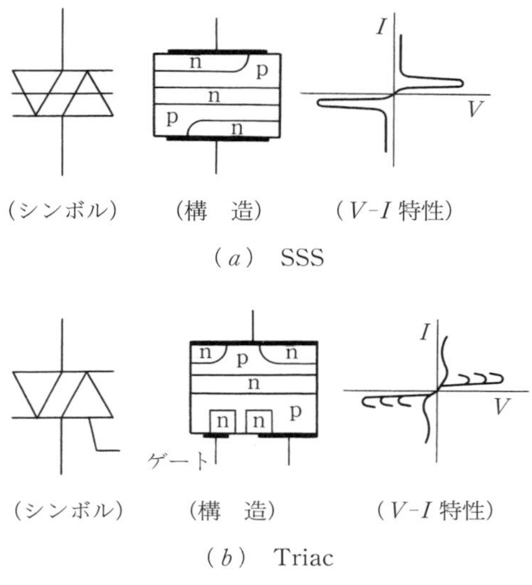

図 4.7　SSS と Triac

4.3　サイリスタのターンオフ

サイリスタは自己消弧能力をもたないから，これを消弧させるには

① 電流を保持電流以下にする

② 逆バイアスをかける

③ ゲートに負の電流を流す

などの状態が外部から与えられねばならない。このうち ③ はもっぱら GTO (gate turn-off thyristor) に対してのみで，他のサイリスタに対して ①，② が用いられている。以下に ② の場合について述べる。

導通状態にあるサイリスタをオフするために，急に**図 4.8**(a)に示すような逆電圧 $-E_r$ を加えると，この電圧は J_2に対しては順方向であるが，J_1と J_3に対しては逆電圧となり，逆電圧印加の瞬時逆電流が流れ，J_1，J_3には空乏層が生じ，正孔，電子の分布は図(b)の(2)のようになる。逆電圧を印加してからこの状態になるまでの時間 t_r を逆電圧回復時間といい，普通，数～数十μs

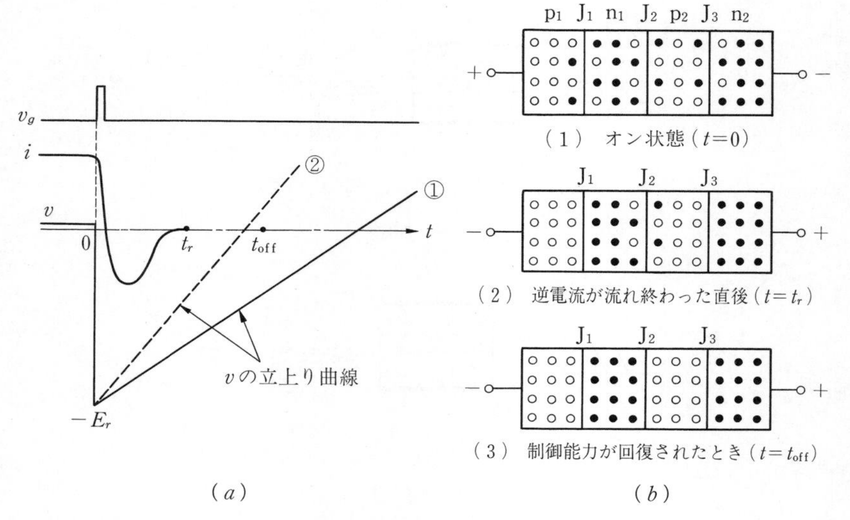

図 4.8　消弧時の時間的経過

である。しかし，もしこの状態にあるとき順電圧が加われば，たとえゲート信号を加えなくてもオンしてしまう。それはこの順電圧に対しては，J_1 と J_3 は順方向であるし，J_2 もまた正孔と電子が入り乱れた状態にあるから，順電圧を阻止することができないからである。したがって，たとえ順電圧が加わってもゲート信号を加えなければオンしないような状態になるためには，**図 4.8**(*b*)の(3)に示すように J_2の両側にある正孔，電子が再結合して n_1の正孔，p_2層の電子が消失することが必要であり，このようになるまでの時間を**ターンオフ時間**といい，普通の素子では 10～20 μs 程度である。そこで陽極電圧 v が図(*a*)の曲線①のような変化を示し，$v=0$ になるまでの時間が t_{off} より大なる場合は消弧は完全に行われるが，②のような場合には失敗に終わる。

4.4　*di/dt* 特性と *dv/dt* 特性

ゲート電流は p_2 領域の横方向抵抗のため，ゲートに近いところに多く流れ，ゲートから離れるにつれて指数関数的に減少する。このためにゲートに近いところから陽極電流が流れ始め，漸次オンの面積が広がっていく。この広がりの速度は普通 0.1 mm/μs 程度とされている。したがって，陽極電流の立上り di/dt が大きいと，初期の電流はゲートの近傍に集中して局部加熱をきたし，サイリスタを熱破壊に導く。特に接合面積の大きい大電流用のサイリスタではこの傾向が強い。

そこで高周波用（または高速用）サイリスタでは，このような時間的遅れを少なくするためにゲート電極をウェーハの中央に配置したセンタゲート，リング状に配置したリングゲートなどゲート構造に工夫をし，**臨界電流上昇率** di/dt を大きくしている。

一方オフ状態のサイリスタの電圧を v とし，この v の時間的変化 dv/dt があまり大きいと，たとえ v が許容順電圧以下であっても空乏層が形成する静電容量に対する充電電流が流れ，V_{B0} が低下してブレークオーバによる誤点弧を引き起こす。

そこでこのような場合，dv/dt を許容範囲に抑えるには，**図 4.9** で示すように素子に並列に C，r を接続すれば，dv/dt を緩和することができる。この回路を**スナバ回路**（snubber circuit）という。

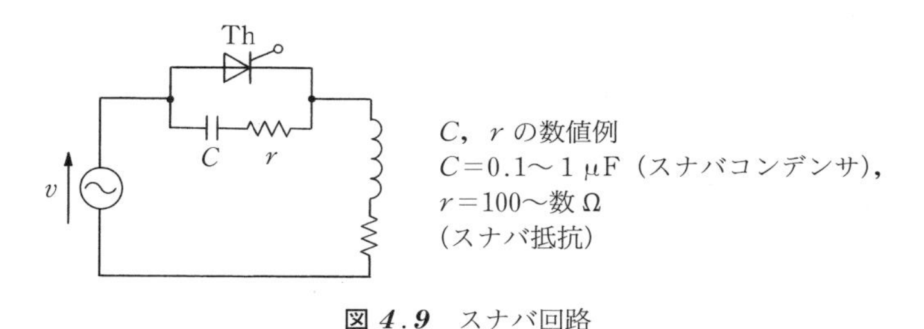

図 4.9　スナバ回路

di/dt，dv/dt（**臨界電圧上昇率**）をサイリスタの動特性といい，サイリスタ回路の設計上重要なファクタである。

4.5　ゲートターンオフサイリスタ（GTO）

いままで述べたサイリスタは，オフ状態からオン状態へはゲート制御できるが，オン状態からオフ状態へはゲートでは制御できないデバイスである。これに対して，**ゲートターンオフサイリスタ**（gate turn-off thyristor：**GTO**）は，オフ状態からオン状態へ制御できるとともに，オン状態からオフ状態へも制御できるデバイスで，負のゲート電流によってターンオフできる素子である。その外観，カソードパターン，図記号を**図 4.10** に示す。

基本的な構造はサイリスタと同じ pnpn 4 層構造であるが，負のゲート電流

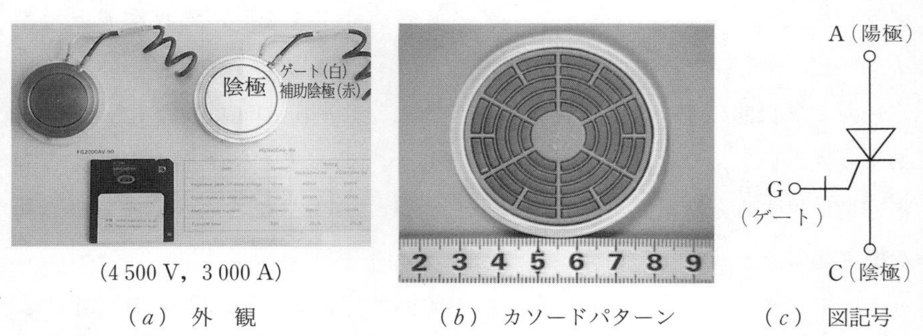

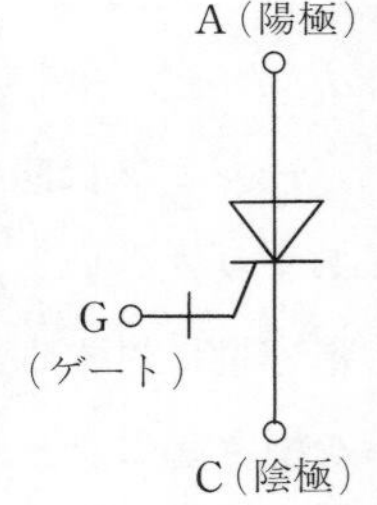

(4 500 V，3 000 A)

（a）外　観　　（b）カソードパターン　　（c）図記号

図 4.10　GTOサイリスタ

コーヒーブレイク

半導体デバイスの名前の由来 ① — ダイオード（diode）

-ode は“道”を表し，ここでは電気の道と考えられる。-ode の前についている di は“2”を表す。つまり“二つの電気の通り道”ということになる。ちなみに，数を表す接頭語をあげると

1＝mono，2＝di，3＝tri，4＝tetra，…8＝octa など

このような言葉は，モノクロ，トライアングル，テトラポット，オクターブなどからもわかる。

でターンオフを可能にするために，構造とプロセスが工夫されている。すなわち，GTOではpnpトランジスタの電流伝達率α_1を一般のサイリスタと比べてかなり小さく（逆にnpnトランジスタの電流伝達率α_2は大きく）している。α_1を小さくする方法としては，金などの重金属を拡散する方法と，アノード側のn層をアノードに短絡させる方法がある。

GTOのターンオフ能力を上げるためには，負のゲート電流がカソード面全体にいきわたるようにしなければならない。このため，単位GTO（セグメント）と呼ばれるものを多数並列接続した構造が採用されている。**図4.11**がその基本構造である。**図4.10**のカソードパターンは，長さ約2mm，幅約200μmのセグメント約1 500本を同心円状に配列している。ペレット径は約56mmである。ペレット表面の放射状に配置された短冊状の電極がカソード電極で，その周辺がゲートである。

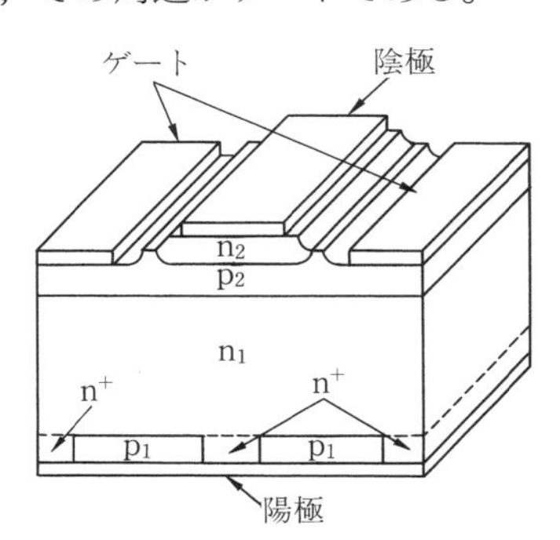

図4.11 単位GTOの基本構造（アノードショート形）

GTOはターンオフしやすくするため，微小なユニット（単位GTO）が多数並列に接続された構造である。このため，ターンオンさせるための正のゲート電流は，通常におけるサイリスタの数倍程度の大きな値を与えなければなら

コーヒーブレイク

半導体デバイスの名前の由来②—トランジスタ（transistor）

1948年，ショックレーらによって発見されたトランジスタは，発表当時は新聞の片隅に載る程度であり，20世紀社会を変えるほどの大発見とは予想しなかったようである。はじめは点接触トランジスタであり，transfer（伝達する）resistor（抵抗）から名前がきている。

ない。また，サイリスタは本来は逆阻止能力をもつデバイスであるが，GTOの場合は，ターンオフ能力を上げるために逆方向特性を犠牲にした設計がされることが多く，通常は逆方向の阻止能力をもたない。以上の点を除けば，GTO固有のターンオフ特性以外は，サイリスタと類似である。そこで，ここではターンオフ特性について説明する。

GTOをターンオフさせるには，急しゅんな負のゲート電流を流す。このときの電圧・電流波形を**図 *4.12*** に示す。ゲートに逆電流を流してから，蓄積時間（t_s）の後，アノード電流が減少する。そして，電流は下降時間（t_f）とともに0に近づき，その後**テイル電流**（tail current）が流れる。***2.3.2*** 項で述べたとおりターンオフ時間（t_{off}）は，蓄積時間と下降時間の和で示される。

アノード遮断電流（I_T）をオフゲート電流（i_{GQ}，off gate current）のピーク値（I_{GP}）で割った値（I_T/I_{GP}）を，**ターンオフゲイン**（turn-off gain）と呼ぶ。ターンオフゲインは，大容量のGTOでは5～10程度である。

さらに最近では，GTOサイリスタと比較して大幅なスイッチングの高速化が実現でき，ターンオフ特性の向上によりスナバ回路が不要となるなどの特徴をもった**GCT**（gate commutated turn-off：**ゲート転流形ターンオフ**，三菱電機製）**サイリスタ**が開発されている。GCTサイリスタは，ターンオフ時に主電流をゲートからすべて引き出せるように1箇所のゲート端子ではなく，パッケージの外周部にリング状のゲート電極を設けている。

コーヒーブレイク

半導体デバイスの名前の由来③ ― SCRとサイリスタ（thyristor）

サイリスタは1957年，米国のGE社とRCA社の両社から発表された。前者がSCR（silicon controlled rectfier：シリコン制御整流素子）と名づけ，後者のRCA社がサイリスタ（Thyristor：thyratron transistor―サイラトロントランジスタ）と名づけた。サイラトロンは水銀整流器の時代のもので，点弧制御可能な放電管であった。これを固体化したものと考え，トランジスタと合成し，サイリスタとなった。

1963年，IEC（国際電気標準会議）により正式にサイリスタという名称に統一された。

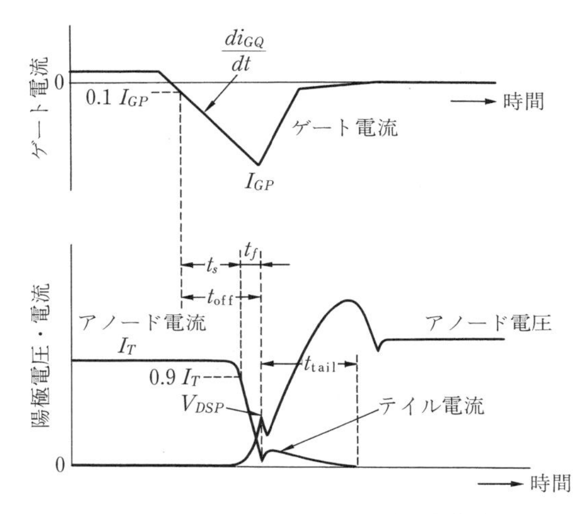

図 ***4.12***　GTO のターンオフ時の動作波形

演　習　問　題

【1】 次の文章は，半導体素子に関する記述である。次の [　　　] の中に当てはまる語句を解答群の中から選び，記入せよ。

電力用半導体素子のうち，サイリスタとは一般に [　(1)　] 三端子サイリスタを指す。これは pnpn の 4 層から構成されており，陽極と陰極のほかに制御信号を加えるゲートを有している。陽極・陰極間に [　(2)　] を印加した状態でゲートに制御信号を与えるとオフ状態からオン状態に移行する。一度オン状態になってから制御信号を取り去った場合，電流は [　(3)　] する。陽極・陰極間に [　(4)　] を一定時間以上印加すれば電流は [　(5)　] する。

［平 7 II・1 次　機械］

［解答群］

(イ)パルス電圧　(ロ)減少　(ハ)逆阻止　(ニ)逆導通　(ホ)逆電圧　(ヘ)順電圧　(ト)交流　(チ)直流　(リ)持続　(ヌ)消滅　(ル)転流　(ヲ)増大　(ワ)逆導通　(カ)二方向性　(ヨ)高周波パルス

【2】 電力用半導体素子（半導体バルブデバイス）に関する次の記述のうち，誤っているのはどれか。 ［平10 III　機械］

（1） 逆阻止三端子サイリスタは，ゲート信号によりターンオンできるが，自己消弧能力はない。

（2） ゲートターンオフサイリスタ（GTO）は，ゲート信号によりオンおよびオフできる素子である。

（3） 光トリガサイリスタは，光でオンおよびオフできるサイリスタである。

（4） ダイオードは，方向性をもつ素子で，交流を直流に変換できる。

（5） トライアックは，二方向性サイリスタである。

【3】 サイリスタの V－I 特性について説明せよ。

【4】 直流無接点スイッチの動作を説明し，式(*4.2*)を導出せよ。

【5】 ターンオフサイリスタ（GTO）素子に関する次の記述のうち，誤っているのはどれか。ただし，Pゲートの素子であるものとする。 ［平7 III　機械］

（1） インバータにおけるスイッチング素子として用いることができる。

（2） ターンオン動作は，ゲートに正の電圧を与えて行う。

（3） ターンオフ動作は，ゲートに負の電圧を与えて行う。

（4） 素子間のターンオフ時間のばらつきを小さくすれば，直列に接続することができる。

（5） 自己消弧機能を有するので，大容量素子となっても冷却する必要がない。

【6】 次の文章は，光サイリスタに関する記述である。文中の［　　］に当てはまる語句を解答群の中から選び，記入せよ。

光サイリスタは，サイリスタ素子内に光パルスを入射して［（1）］を発生させ，これらのキャリヤによりターンオンする。光サイリスタでは，サイリスタの主回路と［（2）］用光パルス発生回路を電気的に完全に［（3）］できる利点がある。回路の構成上，多数のサイリスタを直列に使用することが不可欠となる高電圧・大電力変換装置に，このような長所を有する光サイリスタを用いることにより，［（4）］の向上と使用部品点数の大幅な低減が可能となり，電力変換装置の［（5）］ならびに小形化が実現できる。

［平10 II・1次　機械］

［解答群］
（イ）消弧　（ロ）分離　（ハ）寿命　（ニ）電子　（ホ）高速化　（ヘ）ノイズ耐量　（ト）電子－正孔対　（チ）結合　（リ）高効率化　（ヌ）正孔　（ル）高信頼化　（ヲ）合体　（ワ）点弧　（カ）過負荷耐量　（ヨ）オンオフ

【7】 次の文章は，単相双方向サイリスタスイッチに関する記述である。

問図 *4.1* は，交流電源と抵抗負荷との間にサイリスタ S_1，S_2 で構成された単相双方向スイッチを挿入した回路を示す。図示する電圧の方向を正とし，サイリスタの両端にかかる電圧 v_{th} が**問図 *4.2***（下）の波形であった。

サイリスタ S_1，S_2 の運転として，このような波形となりえるものを次の（1）～（5）のうちから一つ選べ。　［平 23 III・機械］

（1）　S_1，S_2 とも制御遅れ角 α で運転
（2）　S_1 は制御遅れ角 α，S_2 は制御遅れ角 0 で運転
（3）　S_1 は制御遅れ角 α，S_2 はサイリスタをトリガ（点弧）しないで運転
（4）　S_1 は制御遅れ角 0，S_2 は制御遅れ角 α で運転
（5）　S_1 はサイリスタをトリガ（点弧）しないで，S_2 は制御遅れ角 α で運転

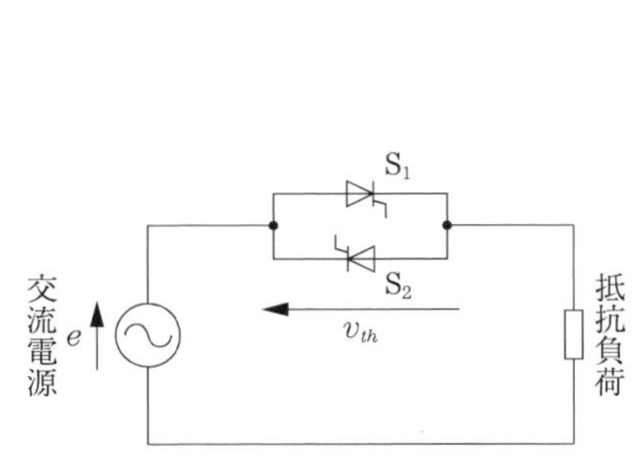

問図 *4.1*

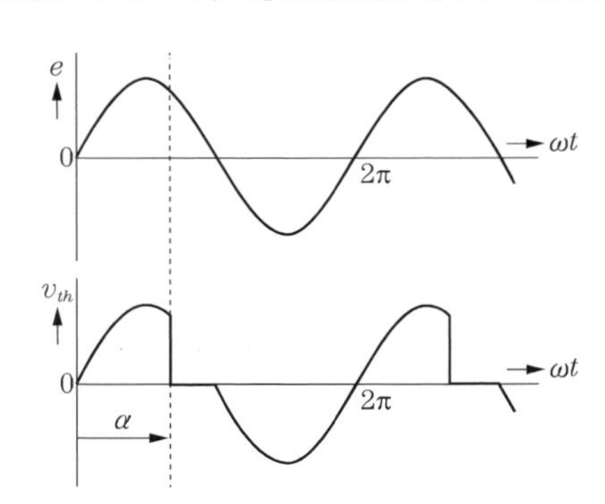

問図 *4.2*　交流電源電圧波形（上）とサイリスタ S_1，S_2 の両端電圧 v_{th} の波形（下）

5

パワーエレクトロニクスの周辺技術

2 章から ***4*** 章までは各単体の素子（ディスクリート，discrete）について説明してきたが，実際のパワーエレクトロニクス装置ではブリッジを組むなど，いくつかの素子を組み合わせて一体化して使用することが多い。これらの素子はパワーモジュールと呼ばれている。また高電圧，大電流を得るために素子の直並列接続が行われている。大電力となり，素子が温度上昇するため冷却方式も重要となる。最後にスイッチング時の素子のサージ電圧と実装法について述べる。以上の事柄について，パワーデバイスに続く章として，パワーエレクトロニクスの周辺技術として，簡単に取り上げる。

5.1 パワーモジュール

パワーモジュール（power module）とは複数個の半導体チップを用途，目的に応じて結線し，一つのパッケージに収めた複合形半導体をいう。

パワーモジュールには**表 *5.1*** に示すように，内蔵する主要半導体の種類の違いにより，ダイオードモジュール，サイリスタモジュール，MOSFET モジ

表 *5.1* 多端子パワーモジュール（2010 年代）

ディスクリート	（ダイオード，パワートランジスタ，IGBT，サイリスタほか）
パワーモジュール	（最大定格） ダイオードモジュール ……2 kV，0.6 kA サイリスタモジュール ……1.6 kV，0.4 kA トランジスタモジュール……1.6 kV，1 kA MOSFET モジュール ……1 kV，0.1 kA IGBT モジュール ……6.5 kV，2.4 kA IPM ……1.2 kV，0.8 kA

ュール，IGBT モジュールなどがある。

これらのパワーモジュールは，1978 年ごろから実用化が始まり，その使いやすさのために急成長している。1 A 程度から 1 000 A 程度までのパワーデバイスは，ほとんどモジュールタイプとなりつつある。

図 *5.1* は，ダイオードを用いた 4 端子モジュールと 5 端子モジュールであり，よく知られた単相ブリッジ整流器と三相ブリッジ整流器（***7*** 章）である。**図 *5.2*** は IGBT 3 端子モジュールの外観，内部構造で 2 個の IGBT が内蔵されている。

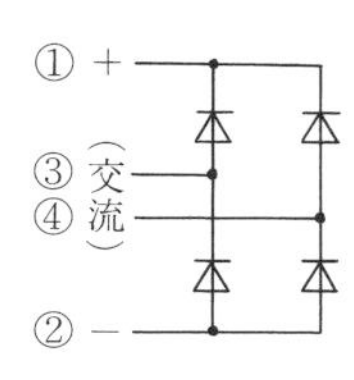

（*a*）　4 端子モジュール

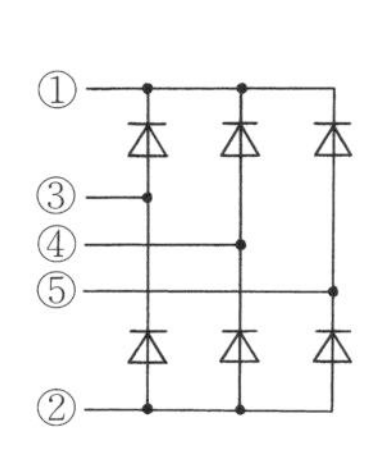

（*b*）　5 端子モジュール

図 *5.1*　各種のダイオード全波ブリッジモジュール（小電力）

以下，これらのパワーモジュールの特徴をまとめる。

① 電極端子とベース板が，モジュール内部で絶縁基板（セラミック）により電気的に絶縁されていて，放熱フィンを絶縁することなく，直接取り付けることができ，装置の小形化，軽量化および取付けの省力化が図れる（***5.5*** 節参照）。

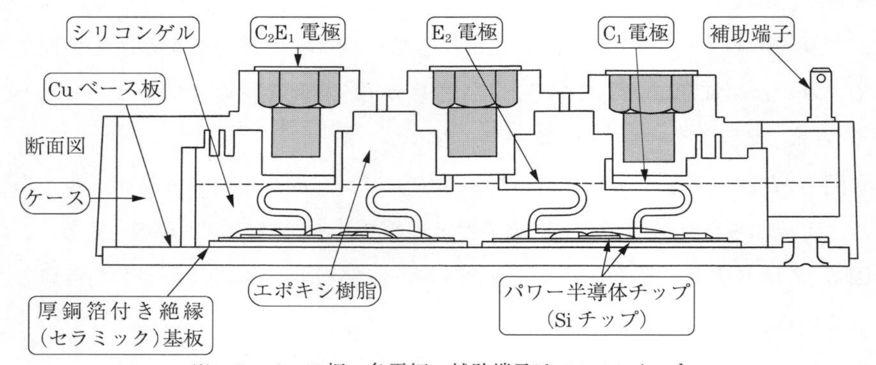

※　Cu ベース板，各電極，補助端子は Cu＋Ni めっき

(*a*)　内 部 構 造

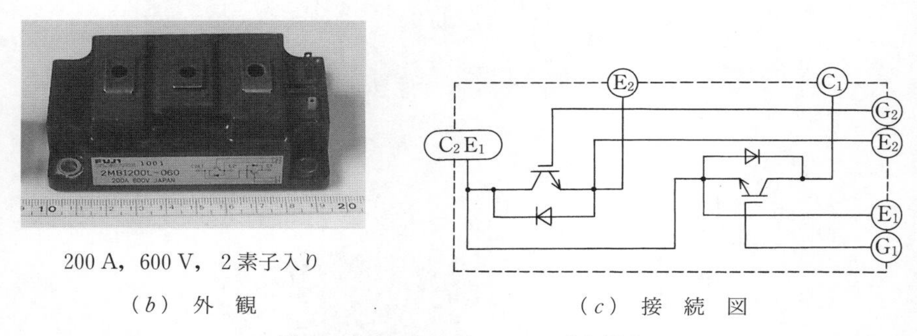

200 A，600 V，2 素子入り

(*b*)　外　観　　　　(*c*)　接　続　図

図 5.2　IGBT モジュールの内部構造

② 電極端子がモジュールの上面にそろって設けられているので，平面配線が容易にでき，配線の省力化ができる。

③ チップ状態で直接配線（ワイヤボンディング法）ができるので，配線の低インピーダンス化ができ，サージ電圧の低減（**5.5** 節参照）が図れる。

④ 低熱抵抗の絶縁基板が採用されているため，放熱が容易に行える。など

このようにパワーモジュールはパワーデバイスのスタイルを大幅に変革したといえる。

5.2 IPM（インテリジェントパワーモジュール）

最近では，IGBT などをメインデバイスとした**インテリジェントパワーモジュール**（intelligent power module：**IPM，機能付き素子**）が出現し，さらに使いやすくなっている。

図 5.3 は IPM の例であり，駆動（ドライブ）回路，電流，温度検出を備え IGBT 素子を機能化している。さらに，IPM の開発は単に IGBT，駆動回路，保護回路を一つのモジュール内に収めることだけでなく，システムの要求に合うように，IPM 用に設計した IGBT チップ，IGBT を最適な状態で駆動，保護ができる専用の IC，耐ノイズ性やサージ電圧対策を考慮した高集積パッ

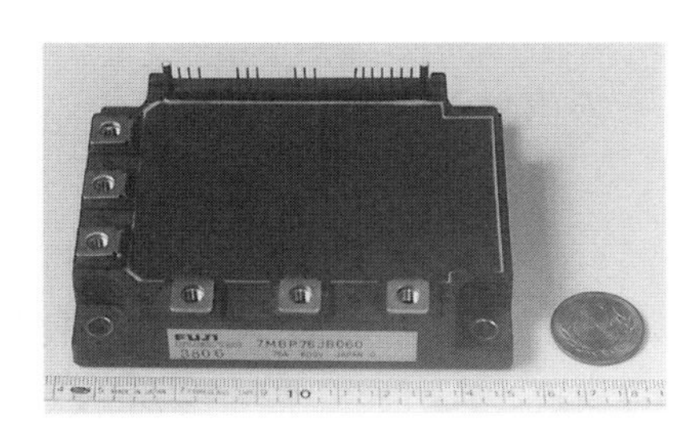

IPM の外観
(IGBT によるインバータ)
75 A，600 V，6 素子

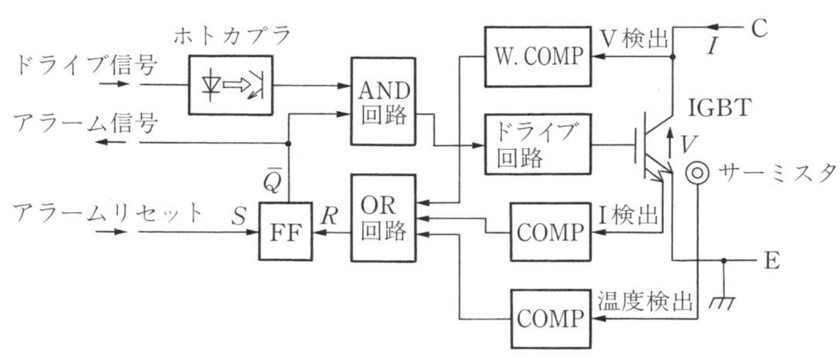

FF：Flip-Flop
COMP：Comparator（比較器）
W.COMP：Window Comparator
（$V_L < V < V_H$ の範囲で信号を出力）

図 5.3 インテリジェントパワーモジュール（IPM）の例

ケージ技術を融合することでもある。

このようなIPMを使うことにより，次のような利点が得られる。

① 非常に破壊しにくいデバイスが得られ，信頼性が向上する。

② 周辺回路の設計要素をIPMに内蔵したことで，開発，設計，評価時間が短縮される。

③ 組立て工数が削減できる。

④ 装置が小形化できる。

⑤ 過電流保護回路が不要である。

今後，IPMの製品化は小形モータ，ポンプ，エアコン，家庭電化製品などの省エネルギー分野，あるいは小形化を目指した小容量インバータへの使用が広がるとともに，一方では高耐圧，大容量化への動きもある。

5.3　素子の直並列接続

パワーデバイスの応用分野が広がるに従って，ますます大きな電力を取り扱う用途が増え，デバイスが制御し得る電圧，電流を増加させる要求が強くなってきている。素子1個が耐え得る電圧を高くするほど，直列に接続する個数を減らすことができ，また電流を大きくするほど並列に接続する個数を減らすことができる。

このためデバイス1個当りの電圧，電流を増加させることができれば，大容量の電力変換が可能となり，同時に変換装置を小形化でき，電力損も減らすことができる。パワーデバイスの例として，**図5.4**に国内における通常のサイリスタ1個の定格オフ電圧，オン電流，変換容量の変遷を示す。

以上より高電圧，大電流を得るために素子の直並列接続が行われる。直並列接続においては，パワーデバイスを単純に直並列にするにしても，素子の特性のばらつきもあり，電圧や電流の分布が均一とならない。したがって外部に電圧，電流の分担をバランスさせる回路を設ける必要がある。**図5.5**はその回路例であり，直流送電用サイリスタ変換装置のモジュールである。実際の装置

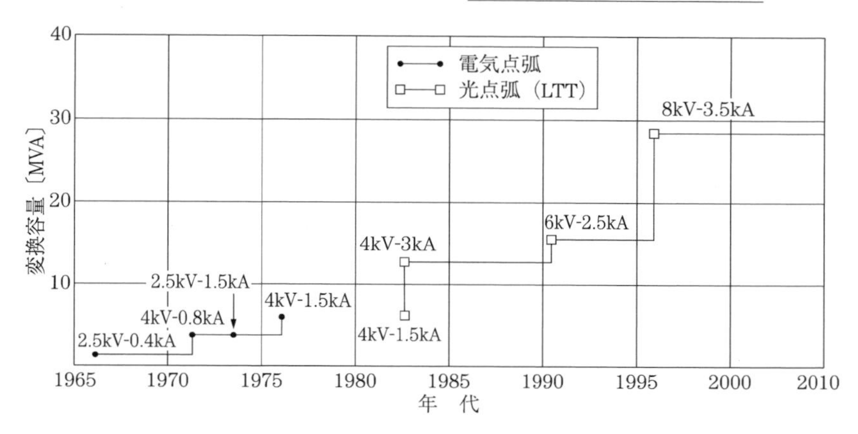

図 5.4　サイリスタの開発推移（国内代表例）

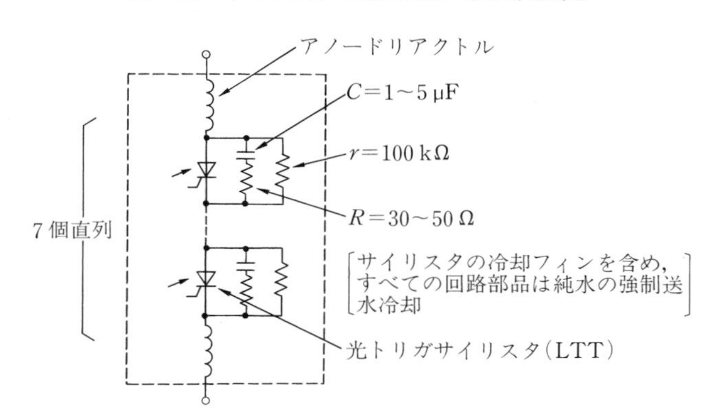

図 5.5　直流送電用サイリスタ変換装置のモジュール

の写真は，本章のコーヒーブレイクにあり，詳しくは **10.3.2** 項で勉強されたい。

このモジュールは，以下の回路で構成されている。

①　並列抵抗 r は，定常状態において素子にかかる電圧を均一にする。

②　並列回路の CR 回路は，サイリスタの転流時の過渡状態において電圧を均一にする。また，外部からの異常電圧の侵入を阻止する働きもする。

③　アノードリアクトルは di/dt（臨界電流上昇率）を抑制する。

5.4　パワーデバイスの冷却方式

パワーデバイスの飛躍的な発展は，回路技術と半導体素子の進歩に多くを依存しているが，半導体素子および装置の冷却技術も重要な基礎技術となっている。

半導体の冷却方式として昔から空気，水（純水），絶縁油などを用いた対流冷却方式が，一般に用いられている。対流冷却媒質のなかでは，水の熱伝達率が最も大きく半導体の冷却に適しているが，電気絶縁性がよくないので純水装置と併用して使用する必要がある。変圧器油，不燃性絶縁油などの電気絶縁性冷却液は，高電圧の装置あるいは防塵性などをもたせるため，素子を絶縁油中に浸せきする構造の装置に用いられる。フロンをはじめとする化学沸騰冷媒は大きい熱伝達率と高い電気絶縁性を兼ね備えている。

しかし近年，塩素を含むふっ素系冷却液（フロン）が成層圏のオゾン層を破壊するということで使用を規制されており，塩素を含まないふっ素系冷却液（パーフロロカーボンなど）が使用されている。

パワーデバイスは静止器のため，ほとんどの冷却媒体が適用可能である。**表 5.2** に一般的に使用されているものの熱的特性を示す。どの冷却媒体，冷却方法とするかはパワーデバイスを用いた機器の種類，規模，使用環境などから総合的に決定される。

表 5.2　各種冷却媒体の熱的特性

物　　質	熱伝導率（W/cm²・deg）	
空　　気	0.00115～0.0139	（強制対流）
水	0.46	（管内対流）
変圧器油	0.041	（管内対流）
フロン R 113	0.23～0.81	（白金線沸騰）

ここでは，一般的によく使われている**風冷方式**（forced air-cooling），**水冷方式**（water air-cooling）について説明する。

〔*1*〕　**風 冷 方 式**　　空気は冷却媒体として最も入手しやすく取扱いが簡単

で，小容量器から大容量器まで用いられている。素子による発生熱は熱源からフィンに流れ，ここから冷却風で運び去られる。冷却フィンを大気中に放置し，自然対流によって冷却する自冷方式と冷却フィンに換気扇による風をあてて冷却する強制風冷式とがある。次節の素子の実装法においても，より詳しく説明しているので勉強されたい。

〔*2*〕 **水冷方式** 水冷では，銅またはアルミニウム製の水の貫通通路が設けられた冷却体に，ポンプで強制対流する方式が一般に用いられている。アルミニウム製冷却体では水に接するところは銅管を使用して，アルミニウムが水に腐食されるのを避けている。水の熱伝達性は良好であるが電気絶縁性はよくないので，冷却水の循環路にイオン交換樹脂などの純水装置を設けて，水の純度を高め電気抵抗率を上げている。

また半導体を冷却した水の冷却方法の違いにより風冷式と水冷式とがある。半導体を冷却した純水などの水をファンにより冷却する風冷式冷却装置と，熱交換器を介して水もしくは不凍液によって冷却する水冷式冷却装置がある。

水冷方式ではこのようにポンプ，熱交換器などの付属品が必要なので，ある程度大容量の装置でないと経済的でない（**表 *5.3***）。

表 *5.3* 風冷，水冷方式の比較

冷却方式		冷却媒体	装置の基本冷却方式	素子・冷却体の基本構成	備考
風冷方式	自然対流	空気	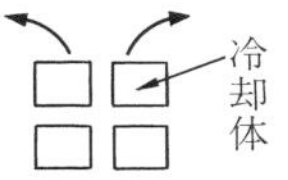 冷却体	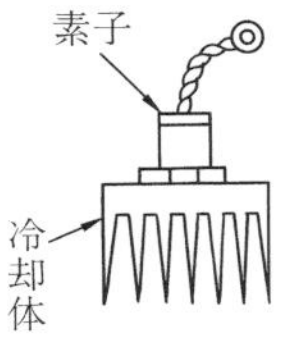 素子 冷却体	構造が簡単で各種の装置，特に小型装置に用いられる。
	強制対流		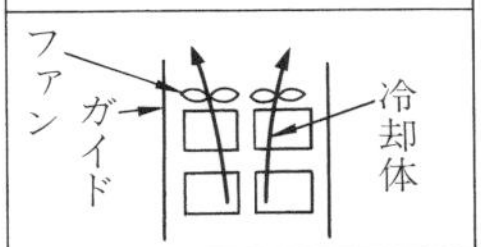 ファン ガイド 冷却体		
水冷方式	強制対流	水	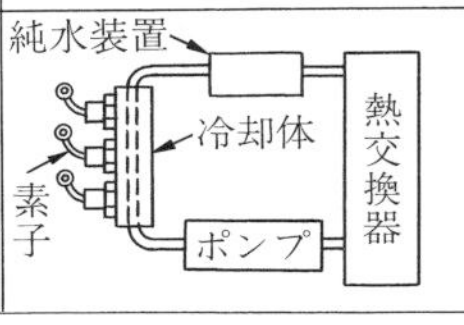 純水装置 冷却体 素子 ポンプ 熱交換器	 素子 冷却体 冷却液の流路	対流冷却媒体中で最も大きな熱伝達率をもつ水で冷却するので，熱抵抗（℃/W）を小さくでき，一般によく用いられる。

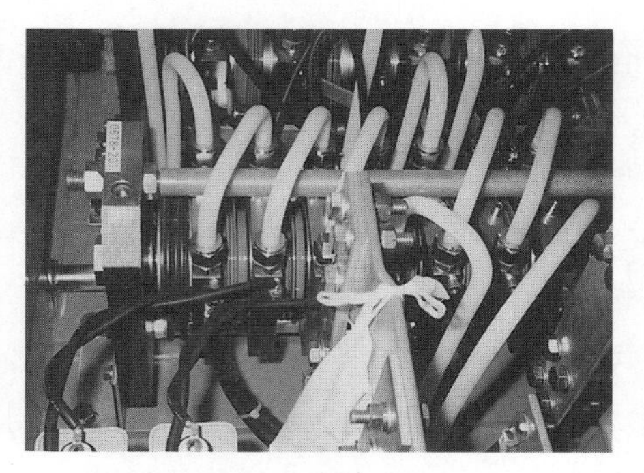

図 **5.6**　GTO サイリスタの循環水冷
(4 500 V，3 000 A，GTO)

図 **5.6** は GTO サイリスタのモジュールを循環水冷しているものである。

5.5　素子のサージ電圧と実装法

5.5.1　スイッチング時の素子のサージ電圧

電気回路には電線を配線しただけで必ず回路にインダクタンス，キャパシタンスが生じる。これらは漂遊（浮遊）インダクタンス，キャパシタンスと呼ばれるものである。電力回路においては漂遊インダクタンスの影響が多く，これらはスイッチング後，**サージ電圧**と呼ばれる過電圧となって現れる。

図 **5.7** はこれを模式的に表したものであり，L は線路の漂遊インダクタンスである。ここでスイッチング素子をオフした場合の過渡現象を考える。**2** 章で述べたように，スイッチング素子にはスイッチング時間がある。これを T_s

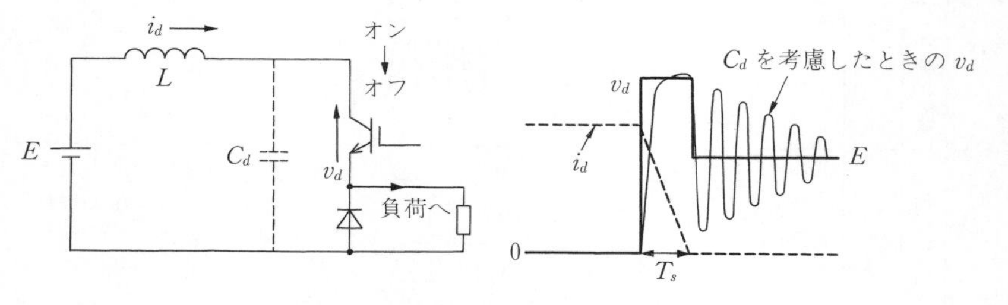

図 **5.7**　スイッチング後のサージ電圧

とし，電流が図のように直線的に減少するものと仮定する。

例えば代表的な数値例として，スイッチオフ直前の L を流れる電流 $I = 100$ A，スイッチング時間 $T_s = 0.5$ μs，電源電圧 $E = 300$ V，漂遊インダクタンス $L = 1$ μH とすると，L の両端に発生する電圧 $v_s = L(di/dt) = L \times I/T_s = 200$ V となり，素子にかかる合計のサージ電圧は 500 V となる。したがって，これを上回る耐圧の素子を使用しなければならず高価となるだけでなく，素子の高耐圧化に伴うスイッチング時間の増加など，性能低下の原因にもなる。

実際は，**図 *5.7*** に示すようにデバイス容量 C_d が存在するので，図のような電圧波形となり長い時間 L と C_d による共振が続く。これにより，電波が発生し電子機器などに対する電波障害の原因となる。

これらを減少させるために，スナバ回路（***4.4*** 節）や**クランプ回路**が用いられる。

図 *5.8* の C_c はクランプコンデンサで，この回路をクランプ回路と呼び，サージ電圧を抑制する回路である。この回路において，スイッチがオフすると L に蓄えられているエネルギーは，ダイオード D を通して C_c を充電する。C_c と L の共振時間を T_s に比べ大きく設計すると，サージ電圧 v_s はおおよそ次のようにして計算できる。スイッチがオフになると，i_d のほとんどが D を通り C_c を充電することになる。このとき，C_c の電圧はほぼ E である。したがって，L のエネルギー $LI^2/2$ が，C_c の電圧を上昇させるために使用され

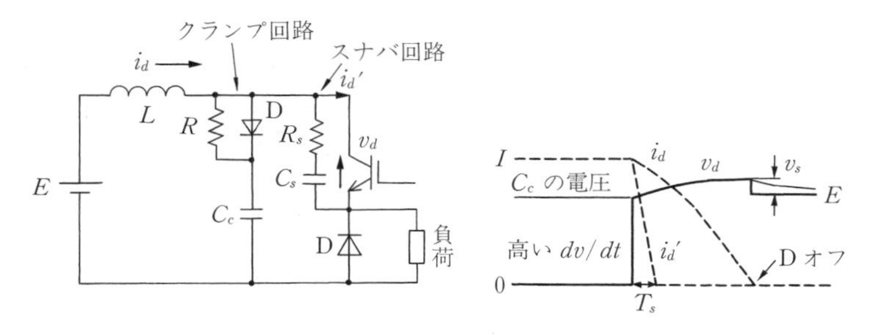

図 *5.8* スイッチング後のサージ電圧

コーヒーブレイク

サイリスタバルブ

パワーデバイスの直列接続で最大容量のものは，50 Hz と 60 Hz を連系する周波数変換所および直流送電におけるサイリスタバルブである。バルブ（valve）は弁であり，スイッチングということになる。パワーデバイスはバルブデバイスとも呼ばれるゆえんである。このサイリスタバルブは，交流をいったん直流に変換する（コンバータ），あるいは直流を交流に逆変換する（インバータ）電力装置に用いられている。詳しくは ***7.5*** 節で述べる。下図は ***10.3.2*** 項の直流送電で説明している本州-四国間の紀伊水道直流送電におけるサイリスタバルブの写真である。

図 ***5.9*** からその大きさに驚く。ここでは光サイリスタ 7 個で 1 モジュールを構成し，さらに 4 モジュールで 1 アームを構成している。6 アーム積層し，これで 1 相分のサイリスタバルブとなる。素子の冷却は純水循環冷却方式である。

サイリスタバルブ
(写真提供：東芝)
(このバルブで 250 kV の 12 パルスブリッジを構成する)

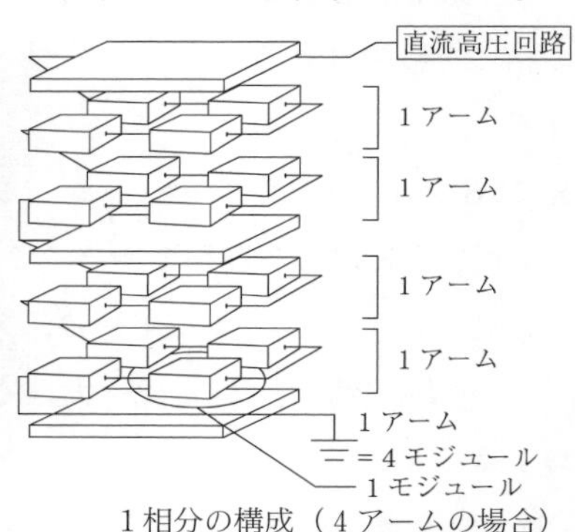

1 相分の構成（4 アームの場合）

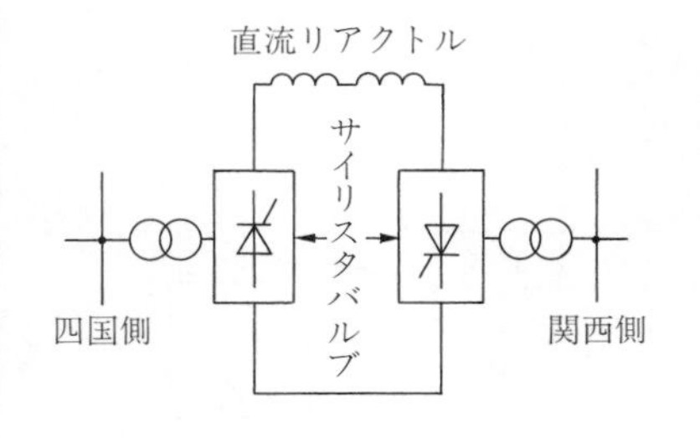

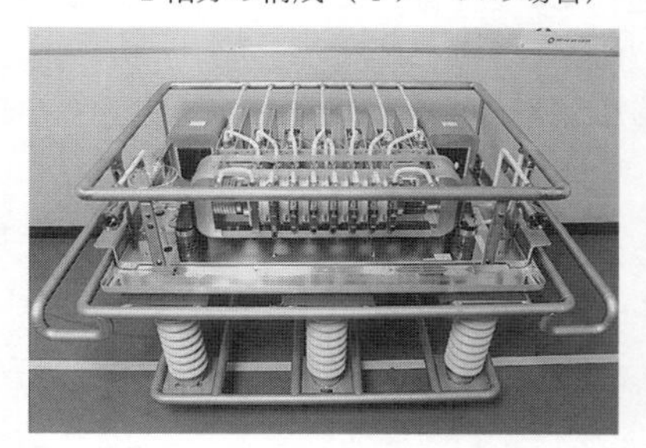

サイリスタモジュール
(8 kV の光サイリスタ 7 個とその周辺部品を収納している)

図 ***5.9***

るから

$$\frac{1}{2}LI^2 = \frac{1}{2}C_c v_s^2 \qquad \text{よって} \qquad v_s = \sqrt{\frac{L}{C_c}}I$$

となる。例えば，上記の場合 $C_c = 5\ \mu\mathrm{F}$ とすれば，$v_s \fallingdotseq 45\ \mathrm{V}$ となりかなり改善される。C_c を充電するに従って i_d は減少し，やがて 0 となり，D はオフする。その後，C_c は放電抵抗 R により放電し電源電圧 E になる。したがって，次のスイッチングまでに C_c を放電すればよく，それなりに大きな抵抗 R でよくスイッチング後の振動も発生しない。

しかしスイッチング直後，v_d は瞬時に E まで上昇し，高い dv/dt により電磁波ノイズを発生させ，スイッチング損を増加させる結果となる。そのような現象が危惧される場合，スナバ回路 C_s，R_s が接続される。特に高周波素子で dv/dt が素子本体，回路などに影響を与える場合に使用される。最近のスイッチング素子には，クランプ回路だけでスナバ回路は使用されない傾向にある。

5.5.2　素子の実装法

素子の上手な配置方法，組立て方法を**実装法**と呼ぶ。これには前項の結果から，線路の漂遊（浮遊）インダクタンスを減らす方法を考えればよい。漂遊インダクタンスについては，電流の流れるループ面積を減少させる部品配置を考えればよい。特にメインの大電流が流れる di/dt の大きなところは，この影響が大である。インバータにおいては，平滑コンデンサと主スイッチング素子の線路の部分の di/dt が大である。

図 5.10 は，これらを考慮したインバータの実装法である。配線のほかに **5.4** 節でも述べたとおり，半導体では過熱が問題となるため，冷却法も重要である。

一般の電力変換器では風冷が採用されており，ファンで冷却されるフィン（ラジエータ）が使用されている。これらについては素子の損失による温度上昇限度が，規格内に入るように設計される。

クランプ回路とスイッチング素子（IGBT）のつくるループは，特に面積を

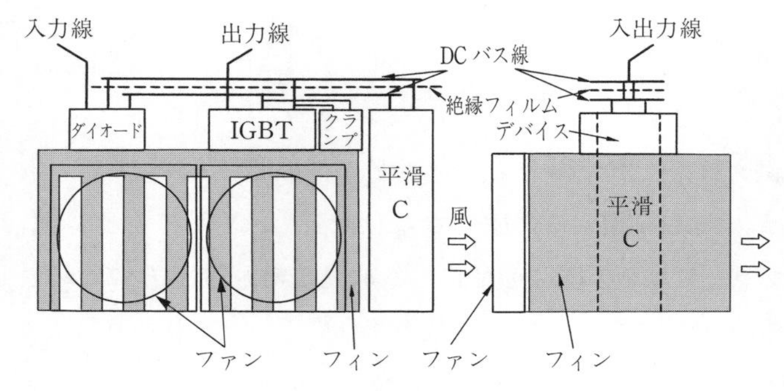

図 ***5.10***　インバータの実装法

最小にしなければならないため，スイッチング素子に接近して配置される。特に配線は，DC バス（電源母線）の漂遊インダクタンスを減らすよう，銅板を絶縁フィルムではさんだ多層プリント基板構造の配線が，採用されるようになった。

以上から図 ***5.10*** のように，フィンの体積がインバータの主回路の半分程度を占めることが多い。今後はインバータの効率を上げ，フィンの小型化を図る努力がなされていくであろう。

演　習　問　題

【1】 次の問図 ***5.1*** は，ダイオードを用いた 5 端子モジュールであり，三相ブリッジ整流回路である。① から ⑤ の端子の交流，直流を明らかにし，回路の働き

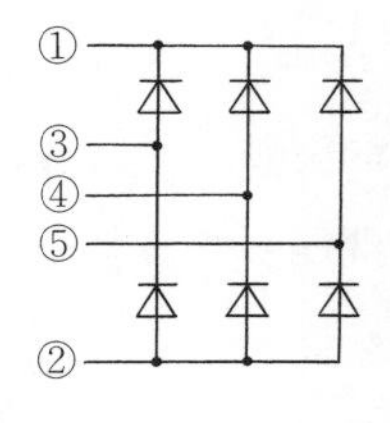

75 A，800 V，6 素子ダイオード
外　　観

問図 ***5.1***

について説明せよ（**7** 章参照）。

【2】 パワーモジュールの特徴を述べよ。

【3】 IPM について説明せよ。

【4】 サージ電圧とはどのようなものか。

【5】 サーミスタはどのような素子か。

【6】 半導体電力変換装置では，整流ダイオード，サイリスタ，パワートランジスタ（バイポーラパワートランジスタ），パワー MOSFET，IGBT などのパワー半導体デバイスがバルブデバイスとして用いられている。

バルブデバイスに関する記述として，誤っているものを次の(1)〜(5)のうちから一つ選べ。　［平 23 III・機械］

(1) 整流ダイオードは，n 形半導体と p 形半導体とによる pn 接合で整流を行う。

(2) 逆阻止三端子サイリスタは，ターンオンだけが制御可能なバルブデバイスである。

(3) パワートランジスタは，遮断領域と能動領域とを切り換えて電力スイッチとして使用する。

(4) パワー MOSFET は，主に電圧が低い変換装置において高い周波数でスイッチングする用途に用いられる。

(5) IGBT は，バイポーラと MOSFET との複合機能デバイスであり，それぞれの長所を併せもつ。

【7】 日本の電源周波数に関する以下の問いに答えよ。

(1) 日本で海底ケーブルで直流送電を行っている 2 箇所の名称を答えよ（***10.3.2*** 項参照）。

(2) 日本の周波数は 50 Hz（東日本），60 Hz（西日本）である。境界となる静岡県の川の名称を答えよ。

(3) 日本のように一つの国に二つの周波数が併存する国は世界的には珍しい。なぜか，そのいきさつを調べよ。

6

交流波形と高調波

最近のパワーエレクトロニクス技術の急速な進歩により，ダイオード，サイリスタやIGBTなどを用いた半導体電力変換装置は，交流入出力に高調波を発生させ，電源系統における障害や負荷の高調波障害の原因となることがある。これらの装置は，今日いろいろな分野に使用されるようになったが，今後いっそう普及することが予想され，これらの機器から発生する高調波の対策が重要な課題となってきている。本章では，交流波形の基礎事項（実効値，平均値，波形率，波高率）と高調波について学ぶ。

6.1 正弦波の基本波と高調波

6.1.1 正弦波の実効値，平均値，波形率，波高率

交流電圧の瞬時式が式(*6.1*)のように表されたとき，電圧波形は図 ***6.1*** のように描かれる。

$$v = \sqrt{2}\, V \sin \omega t \tag{6.1}$$

この電圧の**実効値**（**RMS**），**平均値**，**波形率**および**波高率**（crest factor, **クレストファクタ**）は次のように定義される。

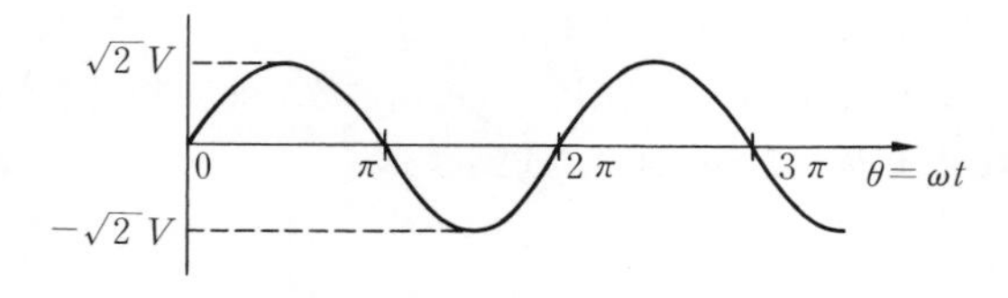

図 ***6.1*** 電圧波形（正弦波）

$$実効値 = \frac{最大値}{\sqrt{2}} = \frac{\sqrt{2}\,V}{\sqrt{2}} = V\,〔\mathrm{V}〕 \qquad (6.2)$$

$$平均値 = \frac{2 \times 最大値}{\pi} = \frac{2\sqrt{2}\,V}{\pi} \fallingdotseq 0.9\,V\,〔\mathrm{V}〕 \qquad (6.3)$$

$$波形率 = \frac{実効値}{平均値} = \frac{V}{0.9\,V} \fallingdotseq 1.11 \qquad (6.4)$$

$$波高率 = \frac{最大値}{実効値} = \frac{\sqrt{2}\,V}{V} \fallingdotseq 1.41 \qquad (6.5)$$

以下実効値，平均値について説明する。実効値（RMS）は，瞬時値の 2 乗（square）の 1 周期の平均（mean）の平方根（root）であり，式(6.2)は次の式(6.6)から導かれたものである。

$$\begin{aligned}実効値 &= \sqrt{\frac{1}{2\pi}\int_0^{2\pi} v^2 d(\omega t)} = \sqrt{\frac{1}{2\pi}\int_0^{2\pi} 2\,V^2 \sin^2 \omega t d(\omega t)} \\ &= \sqrt{\frac{V^2}{\pi}\int_0^{2\pi} \frac{1}{2}(1 - \cos 2\omega t) d(\omega t)} \\ &= \sqrt{\frac{V^2}{2\pi}\left[\omega t - \frac{1}{2}\sin 2\omega t\right]_0^{2\pi}} = V\,〔\mathrm{V}〕 \end{aligned} \qquad (6.6)$$

対称交流回路では，1 周期の平均値は 0 であるので，平均値は半周期の平均となり，式(6.3)は次のようにして導かれる。

$$\begin{aligned}平均値 &= \frac{1}{\pi}\int_0^{\pi} v d(\omega t) = \frac{1}{\pi}\int_0^{\pi} \sqrt{2}\,V \sin \omega t d(\omega t) \\ &= \frac{\sqrt{2}\,V}{\pi}[-\cos \omega t]_0^{\pi} = \frac{2\sqrt{2}\,V}{\pi} \\ &= 0.9\,V\,〔\mathrm{V}〕\end{aligned} \qquad (6.7)$$

ひずみ波のひずみ具合を正弦波との比較でみるために，波形率，波高率を用いる。波形が尖鋭となるほど，波形率も波高率も大となる。波高率（クレストファクタ）が極端に大きい場合には，測定器のレンジを超えることもあり，誤差を生じるので注意を要する。

6.1.2 フーリエ級数と高調波

時間に対して周期的に，その大きさと流れる方向とが変化する電流は交流と呼ばれ，最も広く用いられている交流波形は，正弦波（図 **6.2**(*a*)）である。正弦波以外の波形は**ひずみ波**（distorted wave）と呼ばれ，図(*b*)，(*c*)はその例である。

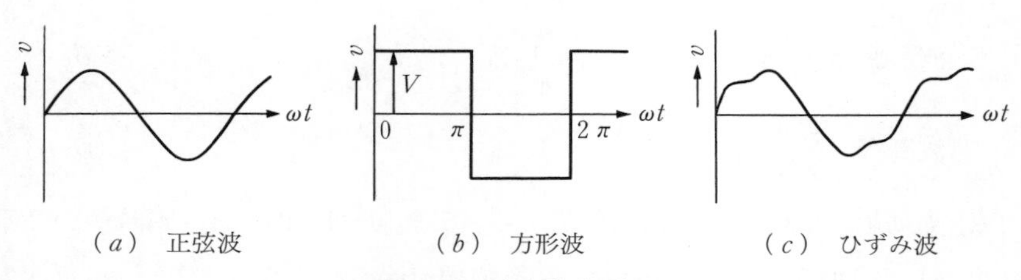

(*a*)　正弦波　(*b*)　方形波　(*c*)　ひずみ波

図 **6.2**　交流波形の例

ひずみ波形は周期関数の場合，いくつかの周波数の異なった整数倍の周波数をもつ正弦波交流の成分の和に分解することができる。これらの成分は，波形を**フーリエ級数**（Fourier series）に展開することで求めることができる。ひずみ波形が $v(t)$ という時間の関数で表されるとすると，フーリエ級数は

$$\left.\begin{aligned} v(t) &= a_0 + \sum_{n=1}^{\infty}(a_n \cos n\omega t + b_n \sin n\omega t) \\ &= a_0 + \sum_{n=1}^{\infty}\sqrt{a_n{}^2 + b_n{}^2}\sin(n\omega t + \varphi_n) \\ &= V_0 + \sum_{n=1}^{\infty}\sqrt{2}\,V_n \sin(n\omega t + \varphi_n) \end{aligned}\right\} \quad (6.8)$$

式(6.8)において，$\omega = 2\pi f$，$f = 1/T$，$\theta = \omega t$ であるから

$$\left.\begin{aligned} a_0 &= V_0 = \frac{1}{T}\int_0^T v(t)\,dt = \frac{1}{2\pi}\int_0^{2\pi} v(\theta)\,d\theta \\ a_n &= \frac{2}{T}\int_0^T v(t)\cos n\omega t\,dt = \frac{1}{\pi}\int_0^{2\pi} v(\theta)\cos n\theta d\theta \\ b_n &= \frac{2}{T}\int_0^T v(t)\sin n\omega t\,dt = \frac{1}{\pi}\int_0^{2\pi} v(\theta)\sin n\theta d\theta \\ V_n &= \frac{\sqrt{a_n{}^2 + b_n{}^2}}{\sqrt{2}} \\ \varphi_n &= \tan^{-1}\frac{a_n}{b_n} \end{aligned}\right\} \quad (6.9)$$

a_0 は直流分で，時間に対して変化しない値である。$\sqrt{2}\,V_n \sin(n\omega t + \varphi_n)$ は第 n 調波の正弦波である。ここで，$n = 1$ の場合を**基本波**（fundamental wave），$n \geqq 2$ の場合を総称して**高調波**（harmonics）という。

負荷に出てくる高調波成分を取り除くためのフィルタの設計には，電圧にどんな周波数の成分が含まれているかを知る必要があり，フーリエ級数展開はそれを知るのに有効な方法である。

6.2 ひ ず み 波 形

6.2.1 ひずみ波の実効値と電力

ひずみ波形 $v(t)$ の実効値 V_{ds} は

$$V_{ds} = \sqrt{\frac{1}{T}\int_0^T v^2(t)\,dt} = \sqrt{V_0^2 + V_1^2 + V_2^2 + \cdots} = \sqrt{V_0^2 + \sum_{d=1}^{\infty} V_n^2} \tag{6.10}$$

すなわち，ひずみ波交流の実効値は各高調波の実効値の 2 乗の和の平方根で表される。

図 **6.2**(b)の方形波（矩形波）をフーリエ級数に展開すると（演習問題【4】で求める）

$$\left.\begin{aligned} v(t) &= \sqrt{2}\,\frac{2\sqrt{2}}{\pi}V\left(\sin\omega t + \frac{1}{3}\sin 3\omega t + \frac{1}{5}\sin 5\omega t \cdots\right) \\ v(t) &= \sqrt{2}\,\frac{2\sqrt{2}}{\pi}V\sum_{m=1}^{\infty}\frac{1}{2m-1}\sin(2m-1)\omega t \end{aligned}\right\} \tag{6.11}$$

したがって

基本波実効値　$$V_1 = \frac{2\sqrt{2}}{\pi}V \tag{6.12}$$

全高調波の実効値　$$V_H = \sqrt{V_{ds}^2 - V_1^2 - V_0^2} = \sqrt{\sum_{n=2}^{\infty} V_n^2} \tag{6.13}$$

図 **6.2**(b)の方形波の形から，V_0（直流分）と V_{ds}（実効値）は，それぞ

れ $V_0 = 0$，$V_{ds} = V$ になることがわかる（演習問題【3】で求める）。したがって

$$V_H = \sqrt{V^2 - \left[\frac{2\sqrt{2}}{\pi}\right]^2 V^2} = V\sqrt{1 - \left[\frac{2\sqrt{2}}{\pi}\right]^2} \cong 0.435\ V \quad (6.14)$$

一方，ひずみ波の電力について考えてみる。**図 6.2**(*b*)の方形波の電圧 $v(t)$ を負荷に加えると，負荷に流れる電流 $i(t)$ もひずみ波となる。すなわち，V_0，I_0 を直流分，V_n，I_n を第 n 調波の実効値として

$$\left.\begin{aligned} v(t) &= V_0 + \sum_{n=1}^{\infty} \sqrt{2}\, V_n \sin(n\omega t + \varphi_n) \\ i(t) &= I_0 + \sum_{n=1}^{\infty} \sqrt{2}\, I_n \sin(n\omega t + \varphi_n - \theta_n) \end{aligned}\right\} \quad (6.15)$$

これによって生じる**ひずみ波電力**の平均値 P は

$$P = \frac{1}{T}\int_0^T p(t)\, dt = \frac{1}{T}\int_0^T v(t)\cdot i(t)\, dt = \frac{1}{2\pi}\int_0^{2\pi} p(\omega t) d(\omega t) \quad (6.16)$$

$$= V_0 I_0 + V_1 I_1 \cos\theta_1 + V_2 I_2 \cos\theta_2 + V_3 I_3 \cos\theta_3 + \cdots$$

$$= V_0 I_0 + \sum_{n=1}^{\infty} V_n I_n \cos\theta_n \quad (6.17)$$

すなわち，ひずみ波の電圧と電流の間の有効電力（平均電力）は，同じ周波数である電圧と電流との間の有効電力を加え合わせたものになる（演習問題【5】で求める）。

$V_0 = 0$ におけるひずみ波交流の**総合力率**（total power factor）PF は

$$\begin{aligned} PF &= \frac{\text{有効電力}}{\text{皮相電力}} = \frac{P}{\sqrt{V_1^2 + V_2^2 + \cdots}\sqrt{I_0^2 + I_1^2 + I_2^2 + \cdots}} \\ &= \frac{\text{ひずみ波交流電力}}{(\text{ひずみ波電圧の実効値}) \times (\text{ひずみ波電流の実効値})} \end{aligned} \quad (6.18)$$

また，**基本波力率**（displacement factor あるいは power factor for fundamental）は

$$\text{基本波力率} = \frac{\text{基本波の有効電力}}{\text{基本波の皮相電力}} = \frac{V_1 I_1 \cos\theta_1}{V_1 I_1} = \cos\theta_1 \quad (6.19)$$

6.2.2 ひずみ波形のひずみ率

交流波形のひずみの程度を示す量としてひずみ率を用いる。

ひずみ率（total harmonic distortion あるいは distortion factor, **THD**）THD は

$$ひずみ率\ THD = \frac{全高調波の実効値}{基本波の実効値} = \frac{V_H}{V_1} = \frac{\sqrt{\sum_{n=2}^{\infty} {V_n}^2}}{V_1} \qquad (6.20)$$

図 **6.2**（b）の方形波については

$$ひずみ率\ THD = \frac{V_H}{V_1} = \frac{V\sqrt{1-\left[\frac{2\sqrt{2}}{\pi}\right]^2}}{\frac{2\sqrt{2}}{\pi}V} = \sqrt{\frac{\pi^2}{8}-1} = 0.484 \qquad (6.21)$$

となる。正弦波のひずみ率は 0 である。高調波分が増加すると，ひずみ率は 0 より大きくなっていく。図 **6.3** は，一つの例として第 5 調波に注目し，含有率が増えていくに従って波形のひずむ様子を示している。

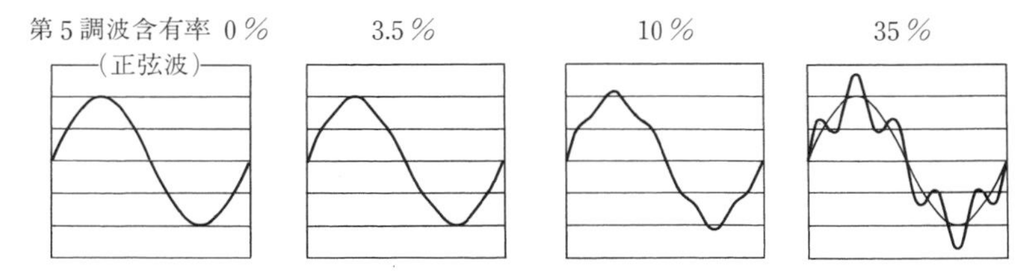

図 **6.3** 高調波による波形のひずみ（例：第 5 調波）

6.3 電力系統の高調波

6.3.1 電力系統からの高調波障害

ひずみ波の発生原因は，昔から発電機においては巻線の配置が集中的であるため，完全な正弦波にはならず，変圧器においても鉄心の磁気回路の非線形性や飽和のために電圧にひずみが生じていた（演習問題【**15**】参照）。

家庭用テレビ，エアコンをはじめ最近のパワーエレクトロニクス技術の急速な進歩により，半導体電力変換装置などの応用機器がさまざまなところで使われるようになり，これらの機器から発生する高調波による障害が大きな問題となってきている。

機器から発生した高調波電流は，**図 *6.4*** に示すように並列コンデンサなど，高調波電流の流れやすい機器に集中的に流れる。これによって，機器に過大な電流が流れると，各種の障害を引き起こす原因となる。また，付随して発生する高調波電圧も各種の影響を及ぼす。

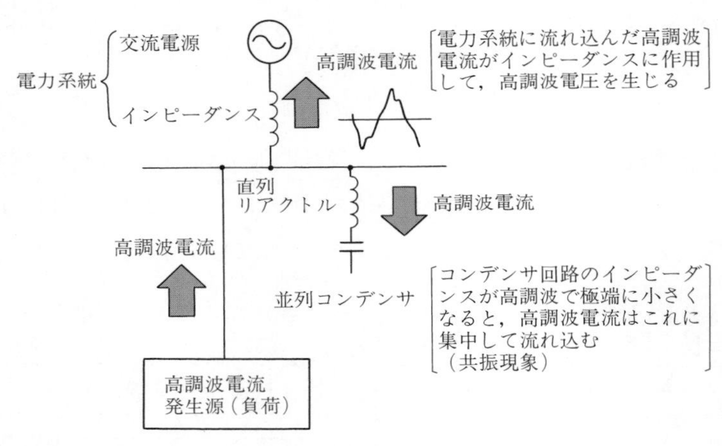

図 *6.4*　高調波電流の流れ（参考文献：中部電力技術開発ニュース 31 号）

高調波が機器に及ぼす影響を要約すると**表 *6.1*** のとおりである。高調波の電気設備，機器に及ぼす影響は，おもに機器への高調波電流の流入による異音，過熱，振動，焼損などや，高調波電圧の印加による誤制御，誤動作などである。またコンピュータや OA 機器などは，高調波の発生源である反面，高調波に対しても敏感である。また，***8.3.1*** 項ではインバータと高調波障害についてモータ，変圧器，コンデンサについて詳しく説明しているので，さらに勉強されたい。

一方電源には，このほかにパワー半導体のスイッチング時に発生する**電磁波**

表 *6.1* 高調波の影響を受けるおもな機器とその内容

機器名	影響の種類
力率調整用コンデンサおよび直列リアクトル	・共振現象が発生すると過大電流が流れ，過熱，焼損あるいは騒音を発生
変圧器	・鉄心の磁気ひずみにより騒音を発生 ・鉄損，銅損の増加
継電器（リレー）	・電圧，電流の動作設定レベルの超過，位相変化による誤動作
電力量計	・測定精度の低下（計量誤差） ・過大な高周波電流による電流コイルの焼損
コンピュータ OA 機器	・論理回路駆動電圧の維持が不可能となり，誤動作
テレビ，ラジオ	・ダイオード，トランジスタ，コンデンサなどの劣化，故障 ・雑音，映像のちらつき
誘導電動機	・回転数の周期的変動（トルク脈動），騒音 ・鉄損，銅損の増加
蛍光灯	・力率改善用コンデンサおよびチョークコイルの過熱，焼損

障害（electromagnetic interference：**EMI**）がある。これは，100 kHz～数十 MHz の高周波帯域のノイズで電子回路などに直接影響するものであり，ディジタル IC の誤動作などを引き起こすことがある。最近はスイッチング素子を用いた電源の増加により，これらの障害も増加している。

6.3.2 高 調 波 対 策

高調波対策の基本は，ひずみ電流波形に含まれる高調波成分を低減するか，回路インピーダンスを小さくして電圧ひずみを少なくするかである。対策方法としては，まず発生源で対策することがポイントとなる。例えば，インバータの高調波を簡便に低減する方法として，交流側にリアクトルを挿入することがよく行われる。またフィルタによる方式としては従来の LC フィルタ方式に代わって，IGBT などの高速スイッチング素子を用いて PWM 制御により高速電流制御をし，高調波のみならず，無効電力，不平衡，フリッカなどを補償する多機能の**アクティブフィルタ**（active filter）が最近注目を浴び，普及拡大してきている（***10.3.1*** 項参照）。一方，EMI 対策には電源など機器の入出

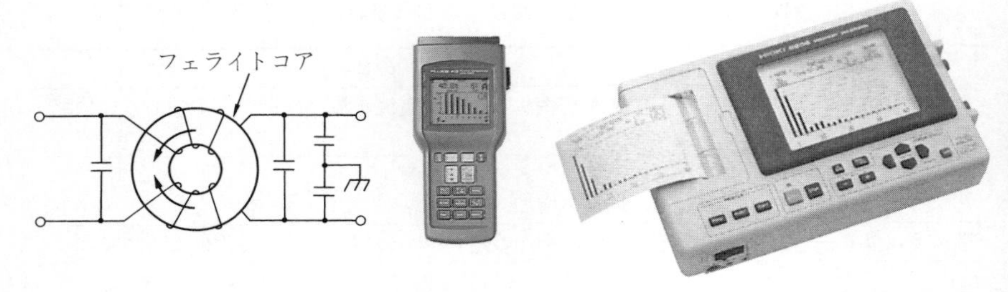

（31 次までの
高調波表示）

（40 次まで高調波解析）

（a）ノイズフィルタの回路　　（b）測　定　器

図 6.5　ノイズフィルタと高調波の測定器

力部分にフェライトコアを用いたノイズフィルタが有効である（**図 6.5**）。

また，電圧，電流波形を測定し，瞬時に FFT（高速フーリエ変換）演算をして，高調波を表示する計測器も多く出ている（**図 6.5**）。

図 6.6 は誘導電動機（2.2 kW）をインバータで運転しているときの，モータ電流とその周波数解析である。この図において，基本周波数は 45 Hz であり，多くの高調波成分を含んでいる。多い順に 31 次（24 %），29 次，13 次である。

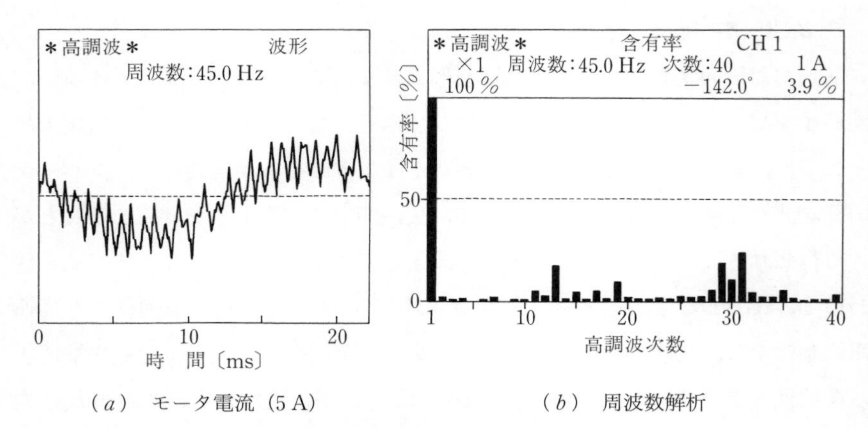

（a）モータ電流（5 A）　　（b）周波数解析

図 6.6　高調波電流とその周波数解析

6.3.3　高調波抑制対策ガイドライン

一方，高調波に関する規制は欧米では古くから行われている。日本でも電気協同研究会，電気学会で検討され，電力変換設備などを対象にした**高調波抑制対策ガイドライン**が平成16年1月に経済産業省において制定された。これに

コーヒーブレイク

交流波形はなぜ乱れるのか？？

――その原因を単相整流回路（コンデンサ付き）の例から学ぶ――

交流波形はなぜ乱れるのか，高調波電流がなぜ存在するかについて，テレビやコンピュータなどに使われている整流回路（**7**章で学ぶ）を例に**図 6.7** で説明する。図のように，負荷が非線形特性の場合や，サイリスタなどのスイッチング素子で供給電圧波形を負荷が必要とする部分だけ切り刻んで使用する場合には，入力（負荷）電流の波形が正弦波にならないため，高調波電流を発生する。

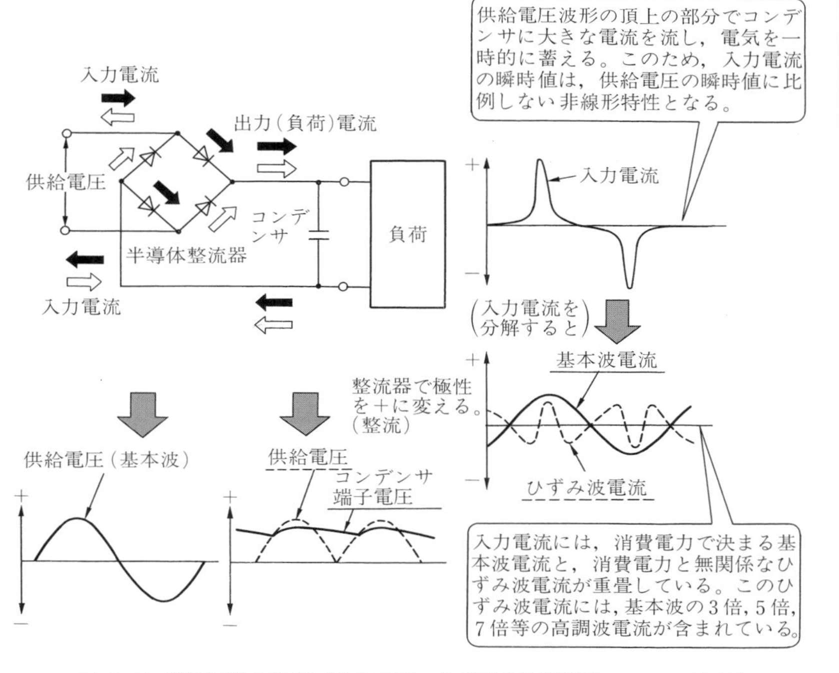

図 6.7　整流回路と波形（参考文献：中部電力技術開発ニュース31号）

よると，高圧または特別高圧で受電している需要家の受電点（電力会社との責任分界点）における契約電力 1 kW 当りの高調波電流の流出量の上限値を**表 *6.2*** に示す値に設定することによって，高調波電流による需要家設備への悪影響が対策されている。

表 *6.2*　契約電力 1 kW 当りの需要家の高調波電流流出上限値（高調波抑制対策ガイドライン表 1）

受電電圧	次数別高調波流出電流上限値〔mA/kW〕							
	5 次	7 次	11 次	13 次	17 次	19 次	23 次	25 次
6.6 kV	3.5	2.5	1.6	1.3	1.0	0.90	0.76	0.70
22 kV	1.8	1.3	0.82	0.69	0.53	0.47	0.39	0.36
33 kV	1.2	0.86	0.55	0.46	0.35	0.32	0.26	0.24

（注）　受電電圧が 6.6 kV で契約電力が 1 000 kW の需要家の 5 次高調波電流上限値は 3.5 A（=3.5 mA/kW×1 000 kW）である。

高圧需要家の力率改善用コンデンサ設備で直列リアクトルを設置していない場合には，高調波電流源から見ると，系統電源インピーダンスがこのコンデンサと並列になり並列共振現象を起こすことを防止するために，一般的には 6%（電源周波数におけるコンデンサのリアクタンス値（$-j100\%$）に対してのリアクトルのリアクタンス値が $j6\%$）の直列リアクトルを設置する（**図 *6.4*** 参照)。

演　習　問　題

【1】 実効値 200 V の正弦波電圧の平均値および最大値を求めよ。

【2】 正弦波電圧（$V_m \sin \omega t$）の半波整流波および全波整流波の 0 から 2π までの平均値および実効値を求めよ。

【3】 次の**問図 *6.1*** のような方形波，三角波の平均値はそれぞれ V_m，$V_m/2$，実効値はそれぞれ V_m，$V_m/\sqrt{3}$ となることを証明せよ。

【4】 方形波（**図 *6.2***）をフーリエ級数に展開せよ。

【5】 次の式を証明せよ。

$$\int_0^{2\pi} \sin m\theta \sin(n\theta - \alpha)\, d\theta = \begin{cases} \pi \cos \alpha & (m = n) \\ 0 & (m \neq n) \end{cases}$$

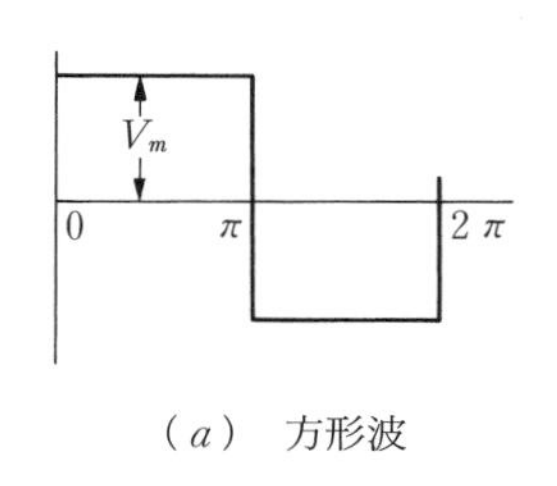

（a）　方形波

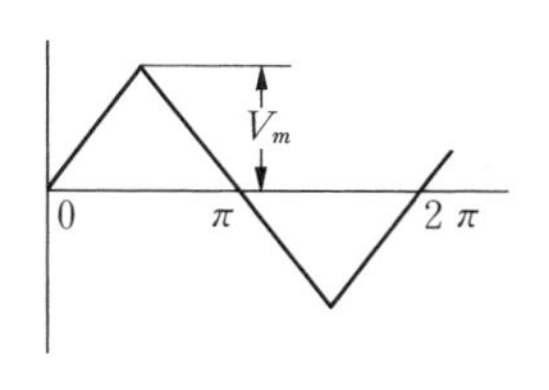

（b）　三角波

問図 *6.1*

【6】 $\nu = 200 \sin \omega t + 40 \sin 3\omega t + 30 \sin 5\omega t$〔V〕で表されるひずみ波交流電圧の波形のひずみ率の値として，正しいのは次のうちどれか。ただし，ひずみ率は次の式による。　　　　［平 10 III　理論］

$$\text{ひずみ率} = \frac{\text{高調波の実効値〔V〕}}{\text{基本波の実効値〔V〕}}$$

（1）0.05　（2）0.1　（3）0.15　（4）0.2　（5）0.25

【7】 次の**問図 *6.2*** に示すパルス波の平均値，実効値，波高率および波形率を求めよ。

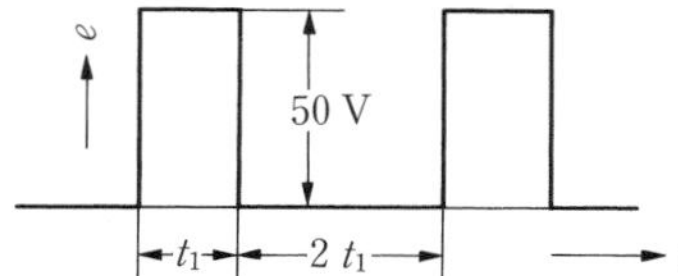

問図 *6.2*

【8】 次式に示す電圧 e〔V〕および電流 i〔A〕による電力〔kW〕として，正しい値を次のうちから選べ。　　　　［平 8 III　理論］

$$e = 100 \sin \omega t + 50 \sin\left(3\omega t - \frac{\pi}{6}\right) \text{〔V〕}$$

$$i = 20 \sin\left(\omega t + \frac{\pi}{6}\right) + 10\sqrt{3} \sin\left(3\omega t + \frac{\pi}{6}\right) \text{〔A〕}$$

（1）0.95　（2）1.08　（3）1.16　（4）1.29　（5）1.34

【9】 次の文章は，ひずみ波交流回路に関する記述である。文中の［　　　］に当てはまる数値を解答群の中から選び，その記号を記入せよ。

［平 10 II・1 次　理論］

問図 *6.3* のように抵抗 R とインダクタンス L が直列に接続された回路に次式で表されるひずみ波電圧 e〔V〕を加える。

$$e = 100 + 50 \sin \omega t + 20 \sin 3\omega t$$

このとき，回路に流れる電流i〔A〕は

$$i = \boxed{\ (1)\ } + \boxed{\ (2)\ }\sin(\omega t - \pi/4) + \boxed{\ (3)\ }\sin(3\omega t - \phi_3)$$

である。ここで，$\phi_3 = \tan^{-1}\boxed{\ (4)\ }$ である。

また，この回路で消費される有効電力 P は $\boxed{\ (5)\ }$〔W〕である。

[解答群]

（イ）0　（ロ）0.44　（ハ）0.632　（ニ）1.41　（ホ）2.50　（ヘ）3.00

（ト）3.16　（チ）3.41　（リ）3.54　（ヌ）7.07　（ル）10.0　（ヲ）14.1

（ワ）564　（カ）1 065　（ヨ）1 129

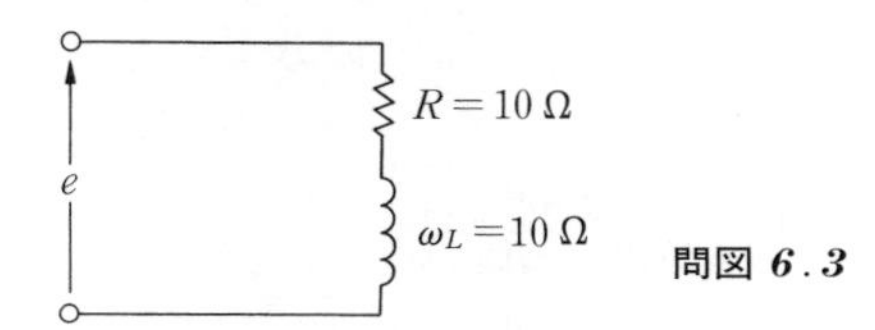

問図 6.3

【10】 電力系統において，波形がひずむ原因を列挙せよ。

【11】 高調波による障害には，どんな種類のものがあるかあげよ。

【12】 次の問図 6.4 の LC フィルタ（LC 回路）の周波数に対するインピーダンス特性を概略でよいから書け（$f_r = 1/2\pi\sqrt{LC}$）。

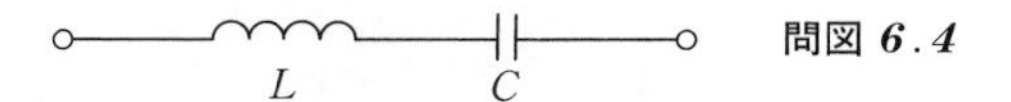

問図 6.4

【13】 商用周波数程度の周波数の交流電流を可動鉄片形電流計で測定したところ，その指示値は $\sqrt{2}$ A であった。この場合の電流 i〔A〕の波形として，正しいのは次の（1）～（5）のうちどれか一つ選べ。（ヒント：可動鉄片形は実効値を指示する計器）

[平8 III　理論]

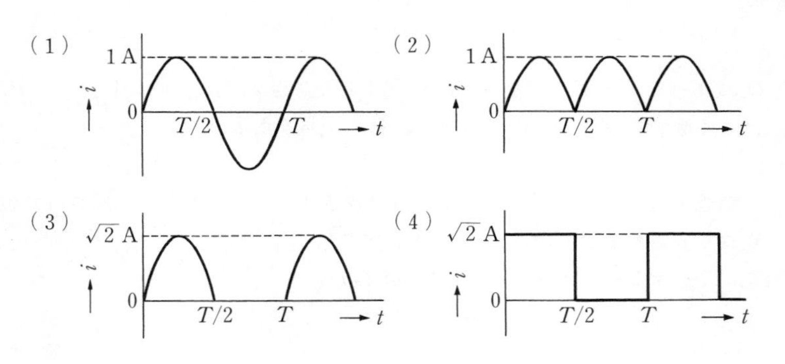

（5）

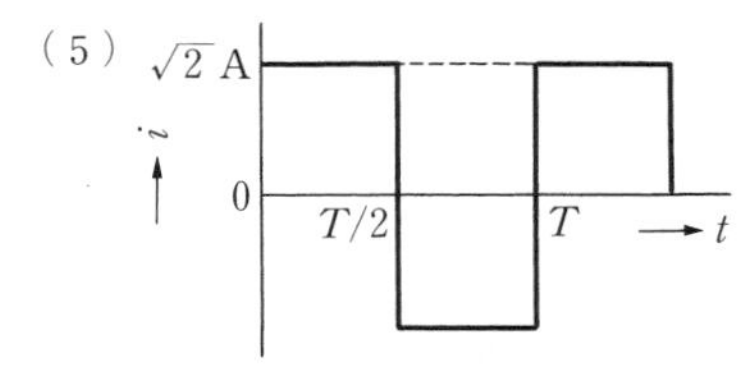

【14】 目盛が正弦波交流に対する実効値になる整流形の電圧計（全波整流形）がある。この電圧計で**問図 *6.5*** のような周期 20 ms の繰返し波形電圧を測定した。

このとき，電圧計の指示の値〔V〕として，最も近いものを次の（1）〜（5）のうちから一つ選べ。　［平 27 III・理論］

（1）4.00　（2）4.44　（3）4.62　（4）5.14　（5）5.66

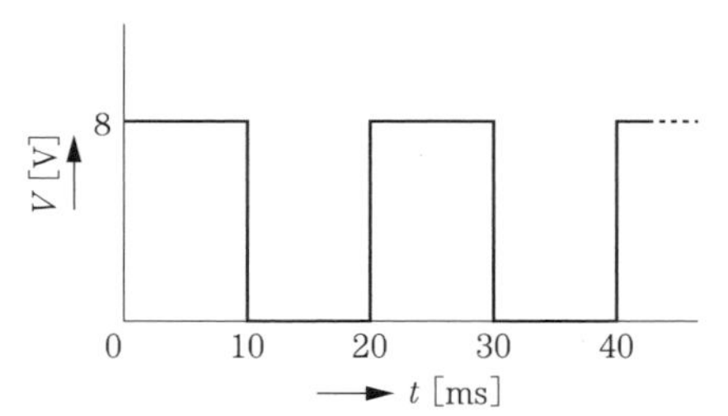

問図 *6.5*

【15】（復習）鉄心の磁気回路の非線形性や飽和のために，電圧，電流にひずみが生じる。ここでは，鉄心のヒステリシス曲線と正弦波電圧から励磁電流がひずみ波となることを図式解法で求めよ（**問図 *6.6***）。

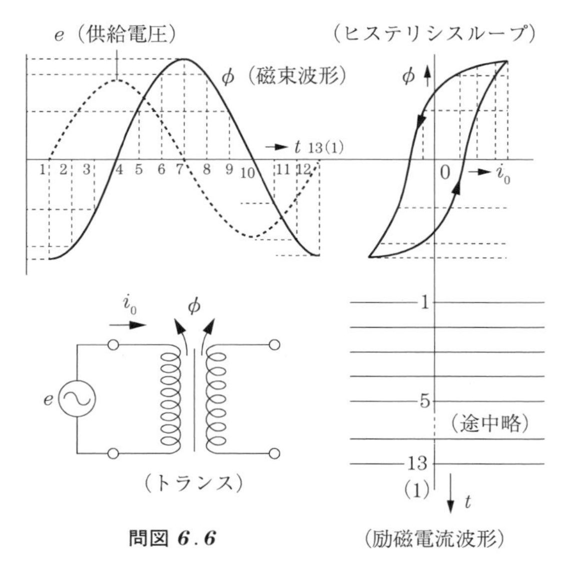

問図 *6.6*

7

整流回路

電力系統は交流であるが，私たちの身の回りには直流も重要な働きをしている。新幹線以外の鉄道は直流 1 500 V のものもあり，電気めっき，金属精錬などの分野でも大電力の直流が使われている。また AV 用，PC 用は小形直流スイッチング電源が使用され，IT 用の小形の通信，音響機器などには，乾電池，バッテリーを使用したものが大部分である。本章では，電力変換器で基本的な回路である交流を直流に変換する整流回路（順変換回路とも呼ばれる）について学ぶ。

本章および ***8***〜***10*** 章では，ダイオード，サイリスタなどのスイッチング素子を理想的な整流素子と考えて，オンオフ時のインピーダンスをそれぞれ 0，無限大として扱う。

7.1　単相半波整流回路とインダクタンス L，環流ダイオードの働き

整流回路は，図 ***7.1*** に示すように非常に簡単な回路構成であり，製作は容易である。ただ，この回路は適用対象は負荷電流が小さく，出力側にリプル（脈動）がある程度含まれてもよいような場合に限られ，大電力用には適さな

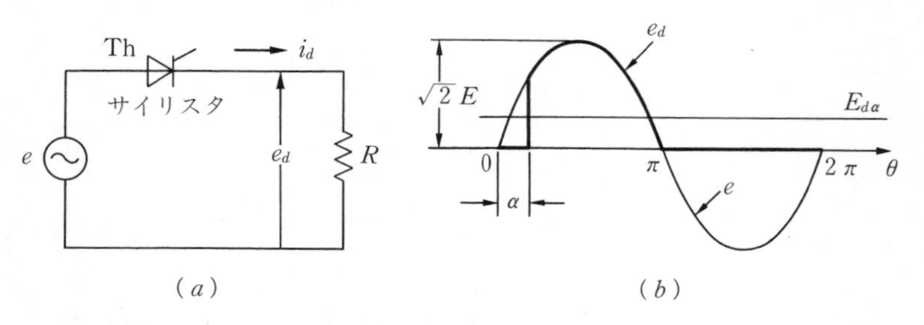

図 ***7.1***　単相半波整流回路（純抵抗負荷の場合）

い。

しかし，整流回路の学習の基礎として重要であり，はじめに取り上げる。

7.1.1　単相半波整流回路（純抵抗負荷の場合）

図 7.1(a)で $e = \sqrt{2}E\sin\theta$ $(\theta = \omega t)$ の正弦波電圧に対し，制御角 α の場合は，$\theta = \alpha \sim \pi$ の期間で整流素子は導通し，直流電圧 e_d の波形は，図(b)の太い線で示したようになる。したがって，e_d の平均値 $E_{d\alpha}$ は

$$E_{d\alpha} = \frac{1}{2\pi}\int_{\alpha}^{\pi}\sqrt{2}E\sin\theta\, d\theta = \frac{\sqrt{2}}{2\pi}E[-\cos\theta]_{\alpha}^{\pi}$$

$$= \frac{\sqrt{2}}{2\pi}E(1+\cos\alpha) = \frac{\sqrt{2}}{\pi}E\cos^2\frac{\alpha}{2} \qquad (7.1)$$

また直流電流 i_d の平均値 I_d は $I_d = E_{d\alpha}/R$ である。

ここでサイリスタ Th をダイオード D に置き換えた場合は $\alpha = 0$ となり，式(7.2)となる。

$$[E_{d\alpha}]_{\alpha=0} = E_{d0} = \frac{\sqrt{2}}{\pi}E \qquad (7.2)$$

7.1.2　誘導負荷におけるインダクタンス L の働き

図 7.2 の誘導負荷をもつ整流回路において，電源電圧を $e = \sqrt{2}E\sin\theta$ とし，$\theta = \alpha$ の制御角で Th がオンすると，$\theta \geqq \alpha$ の θ に対して電源電圧 e は L と R にかかる。L，R の電圧降下をそれぞれ e_L，e_R とすると

$$e = e_L + e_R \qquad e_L = L \times \frac{di}{dt} \qquad e_R = R \times i_d$$

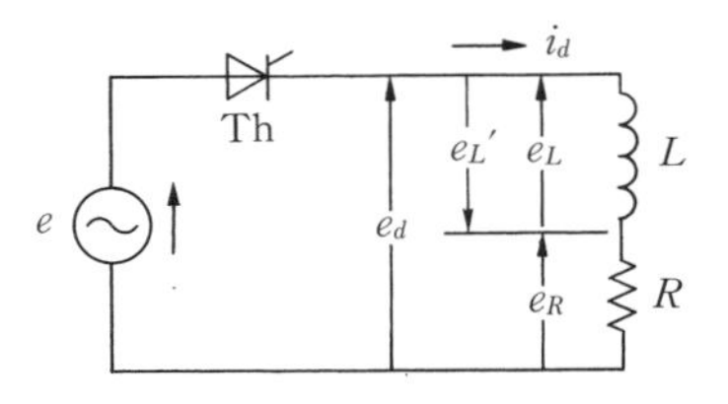

図 7.2　単相半波整流回路

となり，e_R の波形（i_d の波形でもある）は**図 7.3** の太線のように立ち上がり，$\theta = \theta_m$ で e の曲線と交わる。この交点では $e_L = L(di/dt) = 0$ であるから，電流 i_d は最大値となって，これ以後 i_d は減少する。i_d が減少しつつあるときは $e_L = L(di/dt) < 0$ となる。そこで e と同方向にリアクタンス電圧をとり，これを $e_L'(= -e_L)$ とすると，$\theta > \theta_m$ では e のほかに，この e_L' も負荷抵抗 R に対して電源電圧となる。

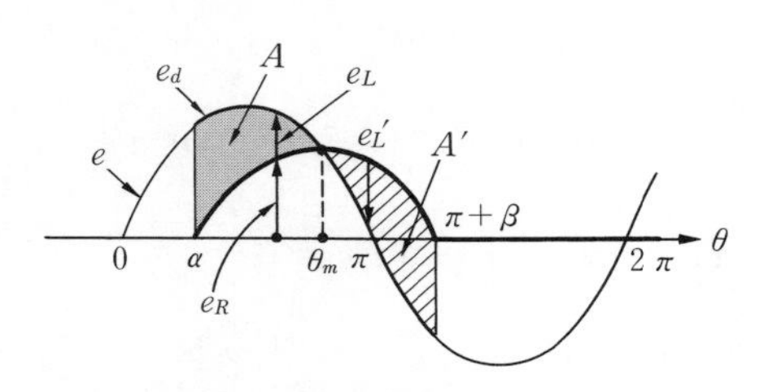

図 7.3　単相半波整流回路の波形

$\theta = \pi$ になって $e = 0$ になっても，$e_L' > 0$ であるため，Th はオフせず $\theta = \pi + \beta$ になって初めてオフする。このように純抵抗負荷の場合とは違って $\theta = \pi + \beta$ までオフしない。これはインダクタンス L がエネルギーを蓄積し，これを放出し終わるまでオフできないからである。

以上の事柄は，図式的には次のように考えることができる。**図 7.3** に示した面積 A は $\theta = \alpha \sim \theta_m$ までの e_L の時間積分で，L の磁束の増加分を示し，面積 A' は $\theta = \theta_m \sim \pi + \beta$ までの e_L' の時間積分で L の磁束の減少分を示し，定常状態ではこの両者は当然等しくなければならない。したがって

$$A - A' = \int_{\alpha}^{\theta m} e_L \, d\theta - \int_{\theta m}^{\pi+\beta} e_L' \, d\theta = \int_{\alpha}^{\pi+\beta} e_L \, d\theta = 0$$

$$\therefore \quad e_L \text{ の平均電圧} = \frac{1}{2\pi}\int_{\alpha}^{\pi+\beta} e_L \, d\theta = 0 \qquad (7.3)$$

負荷のインダクタンス L が大きくなるにつれて，$\theta = \alpha$ での電流の立上りは遅くなるため β は増加し，i_d の通電期間は長くなるが，直流出力電圧 e_d の平均値は減少する。したがって，この整流回路では L があまり大きいと，直流出力電圧がとれなくなる。

以上の事柄から，整流回路における L は，出力電流 i_d を滑らかにする作用があることがわかる。このような L を**平滑リアクトル**（smoothing reactor）あるいは**直流リアクトル**（DC reactor）という。

7.1.3　環流ダイオードの働き

図 7.4(a)の回路は前項の回路にダイオード D_F を接続し，**図 7.3** の π から $\pi+\beta$ の期間に出力側に現れる負電圧をこのダイオードで短絡し，除去するようにしたものである。電源電圧 e の負の半サイクルが始まると同時にサイリスタ Th はオフし，以後負荷電流は $L \Rightarrow R \Rightarrow D_F$ の経路で環流する。そこで，このようなダイオード D_F を**環流ダイオード**，または**バイパスダイオード**と呼んでいる。あるいは回路動作がはずみ車の働きに似ていることから**フリーホイーリングダイオード**（**フリーホイールダイオード**，free wheel diode）などとも呼ばれている。

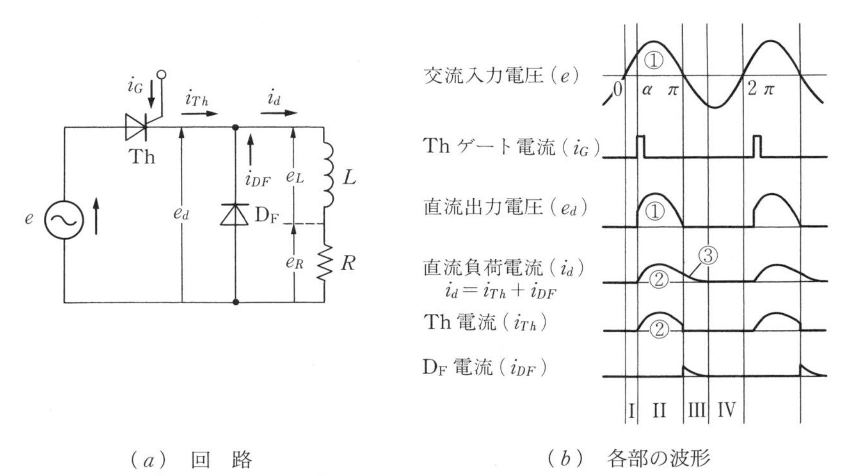

（a）　回　路　　　　（b）　各部の波形

図 7.4　環流ダイオードの作用

D_F を用いることにより，出力電圧 e_d は純抵抗負荷時と同波形になり，その大きさを L に無関係とすることができる。したがって，この回路では L の値がいかに大きくても，出力電圧が減少することはない。

7.2　単相全波整流回路

単相全波整流回路には**図 7.5** のセンタタップ形と本節で扱うブリッジ整流回路の2種類がある。**図 7.6** のようにサイリスタブリッジ整流回路には，ブリッジ回路の4個の素子が同一である**単相純ブリッジ回路**（図(a)）とダイオードとサイリスタをそれぞれ2個組み合わせた**単相混合ブリッジ回路**（図(b)，(c)）の2種類がある。

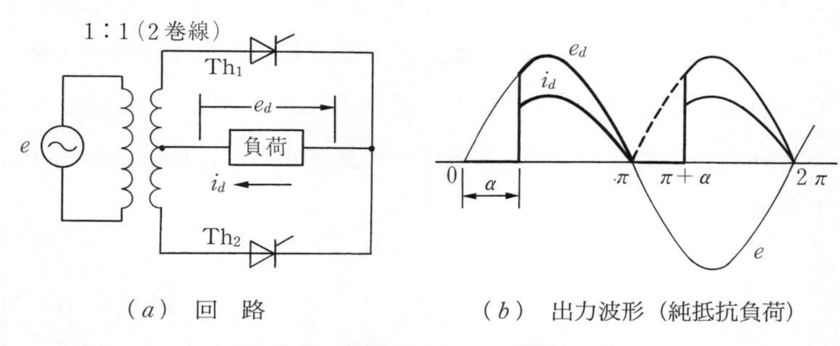

（a）　回　路　　　　（b）　出力波形（純抵抗負荷）

図 7.5　単相センタタップ整流回路

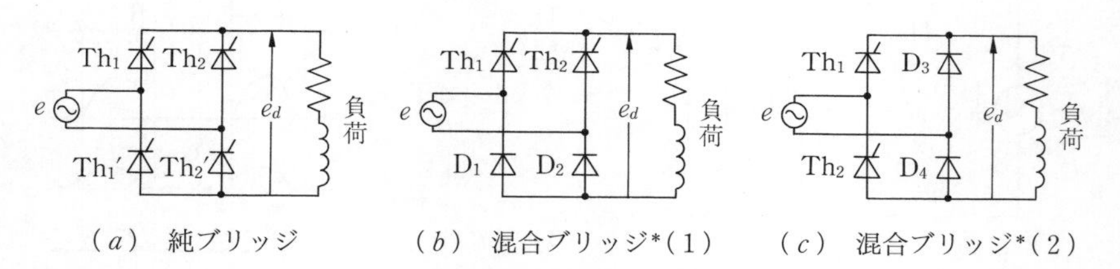

（a）　純ブリッジ　　（b）　混合ブリッジ*(1)　　（c）　混合ブリッジ*(2)

*（b），（c）の回路は出力電圧波形は同一である

図 7.6　純ブリッジ回路と混合ブリッジ回路

単相センタタップ整流回路は，ブリッジ整流回路と直流電圧の波形および大きさが同じであるので，本節では単相ブリッジ整流回路から入っていく。よく使われているダイオードブリッジ回路については，基本的な回路からリプルの少ないコンデンサ入力形およびスイッチング素子を用いた回路についても説明する。一方，混合ブリッジ回路については演習問題【8】で取り上げ本文では省

く。ダイオードブリッジ回路については，**5.1** 節に 4 端子モジュールとして形状が出ている。

7.2.1　平滑リアクトルをもつダイオードブリッジ回路

この回路は**図 7.7**(a)のように，4 個のダイオードでブリッジを構成したものである。e の正の半サイクルでは D_1，D_2' が，負の半サイクルでは D_2，D_1' が導通して，出力に直流電圧，電流が得られる。

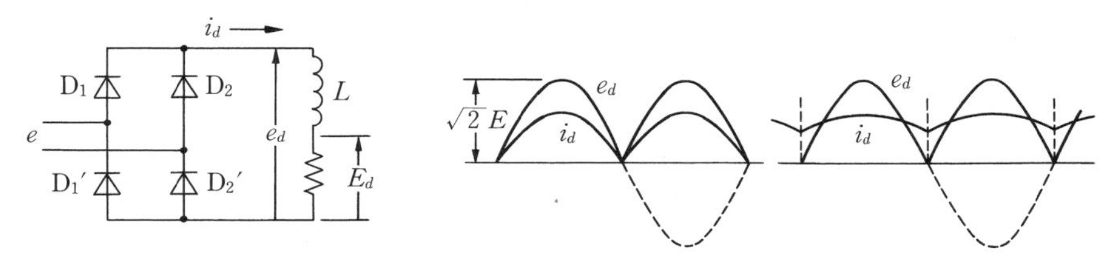

(a)　ダイオードブリッジ回路　(b)　波形($L=0$；純抵抗負荷)　(c)　波形($L\neq 0$)

図 7.7　平滑リアクトルをもつダイオードブリッジ回路と波形

直流側の電圧，電流の波形は負荷の種類によって，純抵抗負荷の場合は，図(b)のように電圧，電流の波形は同じになる。図(c)のように負荷抵抗 R に直列に L を接続すると電流 i_d のリプルが減少する。平滑リアクトルはリプルの少ない直流を得るために使用されている。

なお，図(b)の直流側電圧 e_d の平均値 E_d は次の式(7.4)になる。半波整流の場合の 2 倍となる（式(7.2)参照)。誘導性負荷の場合(c)は，L にかかる平均電圧は 0 であるから，e_d の平均値は抵抗の平均電圧 E_d となり，同様に式(7.4)となる。

$$E_d=\frac{1}{\pi}\int_0^{\pi}\sqrt{2}\,E\sin\theta\,d\theta=\frac{\sqrt{2}}{\pi}E[-\cos\theta]_0^{\pi}=\frac{2\sqrt{2}}{\pi}E=0.9E \tag{7.4}$$

7.2.2　平滑コンデンサをもつダイオードブリッジ回路

図 7.8 はコンデンサ入力形の単相ダイオード整流回路を示している。この

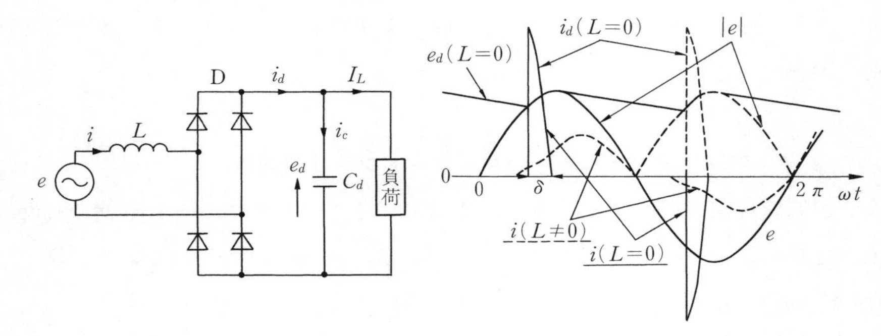

（a）　回路（コンデンサ入力形）　　　　（b）　電圧，電流波形

図 7.8　平滑コンデンサをもつダイオードブリッジ回路と波形

電源はおもに安価な小形直流電源に使用され，家電製品の大部分はこの種の電源である。小容量で入力電流の高調波を重視しない場合は，図(a)でリアクトル L を用いない（$L=0$）。このときの入力電流の波形については図(b)に示している。以下，詳細に説明する。

コンデンサ C_d は**平滑コンデンサ**（smoothing capacitor）と呼ばれ，負荷にリプルの少ない直流電力を与えるもので，大容量の電解コンデンサが使用されている。このコンデンサに流れる電流 i_c は，$L=0$ の場合は次式で示される。

$$i_c = C_d \frac{de_d}{dt}$$

ダイオード D が導通している場合は，$V = e_d = \sqrt{2}\,E \sin \omega t$（$0 \leqq \omega t \leqq \pi$ と仮定）となるから $i_c = \sqrt{2}\,\omega C_d E \cos \omega t$ となる。負荷電流 I_L は小さいと仮定すれば，導通区間は $\pi/2 - \delta$ から $\pi/2$ であるから i_c のピークは $\omega t = \pi/2 - \delta$ のときで $\sqrt{2}\,\omega C_d E \sin \delta$ となる。

リプルを定量的に表すのに**脈動率**（ripple factor）がある。その表し方にはいくつかあるが，本書では次式をあげる。

$$\text{脈動率}\ \varepsilon = \frac{\varDelta E}{E_{d\alpha}} = \frac{\text{出力電圧の最大値と最小値の差}}{\text{直流出力電圧平均値}}$$

リプルを小さくするため δ は小さく選ばれるとすれば，**図 7.8** よりリプル

率 ε は概略

$$\varepsilon \fallingdotseq (1 - \cos\delta) \fallingdotseq \frac{\delta^2}{2}$$

となる。

数値例として，例えば $\delta = \pi/12\,\mathrm{rad}$（リプル率 3.4 %），平均出力電流 $I_d = 10\,\mathrm{A}$，$\sqrt{2}\,E = 141\,\mathrm{V}$，$f = 50\,\mathrm{Hz}$ のとき，$C_d \fallingdotseq 20\,000\,\mu\mathrm{F}$ とすれば，$\sqrt{2}\,\omega C_d E \sin\delta$ より，入力電流 i の最大値は約 230 A にもなる。

このように δ を小さくし，リプルを減らすと入力に大きなパルス電流が流れ，入力電圧波形がひずむとともに高調波電流障害（**6.3** 節）をもたらす。

その波形改善のため電源または D と C_d の間に L を挿入することがある。**図 7.8** は電源側に L を挿入しているが，これにより電流の導通幅 δ が増加し，図(b)に示すようなピーク値の小さな電流波形となり，力率が改善される。しかし，総合力率 90 %以上を得ることは難しい。

7.2.3　正弦波入力電流整流回路

最近電源系統の高調波から電源電圧に波形ひずみを生じ，**6.3** 節で述べたような電力高調波障害を生じている。この最も大きな原因が電力変換器から生じるもので，電力変換器に用いられる整流器の入力電流を正弦波に制御する手法がとられるようになった。しかし，これを従来使用されていた LC フィルタで行うと

- 大型となり重量が重く，高価となる。
- インピーダンスが大きいので電圧降下が大きく，負荷の電圧変動の大きなものになる。
- 内部抵抗，特にリアクトル（インダクタンス）の内部抵抗が大きいので効率が悪い。

以上のことから，LC フィルタはよほど高周波でないと性能，価格的に有利でない。そこで整流回路においても，スイッチング素子を用いて入力電流を瞬時に正弦波状に制御する方法がとられるようになった。**図 7.9**(a)はその回

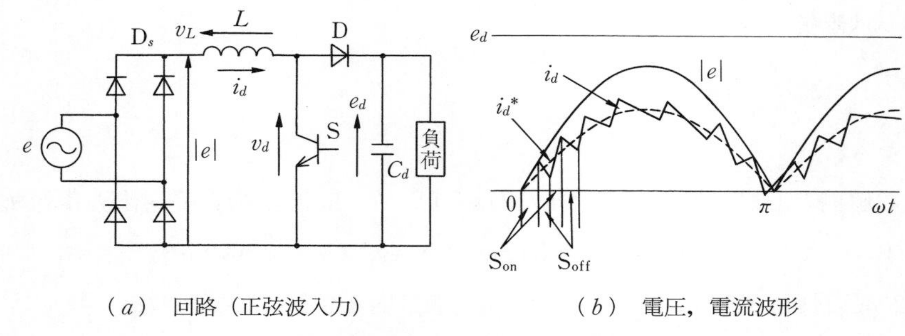

（*a*）　回路（正弦波入力）　　　（*b*）　電圧，電流波形

図 *7.9*　正弦波入力電流整流回路

路の一例であり，10 kW 以下の小形の機器に使用されている。この回路の簡単な動作原理を次に説明する。

電源電圧 e は整流され，正弦波の絶対値 $|e|$ が整流器の出力に生じる。また負荷側のコンデンサ C_d には電源電圧のピークより高い電圧が充電されている。この様子を**図 *7.9***(*b*)に示してある。ここでスイッチング素子 S がオンのとき，図において $e_d = 0$ となるので $v_L = |e| > 0$ である。

S オフのとき，L の電流は急には 0 になれないので，ダイオード D は導通し，$v_L = |e| - e_d < 0$ となる。L の電流 i は $i = (1/L)\int v_L\, dt$ となるから，$v_L > 0$ の場合は L の電流 i は時間とともに増加，$v_L < 0$ の場合は減少となる。そこで i_d を v_d と同様な波形の電流指令値で $i_d{}^*$ に追従するよう S をオンオフさせることにより入力電流 i を電圧 e と同相の正弦波に制御できる。これらはインバータを用いても行える（***8*** 章）。さらに応用例は ***10*** 章で述べることにする。

7.2.4　サイリスタブリッジ回路

図 *7.10*(*a*)はサイリスタブリッジの回路図であり，Th_1 と Th_2'，Th_2 と Th_1' とを対にしてオンオフをするものとする。図(*b*)の純抵抗負荷の場合，Th_1 と Th_2' が導通状態にあるとき，$\theta = \pi$ において Th_1 と Th_2' は逆バイアスされてオフとなり，次に $\theta = \pi + \alpha$（α：制御角）において，Th_2 と Th_1' にゲートパルスを与えると Th_2 と Th_1' はオンし，サイリスタの導通が Th_1,

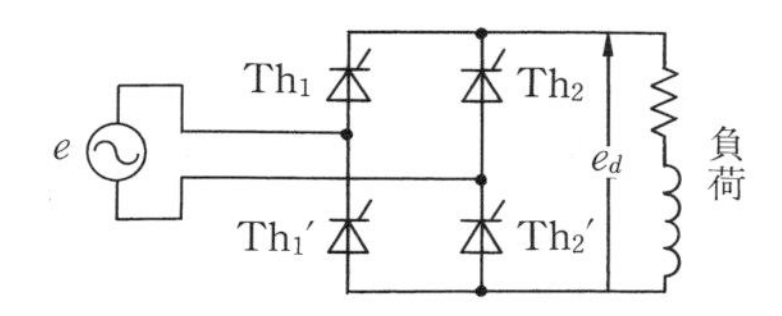

（a） サイリスタブリッジ回路

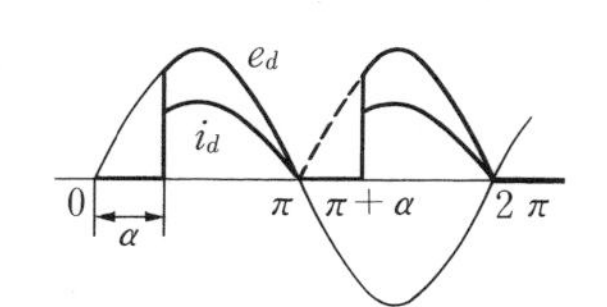

（b） 純抵抗負荷の場合

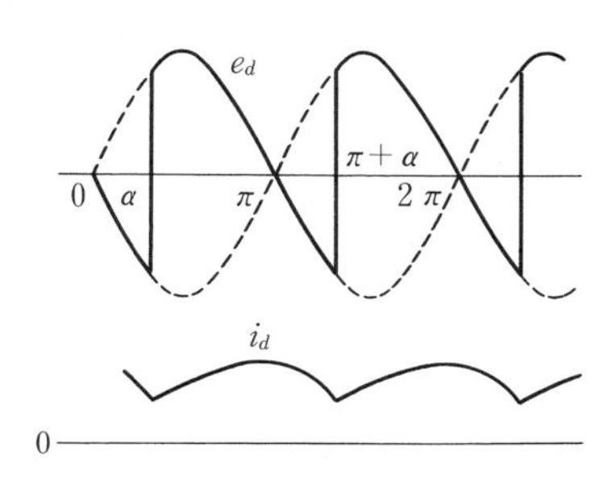

（c） 負荷の L が大で電流連続の場合

図 7.10 サイリスタブリッジ回路

Th_2' から Th_2，Th_1' に移る。

図（c）は負荷が大きな誘導性の場合である。この場合は，（b）の純抵抗負荷と異なり，$\theta = \pi$ においても負荷が誘導性のため Th_1 と Th_2' の導通状態は持続され，$\theta = \pi + \alpha$ で Th_2 と Th_1' に移る。このように負荷が大きな誘導性リアクタンスの場合，直流側電流は連続した波形となり，電圧は正負にまたがる。

なお，図（b）の直流側電圧の平均値 E_d は

$$E_d = \frac{1}{\pi}\int_{\alpha}^{\pi}\sqrt{2}\,E\sin\theta\,d\theta = \frac{\sqrt{2}}{\pi}E[-\cos\theta]_{\alpha}^{\pi}$$

$$= \frac{2\sqrt{2}}{\pi}E\frac{1+\cos\alpha}{2} \tag{7.5}$$

また，図（c）の直流側電圧の平均値 E_d は

$$E_d = \frac{1}{\pi}\int_{\alpha}^{\pi+\alpha}\sqrt{2}\,E\sin\theta\,d\theta = \frac{\sqrt{2}}{\pi}E[-\cos\theta]_{\alpha}^{\pi+\alpha} = \frac{2\sqrt{2}}{\pi}E\cos\alpha \tag{7.6}$$

となる。このブリッジ回路のように，導通している Th_1 と Th_2' から逆バイアスでオフした後，Th_2 と Th_1' に移るような転流を**自然転流**という。このように電源から転流電圧を得ているので**電源転流方式（他励方式）**とも呼ばれてい

る。これに対して，**8** 章のインバータのように負荷や電源の状態によらず変換装置自身で任意に転流が行える方式を**自励転流**（**強制転流**）方式と呼ばれる。

7.3 三相整流回路

7.3.1 三相半波整流回路

図 **7.11**(*a*)の**三相半波整流回路**において，中性点 O と P の間に 3 個のサイリスタ整流回路が並列に結ばれている。平衡三相電圧 e_a，e_b，e_c（相電圧）が加わると，最も電位の高い相のみが導通し，図(*b*)の太線の e_d の波形が負荷抵抗に加わる。ただし，サイリスタがオンするまでは前の波形が継続する。

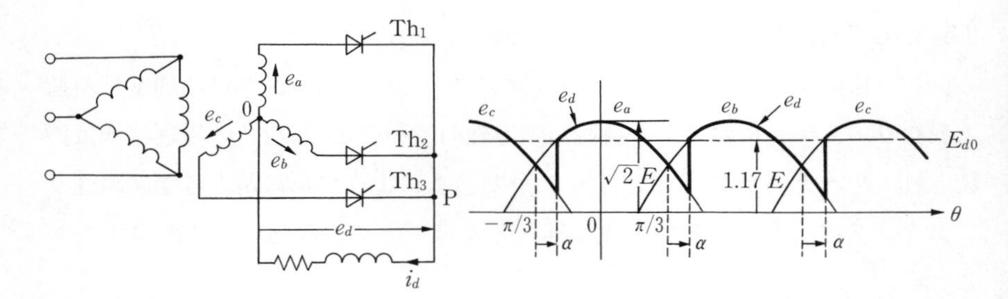

（*a*）三相半波整流回路　　（*b*）出力電圧波形（e_d）

図 7.11　三相半波整流回路と出力電圧波形

したがって，図(*b*)の直流側電圧の平均値 E_d は次式となる。ここで E は三相交流電圧の相電圧実効値である。また，この計算では座標の関係で正弦波電圧波形を $\cos\theta$ としている。

$$E_d = \frac{1}{2\pi/3}\int_{-\pi/3+\alpha}^{\pi/3+\alpha}\sqrt{2}\,E\cos\theta\,d\theta = \frac{\sqrt{2}}{2\pi/3}E[\sin\theta]_{-\pi/3+\alpha}^{\pi/3+\alpha}$$

$$= \frac{3\sqrt{6}}{2\pi}E\cos\alpha \tag{7.7}$$

e_d の値はつねに正で，直流電流 $i_d\,(= e_d/R)$ は負荷に連続して流れる。L は直流電流 i_d のリプルを減少させるもので，**7.1** 節でも説明しているような平滑リアクトルの役目をする。

7.3.2 三相全波整流回路

図 7.12(*a*)のような回路を**三相全波整流回路**または**グレエツ結線**という。図(*b*)〜(*d*)にサイリスタのオンする順序と出力電圧波形を示す。陰極を共通とするサイリスタ 1，2，3 は前項で述べた三相半波整流回路と同一で，三相電圧 e_a，e_b，e_c（相電圧）が加わると，最も電位の高い相のみが導通し，図(*c*)の太線の e_d の波形が負荷抵抗に加わる。ただし，サイリスタが制御角 α でオンするまでは前の波形が継続する。また，陽極を共通とするサイリスタ 4，5，6 は，最も電位の低いサイリスタが導通する。ただし，サイリスタがオンするまでは，それ以前の波形が継続する†。

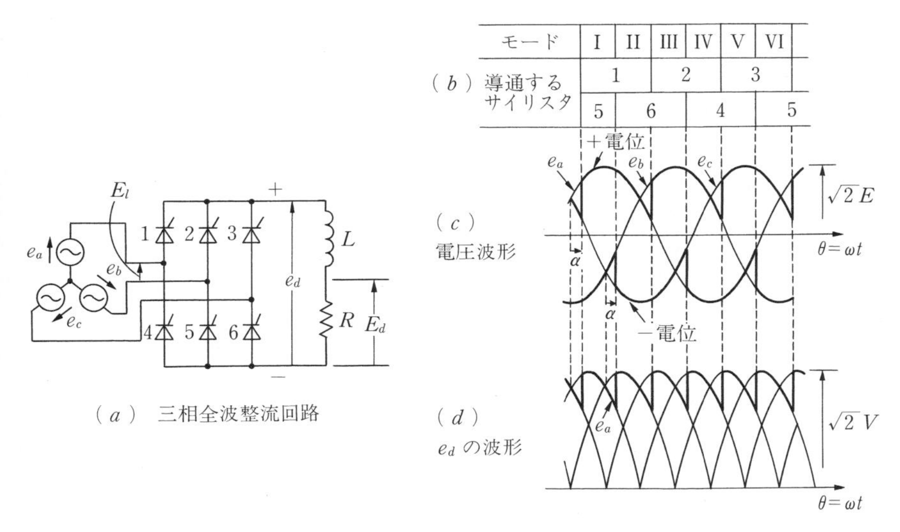

図 7.12 三相全波整流回路と出力電圧波形（演習問題【15】参照）

したがって，波形の推移により図(*b*)のように導通するサイリスタが 6 通りのモードで移っていく。直流出力電圧 E_d は三相半波整流回路の 2 倍となる。

$$E_d = \frac{3\sqrt{6}}{\pi} E \cos\alpha = \frac{3\sqrt{2}}{\pi} E_l \cos\alpha \tag{7.8}$$

ただし，$E_l = \sqrt{3}\,E$　（線間電圧）

† 巻末の付録 ***A.2*** の三相整流回路作図シートも活用してほしい。

7.3.3　三相整流回路のインバータ運転（他励式インバータ）

ここまでのサイリスタを用いた整流回路において，そのゲート制御角を調節することにより，直流出力電圧を任意に変えることができることがわかった。ゲート制御角 α と平均直流出力電圧 E_d との関係は，いままで説明してきたとおり $E_d = E_{d0}\cos\alpha$（ただし，E_{d0} は無制御時の直流出力電圧）という式で表され，これをグラフにしたものが**図 7.13** である。この図から明らかなように，ゲート制御角 α が 90 度以上になると，直流出力電圧の極性が反転し直流側に逆極性の起電力をもつ機器（発電機，電池など）がないと電流が流れない。この場合，これらの機器から直流電力を受け取ることになり，これを交流電力に変換して交流電源側に送り出すことになる。サイリスタ変換器は明らかに逆変換動作（インバータ運転）をしており，このような方法で電力を電源側に返還することを**電力回生**と呼んでいる。

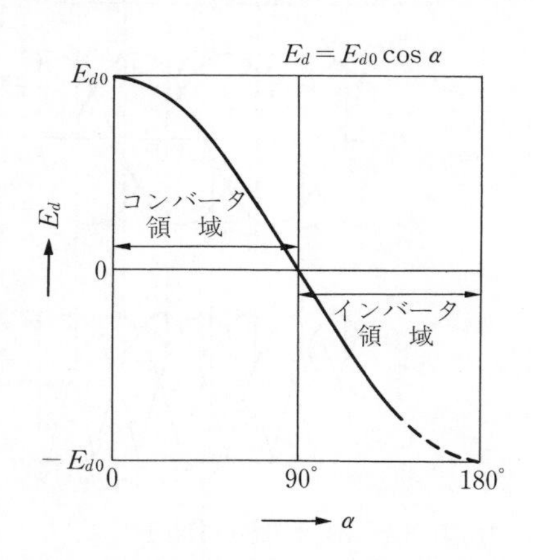

図 7.13　直流出力電圧と制御角 α

図 7.14 に順変換状態および逆変換状態におけるサイリスタ変換器の代表的な動作波形を示す。このように交流電源転流形（他励式）のサイリスタ変換器は，そのゲート制御角 α を適切に選ぶことにより，順変換動作も逆変換動作も任意に行うことができるので設備が簡単で安定な運転ができる。

図 7.15 は 50 Hz 交流電力系統と 60 Hz 交流電力系統を連係するために，サイリスタ変換器を使用している周波数変換所の例である。**5** 章コーヒーブレ

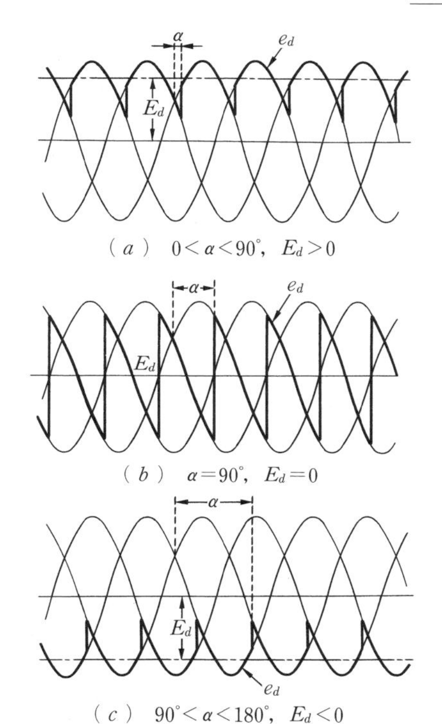

図 7.14　サイリスタ変換器の動作波形

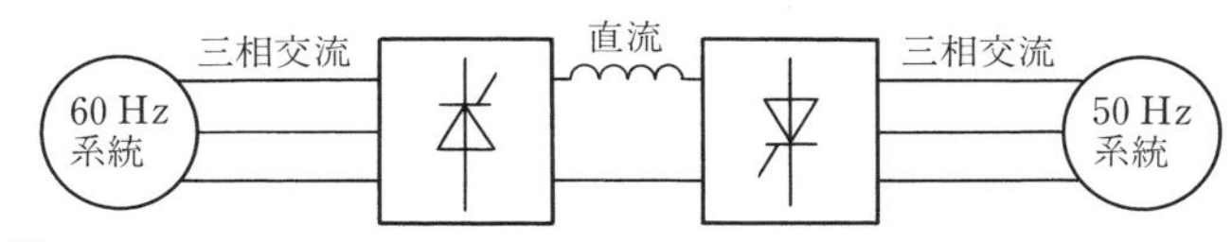

図 7.15　コンバータ，インバータ運転による周波数の異なる電力系統の連係

イクのサイリスタバルブおよび **10.3.2** 項の直流送電についても周波数変換所と同様に**インバータ**（inverter），**コンバータ**（converter）運転である。

7.3.4　三相整流回路の転流と重なり角

これまでは，整流回路の交流側はインピーダンスのない理想的な電源を仮定してきたが，実際の整流回路では，交流側に変圧器が用いられることが多いから，その漏れインピーダンスが電源に入った回路となる。また配線のインピーダンスも存在する。そこで，このような交流側インピーダンス（とりわけリアクタンス成分）が直流出力電圧に及ぼす影響を調べる必要がある。

いま，**図 7.16**(*a*)のような三相半波整流回路を考えてみる。はじめにリアクタンスを考慮しない理想的な場合において，e_a が通電しているとき，図(*b*)，(*c*)に示すように，時間の経過とともに $e_a = e_b$ となり，さらに，$e_a < e_b$ となり，e_b が通電を始める。

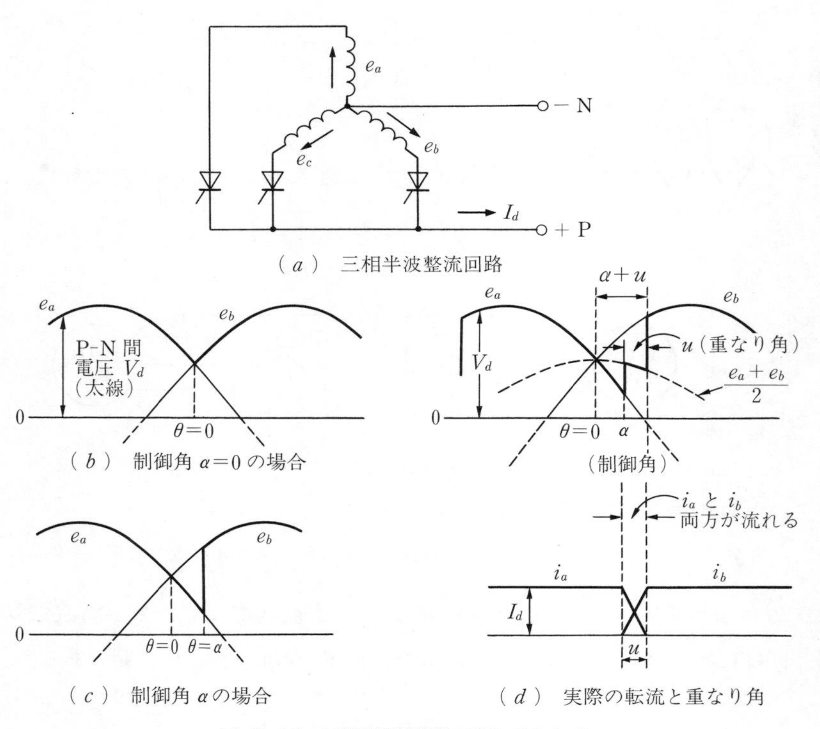

図 7.16　三相半波整流回路と重なり角

サイリスタの制御角を α（$e_a = e_b$ のときを $t = 0$ とする）とすれば，$\theta = \alpha$ で，e_b が通電を始める。ところで，電圧の切り換わった相へ，電流もすぐに切り換われば，図(b)，(c)のようになるが，実際には各相にリアクタンス成分があるため，瞬時に電流が e_a 相からに e_b 相へ移れず，ある期間だけ e_a も e_b も通電し，図(d)のようになる。

つまり，$\theta = \alpha$ において，e_b が通電を始めるが，電流はすぐに e_b 相へ移れず，ある期間 u だけ，e_a，e_b 両方の相が通電をすることになる。

この期間 u を**重なり角**（overlap angle）といい，リアクタンス X（転流リアクタンスと呼ぶ）と電流 I_d に関係し，X，I_d とも大きくなれば，u も大きくなる。この重なり角の期間中は，e_a，e_b 両方の相から電流が流れ，e_a 相と e_b 相は，この期間短絡されたことになる。このときの直流電圧は，$E_d = (e_a + e_b)/2$ となる。

この重なり角が大きくなると，回路に次のような悪影響を与える。

① 出力電圧が小さくなる。

② 整流回路の交流側の電圧がひずむ。

③ 電流波形が遅れの方向にずれるので，力率が悪くなる。

④ サイリスタコンバータ，インバータ運転において転流余裕角が少なくなり，転流失敗を起こす。

また逆に，重なり角が大きくなれば，電流の高調波（***6*** 章）が減少するという利点もある。

以上のように整流回路において，交流側のリアクタンス成分を考慮すると少し複雑な現象となる。

コーヒーブレイク

身近な整流回路（アダプタ）

パソコン，携帯電話，オーディオなどに必ず付いているアダプタは 100 V の交流から数 V の直流電圧をつくり出す整流回路であり，ダイオードが 2 個でよい簡易なセンタタップ形の単相全波整流回路が用いられることが多い（**図 *7.17*，図 *7.18***）。

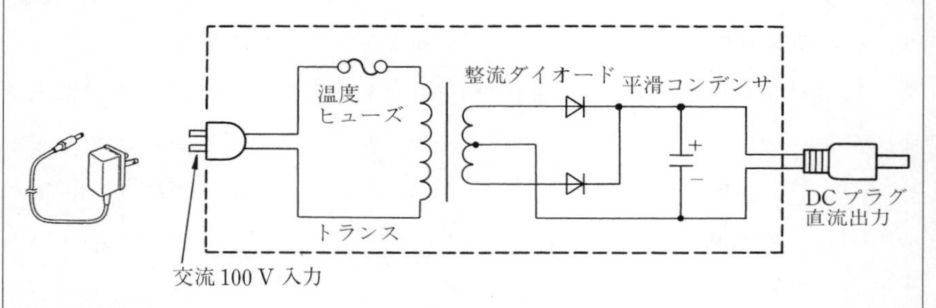

図 *7.17* アダプタの外観

図 *7.18* アダプタの回路

しかし，この回路は取り出す電流の大きさによって電圧も変動する非安定化電源である。周囲の条件が変化しても出力電圧を一定に保とうとする自動コントロール回路（レギュレータ）付きの安定化電源も最近は出てきている。**図 *7.19*，図 *7.20*** は安定化電源の一種であるスイッチング レギュレータの外観と回路構成である。回路的には複雑となるが，小形，軽量になっている。詳しくは，***10.2.1*** 項でも説明している。

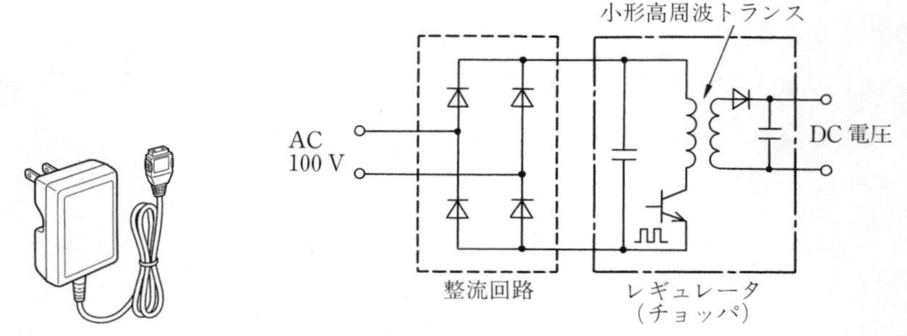

図 *7.19* スイッチング レギュレータ

図 *7.20* 回 路 構 成

演　習　問　題

【1】 **問図 7.1** のようなサイリスタ Th とダイオード D_F を用いた単相半波整流回路がある。この回路で，Th が点弧した後，電源電圧 v_{ac} が正の半サイクルにあって負荷電流 i_d が増加中は，負荷のインダクタンス L にエネルギーが蓄えられる。i_d が最大値を過ぎると蓄えられたエネルギーの放出が始まる。v_{ac} が負の半サイクルに入った後は，負荷に蓄えられたエネルギーは D_F を通って環流する。この回路の負荷電流 i_d の波形として，正しいのはどれか次の(1)〜(5)から一つ選べ。　[平 11 III・機械]

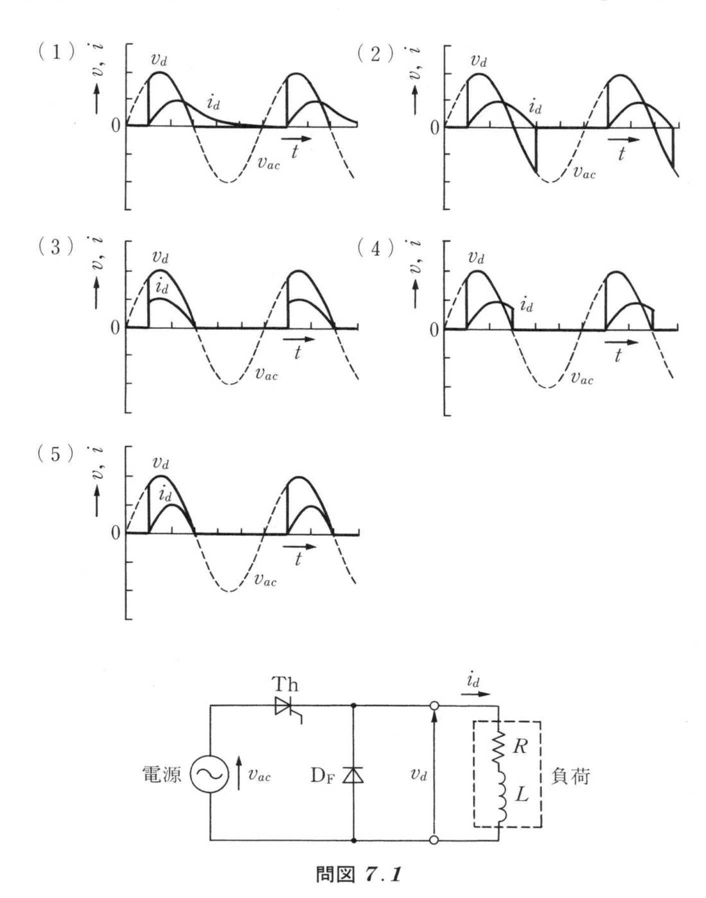

問図 7.1

【２】 問図 7.2 のようなダイオードを用いた回路において，C はコンデンサ，R は抵抗である。入力端子に正弦波電圧 e_i を加えたとき，出力端子に生じる電圧 e_0 の波形（時間変化）はどのようになるか。正しいものを次の(１)〜(５)のうちから一つ選べ。ただし，C と R の積は，入力電圧の周期に比べて大きいものとする。　［平 7 III・理論］

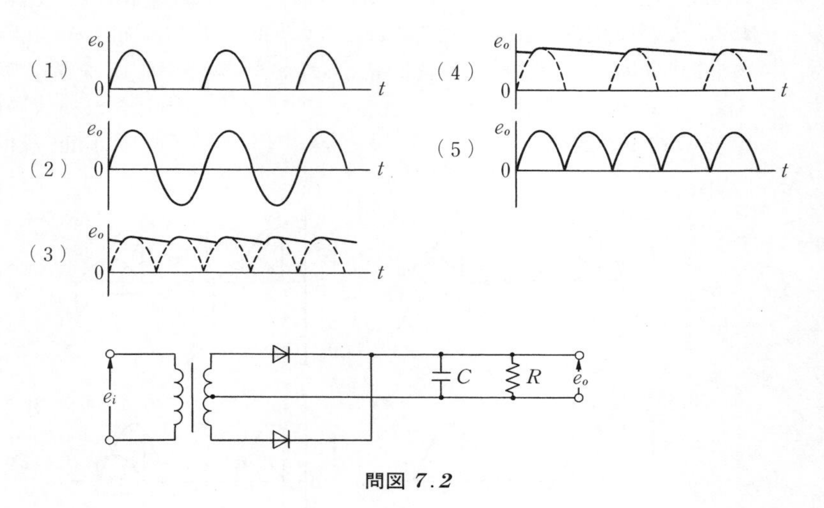

問図 7.2

【３】 単相 200 V の交流を単相ブリッジ整流回路によって整流した場合，直流側の平均電圧は何ボルトになるか。ただし，ブリッジ整流回路の整流アーム１箇所当りの順電圧降下は 2 V とし，交流側のインピーダンスは無視する。

【４】 交流電源から単相ブリッジ整流回路を用いて蓄電池を充電する場合の結線として，正しいのは次の(１)〜(５)のうちどれか一つ選べ。

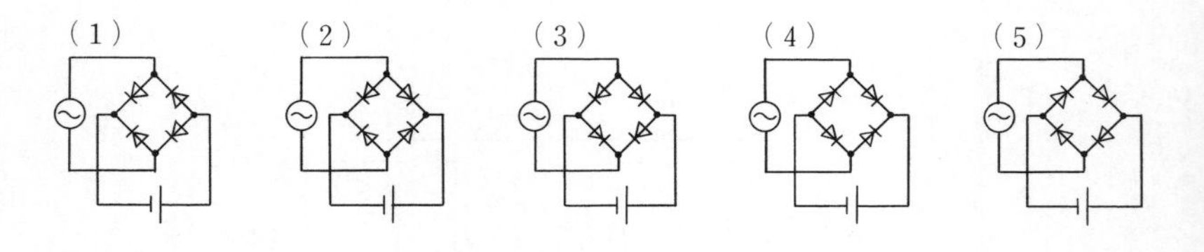

【５】 問図 7.3(a)は，２方向性サイリスタを用いた調光装置の主回路で，図(b)に出力電圧 v_0 の波形を示している。v_0 の実効値を V_0 とするとき，V_0/V を角

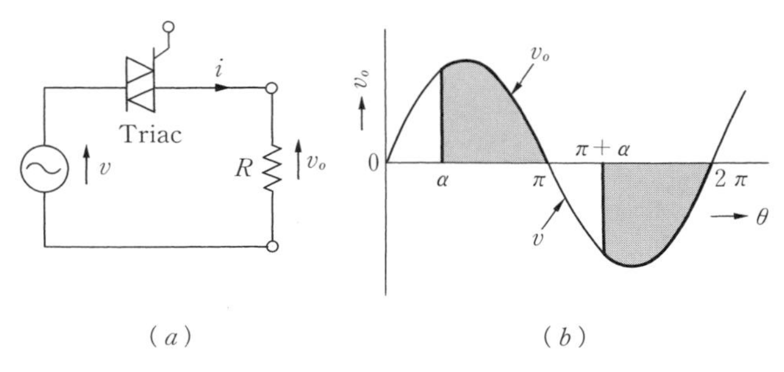

問図 7.3

度 α の関数として求めよ[†]。

【6】 三相ブリッジ整流回路の結線として，正しいものは次の(1)～(5)のうちどれか一つ選べ。ただし，U，V および W は三相電源に接続される端子とし，(＋) および (－) は直流出力端子とする。　［平 8 III・機械］

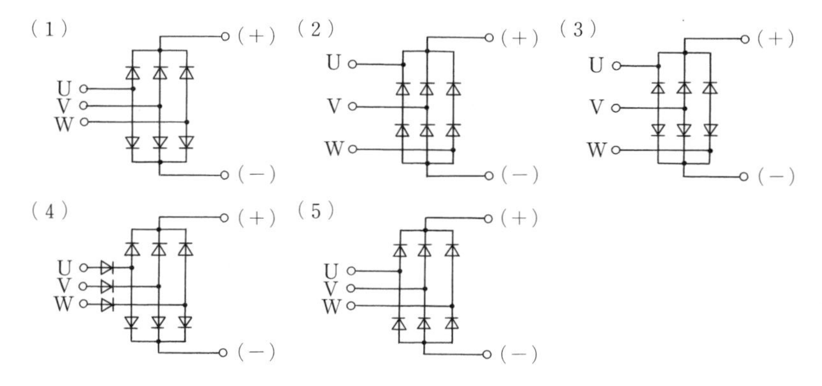

【7】 次の (　　) 内に正しい数値あるいは数式を書け。

整流器用変圧器の直流側の線間電圧が E〔V〕である三相ブリッジ整流回路では，E〔V〕の正弦波電圧の最大値を中心とした 60 度の範囲の電圧波形が交流の 1 サイクル中に (　　) 回繰り返して負荷に加わるので，その直流電圧平均値は，星形接続の直流巻線の相電圧が (　　)〔V〕である場合の六相半波整流回路の直流電圧平均値と同じ値となり，その大きさは，制御遅れ角が 0 度の場合には (　　)〔V〕となる。

【8】 問図 7.4(a)の混合ブリッジ整流回路において，図(b)のようにサイリスタ

† 巻末の付録 A.3 のトライアックパワー回路の製作例も参照してほしい。

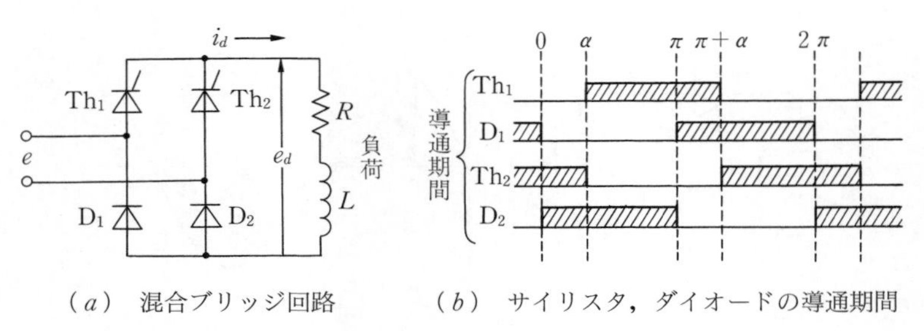

（a）　混合ブリッジ回路　　　（b）　サイリスタ，ダイオードの導通期間

問図 7.4

1，2が制御角 α で導通する場合，その回路動作を調べ，出力電圧 e_d，電流 i_d の波形を書け。

【9】 半導体電力変換装置に関する記述として，誤っているのは次のうちどれか。
［平12 III・機械］

（1） ダイオードを用いた単相ブリッジ整流回路は，コンデンサと組み合わせて逆変換動作を行うことができる。

（2） サイリスタを用いた単相半波整流回路で負荷が誘導性の場合，環流ダイオード（フリーホイリングダイオード）を用いると直流平均電圧の低下を抑制することができる。

（3） ダイオードを用いた単相ブリッジ整流回路に抵抗負荷を接続したとき，直流平均電圧は交流側電圧の最大値の $2/\pi$ 倍に等しい。

（4） パワートランジスタ（バイポーラパワートランジスタ）は，ダーリントン接続形にすれば電流増幅率が大きくなり，小さなベース電流で動作できる。

（5） 交流電力制御は，正負の各半サイクルごとに同一の位相制御を行うことが必要である。トライアックはこの用途に適している。

【10】 直流式電気鉄道用の駆動用電動機には，直流［（ア）］が用いられ，車両の制動は，機械式ブレーキのほかに電気式ブレーキを併用している。電気式ブレーキは，制動時には界磁巻線の結線を切り換えて，電動機を発電機として発電する方式である。この発電された電力を抵抗器によって消費することにより制動する方式を［（イ）］ブレーキといい，発電された電力をチョッパ制御などにより電源に戻すことにより制動する方式を［（ウ）］ブレーキという。

上記の記述中の空白箇所(ア)，(イ)および(ウ)に記入する字句として，正しいものを組み合わせたのは次のうちどれか。　　　［平9 III・機械］

（1）　(ア)直巻電動機　(イ)抵抗　(ウ)チョッパ発電
（2）　(ア)分巻電動機　(イ)電力回生　(ウ)チョッパ発電
（3）　(ア)直巻電動機　(イ)発電　(ウ)電力回生
（4）　(ア)分巻電動機　(イ)電力回生　(ウ)発電
（5）　(ア)分巻電動機　(イ)発電　(ウ)電力回生

【11】 **問図 7.5** は整流素子としてサイリスタを使用した単相半波整流回路で，**問図 7.6** は，**問図 7.5** において負荷が［（ア）］の場合の電圧と電流の関係を示す。電源電圧 v が $\sqrt{2}\,V\sin\omega t$〔V〕であるとき，ωt が 0 から π〔rad〕の間においてサイリスタ Th を制御角 α〔rad〕でターンオンさせると，電流 i_d〔A〕が流れる。このとき，負荷電圧 v_d の直流平均値 V_d〔V〕は，次式で示される。ただし，サイリスタの順方向電圧降下は無視できるものとする。

$$V_d = 0.450\,V \times \boxed{（イ）}$$

したがって，この制御角 α が［（ウ）］〔rad〕のときに V_d は最大となる。

上記の記述中の空白箇所(ア)，(イ)および(ウ)に記入する語句，式または数値として，正しいものを組み合わせたのは次のうちどれか。[平 17 Ⅲ・機械]

	(ア)	(イ)	(ウ)
（1）	抵　抗	$\dfrac{(1+\cos\alpha)}{2}$	0
（2）	誘導性	$(1+\cos\alpha)$	$\dfrac{\pi}{2}$
（3）	抵　抗	$(1-\cos\alpha)$	0
（4）	抵　抗	$\dfrac{(1-\cos\alpha)}{2}$	$\dfrac{\pi}{2}$
（5）	誘導性	$(1+\cos\alpha)$	0

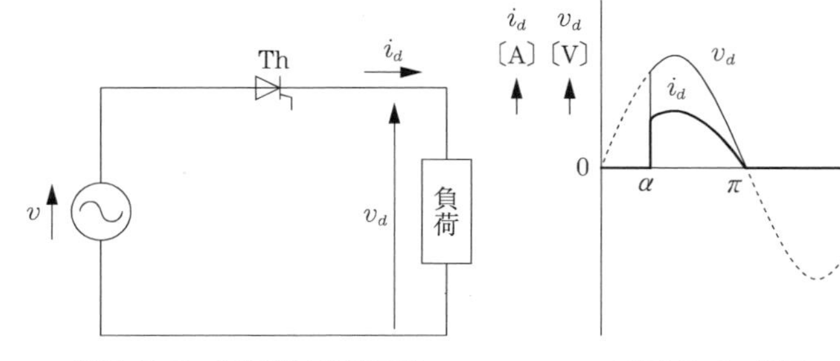

問図 7.5　単相半波整流回路　　**問図 7.6**　電圧と電流の関係

【12】 問図 7.7は，平滑コンデンサをもつ単相ダイオードブリッジ整流器の基本回路である。なお，この回路のままでは電流波形に高調波が多く含まれるので，実用化にあたっては注意が必要である。

問図 7.7の基本回路において，一定の角周波数 ω の交流電源電圧を v_s，電源電流を i_1，図中のダイオードの電流を i_2，i_3，i_4，i_5 とする。平滑コンデンサの静電容量は，負荷抵抗の値とで決まる時定数が電源の1周期に対して十分に大きくなるように選ばれている。問図 7.8は交流電源電圧 v_s に対する各部の電流波形の候補を示している。問図 7.7の電流 i_1，i_2，i_3，i_4，i_5 の波形として正しい組合せを次の(1)～(5)のうちから一つ選べ。［平29 III・機械］

	i_1	i_2	i_3	i_4	i_5
(1)	電流波形1	電流波形4	電流波形3	電流波形3	電流波形4
(2)	電流波形2	電流波形3	電流波形4	電流波形4	電流波形3
(3)	電流波形1	電流波形4	電流波形3	電流波形4	電流波形3
(4)	電流波形2	電流波形4	電流波形3	電流波形3	電流波形4
(5)	電流波形1	電流波形3	電流波形4	電流波形4	電流波形3

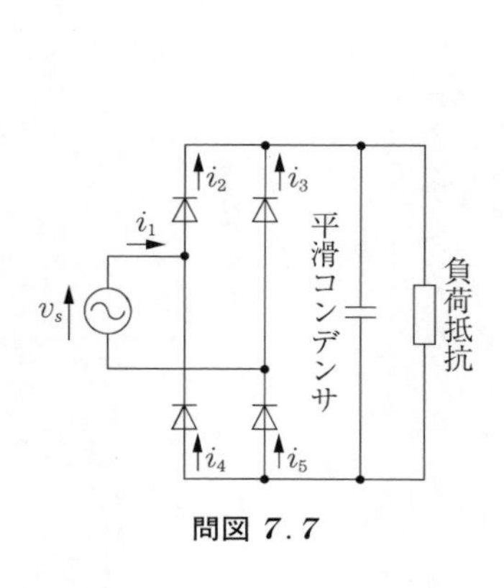

問図 7.7

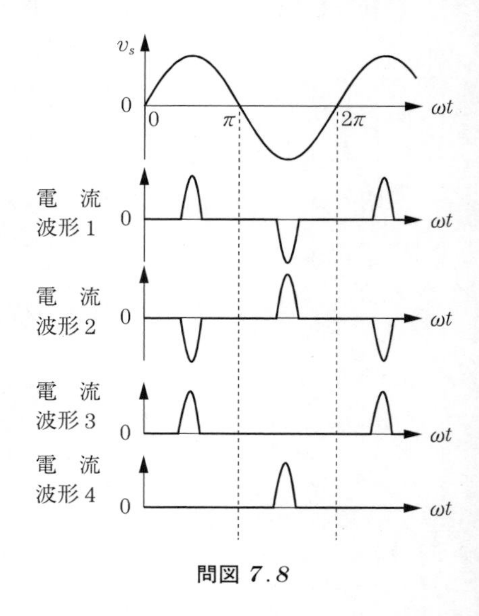

問図 7.8

【13】 交流電圧 v_a〔V〕の実効値 V_a〔V〕が100 Vで，抵抗負荷が接続された問図 7.9に示す半導体電力変換装置において，問図 7.10に示すようにラジアンで表した制御遅れ角 α〔rad〕を変えて，出力直流電圧 v_d〔V〕の平均値 V_d〔V〕を制御する。

度数で表した制御遅れ角 α〔°〕に対する V_d〔V〕の関係として，適切なものを次の(1)～(5)のうちから一つ選べ。

ただし，サイリスタの電圧降下は，無視する。　　　　[平 24 III・機械]

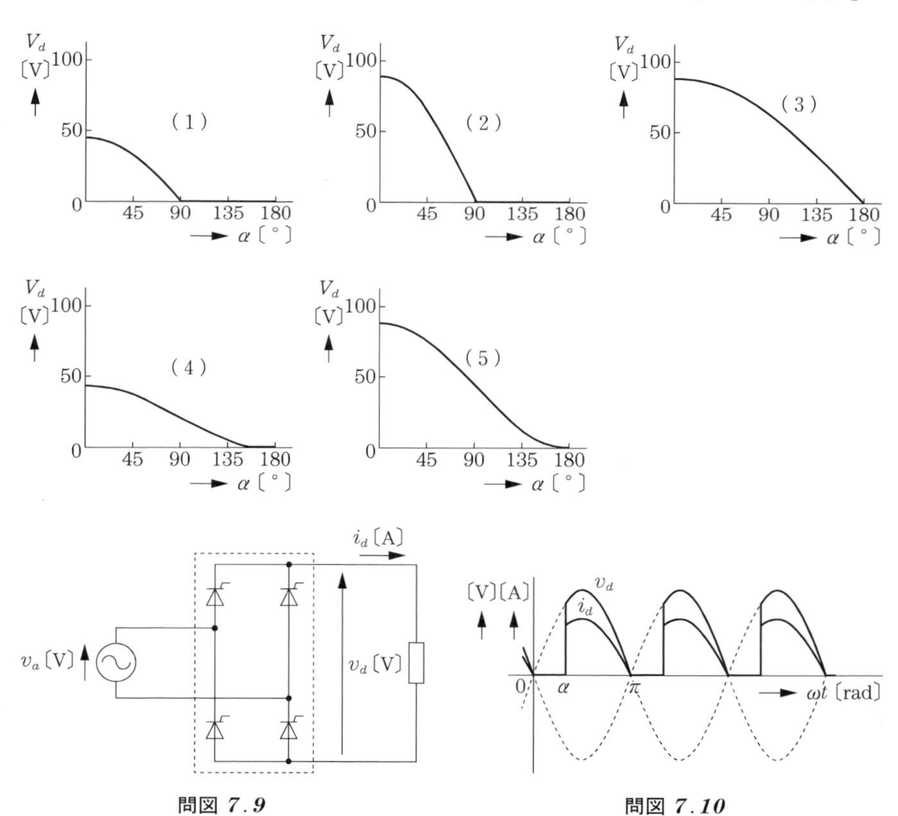

問図 7.9　　問図 7.10

【14】 問図 7.11 には，バルブデバイスとしてサイリスタを用いた単相全波整流回路を示す。交流電源電圧を $e = \sqrt{2}E \sin \omega t$〔V〕，単相全波整流回路出力の直流電圧を e_d〔V〕，サイリスタの電流を i_T〔A〕として，次の(a)および(b)に答えよ。

ただし，重なり角などは無視し，平滑リアクトルにより直流電流は一定とする。　　　　[平 22 III・機械]

（a）　サイリスタの制御遅れ角 α が $\pi/3$〔rad〕のときに，e に対する，e_d，i_T の波形として，正しいのは次のうちどれか。

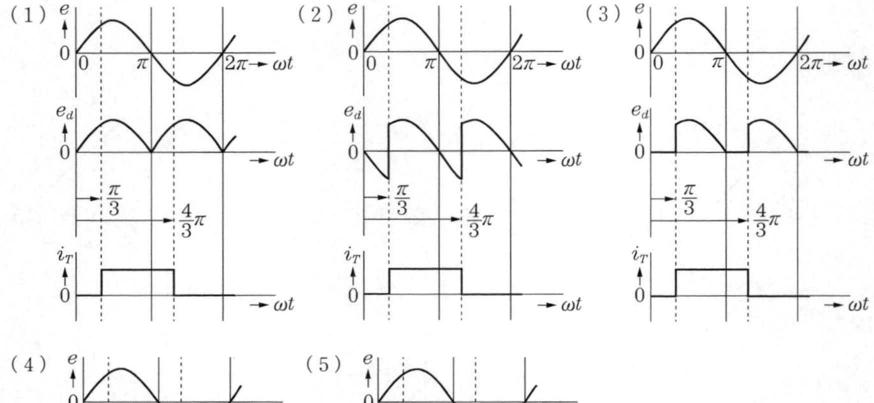

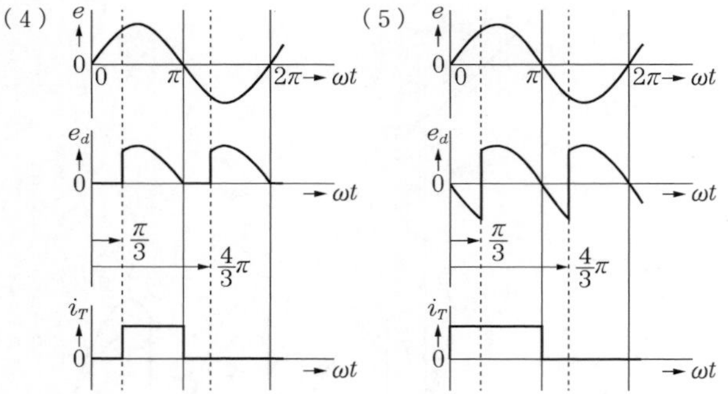

（b）　負荷抵抗にかかる出力の直流電圧 E_d〔V〕は上記（a）に示された瞬時値波形の平均値となる。制御遅れ角 α を $\pi/2$〔rad〕としたときの電圧〔V〕の値として，正しいのは次のうちどれか。

（1）　0　　（2）　$\frac{\sqrt{2}}{\pi}E$　　（3）　$\frac{1}{2}E$　　（4）　$\frac{\sqrt{2}}{2}E$　　（5）　$\frac{2\sqrt{2}}{\pi}E$

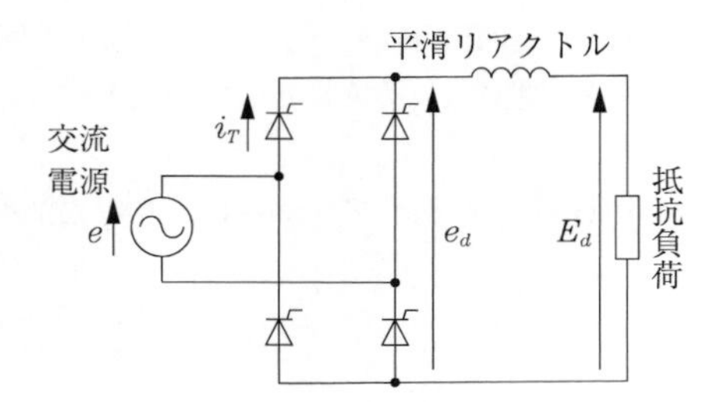

問図 7.11

【15】 （復習）三相回路において，線間電圧は相電圧の $\sqrt{3}$ 倍になり，位相は 30°（$\pi/6$）進むことをベクトル図を用いて証明せよ（方眼紙を使用するとよい）。具体的には**問図 *7.12*(*b*)**の線間電圧 $\dot{E}_{ab}=\dot{E}_a-\dot{E}_b$，$\dot{E}_{bc}=\dot{E}_b-\dot{E}_c$，$\dot{E}_{ca}=\dot{E}_c-\dot{E}_a$ を図(*c*)に作図せよ（変数の上のドットはベクトルを意味する）。

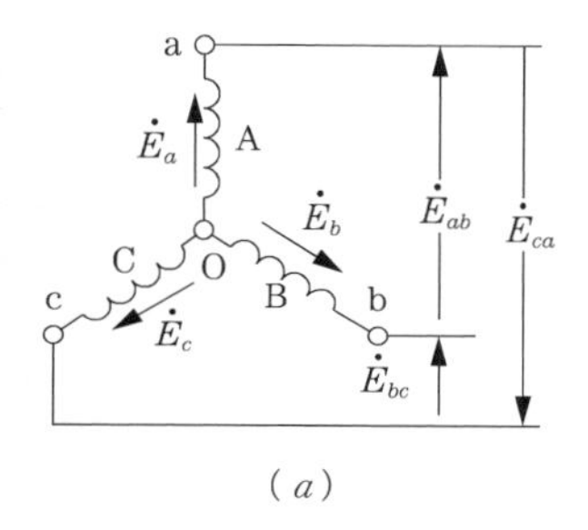

(*a*)

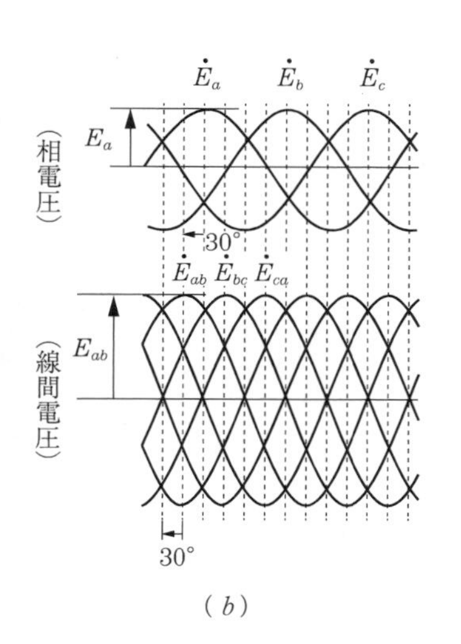

(*b*)

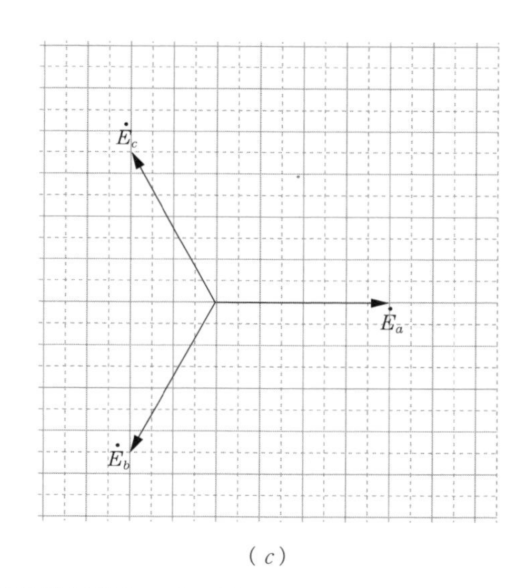

(*c*)

問図 *7.12*　星形結線と電圧ベクトル図

8

インバータ

1.3 節で述べたとおり直流-交流（DC-AC）変換を行う半導体電力変換器がインバータで，整流器が順変換器（コンバータ）と呼ばれるのに対し逆変換器と呼ばれている。このインバータの役目は周波数変換と電圧変換を同時に行うことである。さらに高速波形制御も可能であり，任意波形の制御もできるのでその用途は広い。

8.1　インバータの原理

8.1.1　インバータの歴史

インバータ（inverter）は初期のころは直流電源を高速で切り換える機械的なスイッチで行ったことがある。これには数十 Hz のスイッチングが必要だったため火花によるスイッチの接点の摩耗が激しく前述のスナバコンデンサと抵抗の直列回路（***4.4*** 節）を用いた火花防止回路が採用されたが寿命が極端に短かった。そのため，短時間定格・小容量のものに限定されていた。当時は，これらに使用できる長寿命スイッチング素子の開発が電気技術者の夢であった。

その後，オンのみ制御可能な水銀整流器が実用化された。1940 年代になるとオフ動作を助けるためのコンデンサを用い，スイッチのオンオフ可能なインバータが提案されたが安定性に欠け故障が多かったようである。

図 ***8.1*** が水銀整流器を使用した当時のインバータの回路である。水銀整流器はいったんオンすると導通し続けるため図の C のようなオフさせる転流コンデンサの助けが必要である。

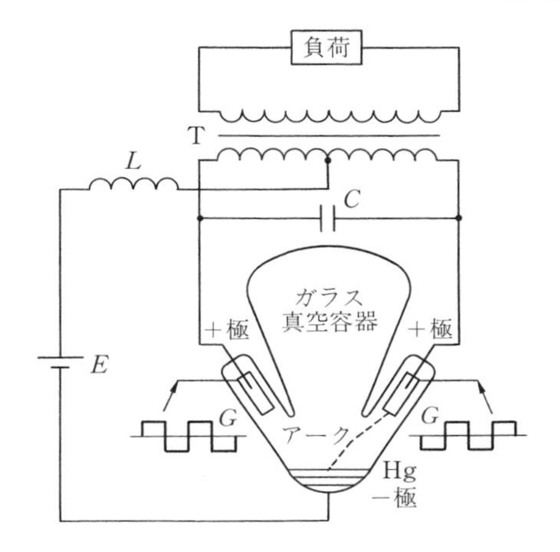

図 8.1　水銀整流器を用いたインバータ（1930〜1960 年）

1958 年には水銀整流器に代わりサイリスタが発表され，当時 GE 社のマクマレー（McMurry）などによりダイオードで無効電力負荷にも対応できるインバータが発表されてこのインバータが飛躍的に発展した。

図 8.2 は初期のころのインバータ回路で，この回路の帰還ダイオード D は負荷の遅れ無効電力を供給する役目をもち，遅れ電流成分の補償に使用された**図 8.1** のコンデンサ C の容量を大幅に削減でき小形化に貢献した。しかし，この回路はオフさせるためにまだ L，C よりなるスイッチング補助回路を含み大形で，効率の点でも現在のものに比べ劣っていた。

電力用のトランジスタは 1975 年ごろ実用化されインバータに使用された。これによって，補助回路なしでオンオフ可能なため回路が簡単になり大きさが

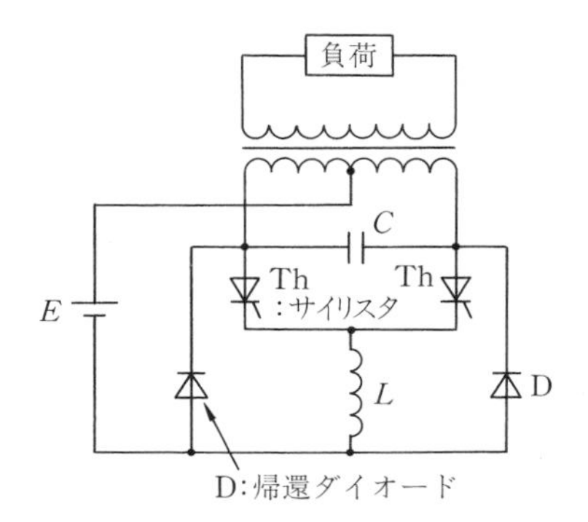

図 8.2　サイリスタインバータ（1960〜1980 年）

当時の半分以下になった。その後日本を中心に発展し，現在GTO，MOS-FET，IGBTなど新しい高速パワーデバイスの開発とともにインバータの高性能化に拍車をかけた。本章では，おもにオンオフ可能な素子を使用した場合について述べる。

8.1.2　インバータの動作

〔*1*〕 **インバータの効率**　　**図 *8.3*** はスイッチで表したインバータの原理図である。これは，後に述べるブリッジインバータの半分の構成で作られているため**半ブリッジインバータ**（half-bridge inverter）と呼ばれ，インバータのうち最も基本となる回路である。

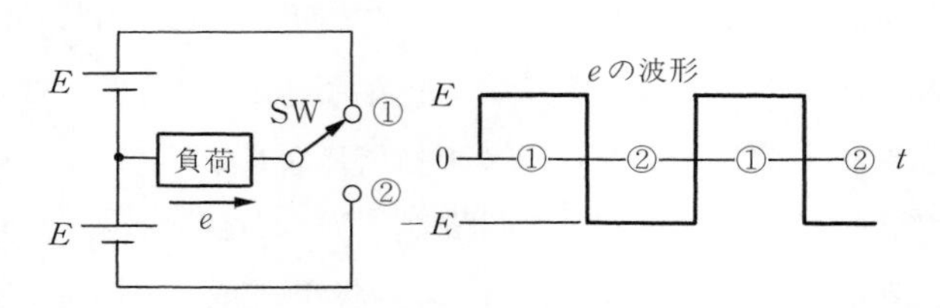

図 *8.3*　スイッチを使用したインバータ
（半ブリッジインバータ）

この回路においてスイッチが一定の周波数で①，②側に交互にオンオフすると①側では $+E$，②側では $-E$ の電圧が負荷側に発生する。すなわち，この周波数の方形波が得られるわけである。一般の電源には正弦波交流が使用されている。これにはトランジスタなどを用いて市販されているオーディオアンプのようにA級（またはB級）のリニア領域（活性領域）を使用して，可変抵抗のような動作をさせ，負荷電圧を制御する手段をとらなければならない。

図 *8.4* にこの模式図を示すが，可変抵抗 R_1，R_2 は実際にはトランジスタなどで等価的に表された可変抵抗素子である。これにより出力電圧 e が正の場合は R_1，負の場合は R_2 を制御し正弦波を得る。この方法を用いると抵抗 R_1，R_2 で消費される損失が大きく，特に出力電圧 e の小さな場合は効率が悪くなる。

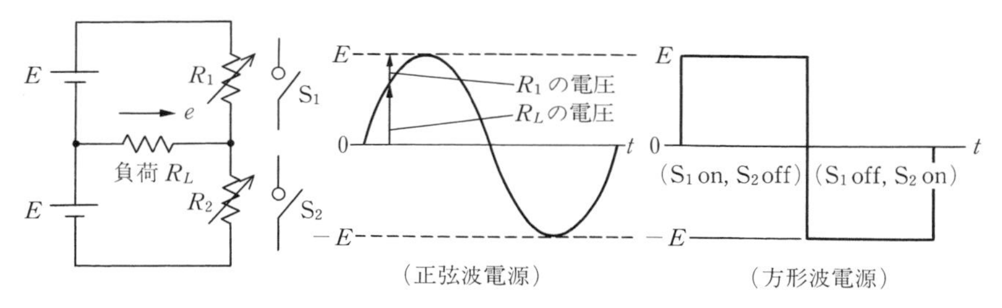

図 8.4　正弦波電源と方形波電源

次に，この半ブリッジインバータ回路の効率を求めてみよう。

まず正弦波電源から，振幅比を a とおき

$$e = aE \sin \omega t \ (0 \leqq a \leqq 1), \quad i = I_m \sin \omega t$$

と仮定すると，入力電力 P_i は，直流であり

$$P_i = E \times i = E \times \frac{I_m}{\pi}\int_0^\pi \sin \omega t d(\omega t) = \frac{2}{\pi}EI_m$$

出力電力 P_0 は，交流電力となり

$$P_0 = (e \text{ 実効値})(i \text{ 実効値}) = \left(\frac{aE}{\sqrt{2}}\right)\left(\frac{I_m}{\sqrt{2}}\right) = \frac{aEI_m}{2}$$

したがって，効率 η は

$$\eta = \frac{P_0}{P_i} = \frac{a/2}{2/\pi} = 0.785a \ (a = 1 \text{ のとき，最大 } 78.5\,\%)$$

もし，この図のように R_1，R_2 をスイッチング素子 S_1，S_2 に置き換えれば出力電圧は，$\pm E$ の 2 値しかとれないので出力電圧波形は方形波状になる。この方形波電源の場合は，損失はなく理論効率は 100 %（実際は 93〜97 %）となる。

〔**2**〕 **インバータの転流**　　図 **8.5** に示したように図 **8.3** のインバータの基本回路は，直流電源と**レッグ**（leg）と呼ばれる 2 個の上下**アーム**（arm）より構成されている。アームは，インバータでは図のようにスイッチング素子と逆並列に接続されたダイオードで構成されている（本章では，以後スイッチング素子をトランジスタで示すことにする）。

この回路で出力電流 i と各素子の導通状態を調べてみよう。**8.2** 節の図

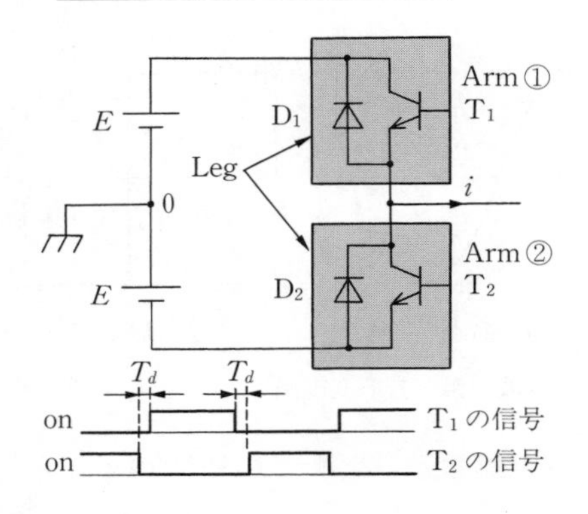

図 8.5　レッグとアーム

8.6 も参考にすると

$$
\left.\begin{array}{ll}\cdot\ T_1\text{オン}\ (T_2\text{オフ}) & i > 0 \ \rightarrow \ T_1\text{導通} \\ & i < 0 \ \rightarrow \ D_1\text{導通}\end{array}\right\} \Rightarrow e = E
$$

$$
\left.\begin{array}{ll}\cdot\ T_2\text{オン}\ (T_1\text{オフ}) & i > 0 \ \rightarrow \ D_2\text{導通} \\ & i < 0 \ \rightarrow \ T_2\text{導通}\end{array}\right\} \Rightarrow e = -E \qquad (8.1)
$$

となるから T_1 をオンすれば電流の方向にかかわらず $e = E$，T_2 をオンすれば $e = -E$ となるから，**図 8.3** で示したような完全なスイッチと等価的にみることができる。このように電流が ① のアームから ② のアーム，またその逆に電流が移る現象を電流が転じるという意味から **4.1** 節でも出てきたが，転流と呼ばれる。

したがって，転流させるため半導体素子 T_1 をオフした直後，T_2 をオンするとターンオフ時間（**4.3** 節）のため短時間ではあるが，T_1 がオンし続けるので電源が短絡される。そのため，かなり大きなパルス状の大電流が流れ，素子を破壊することがある（本章コーヒーブレイク参照）。このため**図 8.5** のように T_1 をオフした後，少しの時間 T_d ($> t_{off} - t_{on}$) をおいた後，T_2 をオンしなければならない。この T_d を**デッドタイム**と称し，10 kW 程度のインバータでは

パワートランジスタ 15 μs，IGBT 4 μs，MOSFET 1 μs

程度が採用されている。

8.2 種々のインバータ回路

8.2.1 単相インバータ

〔1〕 **単相半ブリッジ形インバータ**　図 8.6(a)の回路が**単相半ブリッジ形インバータ**の回路である。この回路は図 8.5 のように 2 個の電源 E と 2 個のトランジスタで表されるスイッチング素子（T_1，T_2）と逆並列に接続されたダイオード D_1，D_2 より構成されている。

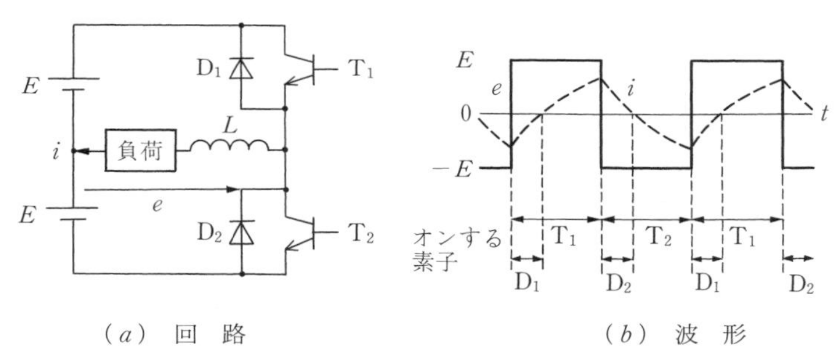

（a） 回　路　　　（b） 波　形

＊ 例えば T_1，D_1 オンの区間は T_1 に信号が入っていても D_1 のみオン

図 8.6　単相半ブリッジ形インバータとその波形

この回路で T_1，T_2 を交互にデッドタイムより十分大きな一定周期でオンオフすると，前項の転流動作より図 8.6(b)の e のような方形波電圧が得られる。この電圧波形は $+E$，$-E$ の 2 レベルの電圧波形が得られるので **2 レベルインバータ**とも呼ばれている。

このようなインバータでは，負荷はインダクタンス L が直列に入った誘導性負荷にしなければならない。このため，電流波形は図(b)のように三角波状(Exponential 的な波形）となる。もし，負荷に直接，並列にコンデンサを接続するとスイッチング時，コンデンサ電圧と電源電圧の相違からコンデンサにスイッチオンする瞬時に過大電流が流れ，素子を破壊するのでこのような負荷は許されない。

この単相半ブリッジ回路は，インバータとして最小単位であり，この回路を何台か使用してさらに複雑なインバータを構成している。

〔***2***〕 **単相ブリッジ形インバータ**　　図 ***8.7*** に示す回路が**単相ブリッジ形インバータ**である。このインバータは**図 *8.6*** の半ブリッジインバータを 2 台，並列に使用したものでそれなりの高級な制御ができる。図の回路で，出力電圧 e は

$$
\begin{aligned}
&T_1, T_2'：オン\quad T_2, T_1'：オフ\quad の場合\qquad e = E\\
&T_2, T_1'：オン\quad T_1, T_2'：オフ\quad の場合\qquad e = -E
\end{aligned}
\qquad (8.2)
$$

となるので，これらを一定周波数で繰り返せば，1 電源 E で単相半ブリッジインバータと同様な方形波が得られる。ただし，同じ直流電源を 2 個使用すれば出力電圧は 2 倍となる。

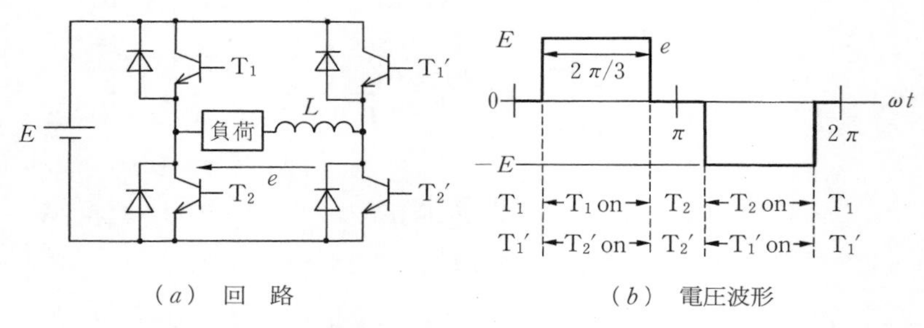

（a） 回　路　　　　（b） 電圧波形

図 *8.7* 単相ブリッジ形インバータとその波形

しかしブリッジ形インバータは半ブリッジ形より素子数が多いので，それだけ高度な制御ができるはずである。例えば

$$
\begin{aligned}
&T_1, T_2'：オン(他はオフ)の場合\qquad e = E\\
&T_1', T_2：オン(他はオフ)の場合\qquad e = -E \qquad (8.3)\\
&T_1, T_1'\ または\ T_2, T_2'\ オン(他はオフ)の場合\qquad e = 0
\end{aligned}
$$

となり，三つのレベルをもった出力電圧を発生できるので **3 レベルインバータ**となる。したがって波形制御に自由度が生じ波形改善や出力電圧制御にも使用することができる。

また，T_1，T_2 と T_1'，T_2' のスイッチング位相を $2\pi/3$ に選ぶと図(b)のよ

うな波形になり，3倍高調波を含まない（式(8.7)参照），方形波より正弦波に近い $2\pi/3$ rad（120°）のパルス幅の波形が得られる。

8.2.2 三相ブリッジ形インバータ

図 8.8(a)は**三相ブリッジ形インバータ**の主回路構成である。これは半ブリッジインバータを3台接続したものである。この回路において，単相ブリッジインバータのように各半ブリッジを $2\pi/3$ 位相でもって，オンオフする場合を考える。すると三相交流が得られる。

この三相ブリッジインバータは今までの単相インバータより少し複雑となるので，ここでは図(c)に示すように6個のスイッチと三相負荷を抵抗 R とし，単純化して考えてみる。各アームのスイッチは180°（$\pi/2$）導通で考える。

この三相インバータ回路を理解するために，60°を1ステップとして考えていく。図(c)では Step Ⅰ～Ⅳについて角度240°までについて説明している。続く Step Ⅴ，Ⅵについても同様である。180°導通の場合，常時半分のスイッチ（3個）がオンしている状態である。すると，相電圧（e_{a-o}，e_{b-o}）は階段波になり，線間電圧（e_{ab}）としては $e_{ab} = e_{a-o} - e_{b-o}$ より，120°幅の方形波（パルス波）となる。そしてb，c相と順次120°遅れた三相交流が得られる。

6個のスイッチを120°導通にした場合については，演習問題【**5**】にあるので，復習を兼ね勉強されたい。

この回路は，電源が直流（+,−）で2線，負荷が三相（a，b，c相）で3線，これらを自由に接続するには最低 $2 \times 3 = 6$ 個のスイッチング素子が必要である。ここに示した回路は三相インバータで最も簡単な回路構成でグレーツ結線法と呼ばれ，三相インバータとして過去，将来とも広く使用されるであろう回路である。

この三相ブリッジインバータの実際の制御回路については，この章の後半**8.4.2**項で具体的に述べているので，さらに学習してほしい。

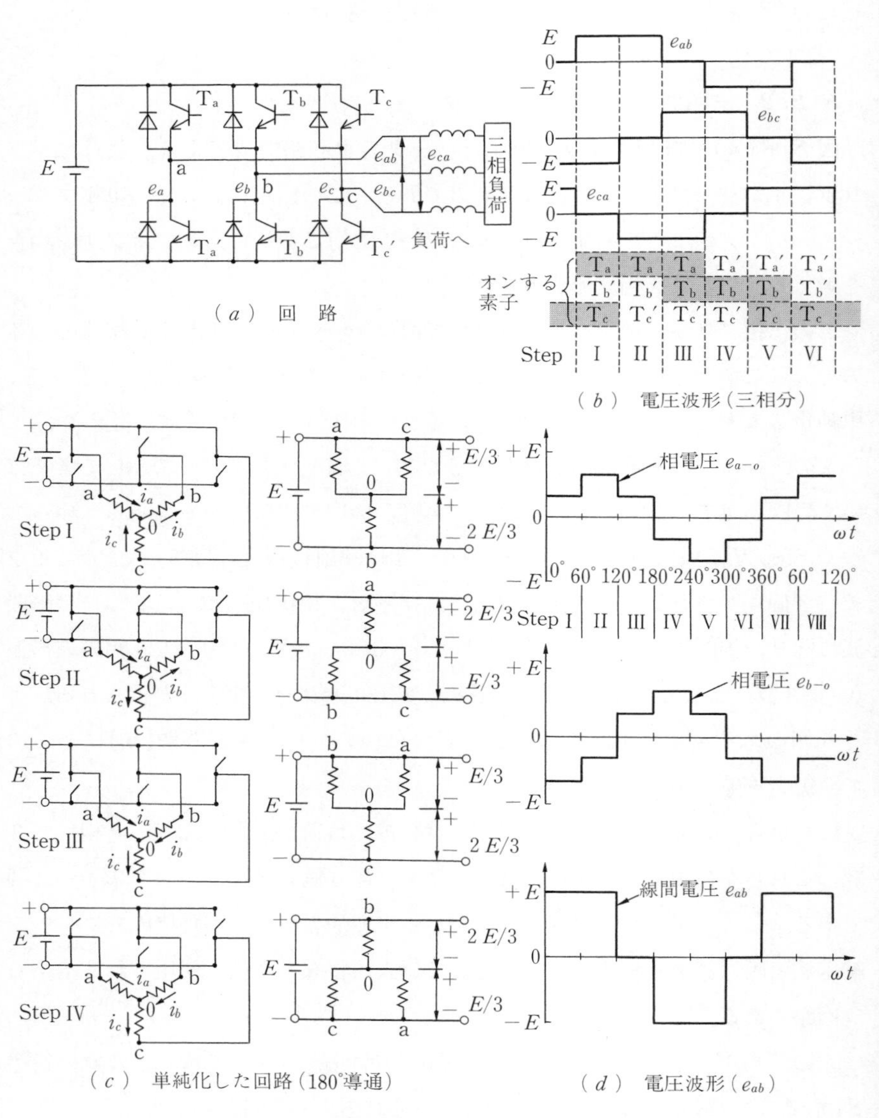

（a） 回 路

（b） 電圧波形（三相分）

（c） 単純化した回路（180°導通）

（d） 電圧波形（e_{ab}）

図 8.8 三相ブリッジ形インバータとその波形

8.3 インバータの出力電圧波形改善

8.3.1 インバータと高調波障害

6.3.1 項では，電力系統からの高調波障害について説明したが，この項ではインバータによる高調波障害という点について，さらに詳しく述べる。

インバータの出力電圧 e は，正弦波交流電圧ではないが正，負電圧とも対称的な波形を有するので一応交流電圧であり，直流電圧 E から交流に変換しているのでインバータと呼ばれている。しかし，従来の電源系統は正弦波のもとで運用されており，機器もそれに合わせて設計されているので，正弦波でないといろいろな電力高調波障害を引き起こす。この高調波障害については，***6.3.1*** 項で説明したとおりである。

図 *8.9* はインバータによるおもな障害を四つにまとめたもので，図(a)，(b)についてはすでに**表 *6.1*** で，その障害については述べてあるが，ここでは詳しくその内容を説明している。図(c)，(d)のインバータとコンデンサの

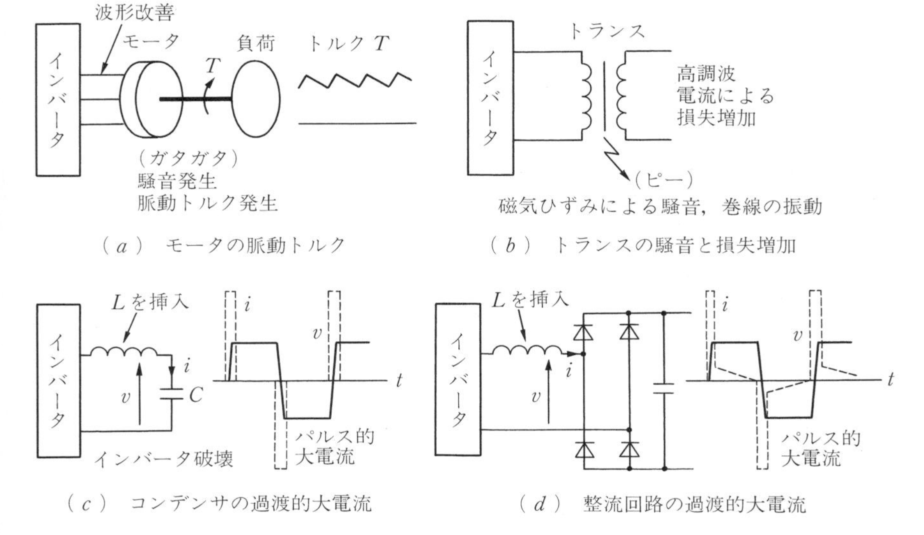

(a) モータの脈動トルク　(b) トランスの騒音と損失増加

(c) コンデンサの過渡的大電流　(d) 整流回路の過渡的大電流

図 *8.9* インバータによる電力高調波障害

関係については，***6.3.1*** 項ではコンデンサは高調波電流が流れやすいこと，あるいは LC 共振回路によって共振周波数付近の電流が流れることによる高調波障害をあげているが，図(c)，(d)ではコンデンサの充放電による過渡的なパルス電流による障害である。

〔***a***〕 図(a)のように，電動機を非正弦波電源で運転すると，損失，騒音，トルク脈動などが増加する。電動機のトルクは回転子でつくられる磁界と固定子電流の相互作用で発生するものと考えられる。ここで，電圧，電流成分に高調波が存在すると回転磁界が正弦波の場合と比べ，一定の大きさで一定回転とならず，また固定子電流にも高調波が含まれるので，それらの相互作用でトルク脈動が生じる。これらの周波数が可聴周波数であれば騒音の原因となる。

誘導モータを方形波で駆動した場合，トルクは電源周波数の 6 倍の脈動トルクが発生する。これらは，低速では回転の脈動として現れ，高速では騒音などの原因となる。

〔***b***〕 図(b)のように，変圧器に印加すると，損失，騒音が増える。変圧器の騒音は巻線，鉄心の電磁力に伴う振動，鉄心の磁歪効果（磁気ひずみ）などによる。正弦波の場合は電源周波数の 2 倍の騒音（100 または 120 Hz）で低く，この領域では聴覚感度も低いので騒音としての影響は少ないが，高調波になると周波数も高く，かつ聴覚感度のよい領域（1〜2 kHz）に入ることもあり無視できない。

〔***c***〕 図(c)のように，負荷にコンデンサを接続すると異常電流が流れる。インバータ用の負荷にコンデンサを接続すると，出力電圧には高い周波数の高調波成分を多く含み，また電圧の変化もステップ的に変わるので大きなパルス状の電流が流れる。したがって，インバータ負荷に直接コンデンサを接続してはならない。接続したい場合は直列に抵抗またはリアクトルを接続する。

〔***d***〕 図(d)のように，整流回路に用いると大きな瞬時電流が流れることがある。整流回路もダイオードの後にコンデンサを含んでいるのでインバータのステップ的な電圧変化に対して，$C(dv/dt)$ によるパルス的な大きな電流が流れる。これらを防止するには，ある程度大きなリアクトルを整流回路とインバータの間に挿入する必要がある。

以上より鉄心を用いている機器は損失，騒音の増加，一方，コンデンサを用いている機器は異常電流などの恐れがあるので注意しなければならない。これらの障害を減少させるために，出力電圧波形を正弦波にする努力がなされている。

8.3.2 ブリッジ形インバータの出力電圧波形改善

〔1〕 高調波とその除去用フィルタ 高調波を除去するには，低域フィルタを挿入する方法が考えられる。それには，まず出力にどの程度高調波が含まれているか調べなければならない。

出力電圧が方形波の場合，フーリエ展開すると，**6** 章の式(6.11)で示したように第3次，第5次などの奇数次高調波を含み，次式で示される。

$$e(t) = \frac{4}{\pi}E\sum_{m=1}^{\infty}\frac{1}{2m-1}\sin(2m-1)\omega t$$

$$= \frac{4}{\pi}E\left(\sin\omega t + \frac{1}{3}\sin 3\omega t + \frac{1}{5}\sin 5\omega t + \cdots\right) \tag{8.4}$$

$$m = 1,\ 2,\ 3,\ \cdots$$

いままで述べたように，交流には正弦波が望ましいため，なんらかの手段により第2項（第3高調波）以降を少なくし正弦波に近づけなければならない。正にパワーエレクトロニクス技術の大きなテーマが，この高調波をいかに軽減するかである。

図 8.10(*a*)のように負荷が誘導性（直列に L を含む）の場合，R-L 直列負荷であれば，高調波電流（または R の電圧 E_R）に対するゲイン G は出力電圧と入力電圧の比で表せる。

$$G = \frac{E_R}{E} = \frac{1}{\sqrt{1+(\omega\tau)^2}} \tag{8.5}$$

$\tau = L/R$，ω：基本波または高調波角周波数，E，E_R：実効値

図(*b*)はこれらの減衰特性を示したもので，高周波領域では周波数にほぼ反比例し，G が小さくなる。例えば，基本波角周波数 ω_f を $\omega_f\tau = 0.5$ に選べば

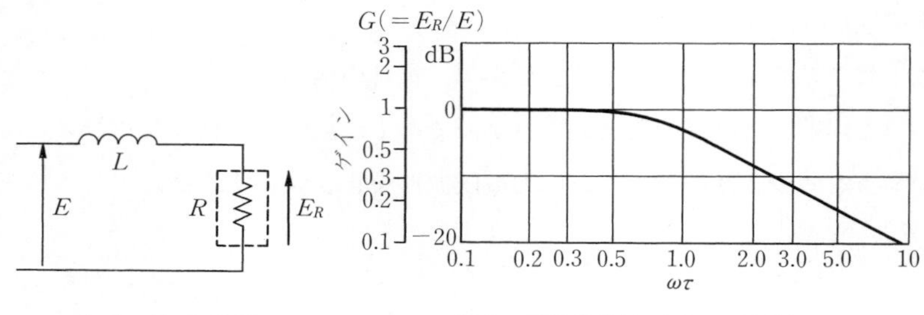

（a）　R-L 負荷　　　　（b）　周波数特性（ゲイン特性）

図 8.10　RL フィルタの周波数特性

基本波に対して $G = 1/\sqrt{1.25} = 0.89$ になる。第 3 高調波 $3\omega_f$ に対しては $G = 1/\sqrt{13/4} = 0.55$ であるから，第 3 高調波の電圧が基本波の 1/3（式(8.4)）であることを考えると，含有率は 18 %で非常に大きい。

図 8.11(a)は，さらにこれらの高調波を取り除くため使用する LC フィルタであり，そのゲイン G は

$$G = \frac{\omega_n^2}{\sqrt{(\omega^2 - \omega_n^2)^2 + (2\zeta\omega\omega_n)^2}} \tag{8.6}$$

$$\omega_n = \frac{1}{\sqrt{LC}}, \quad \zeta = \frac{1}{2R}\sqrt{\frac{L}{C}}$$

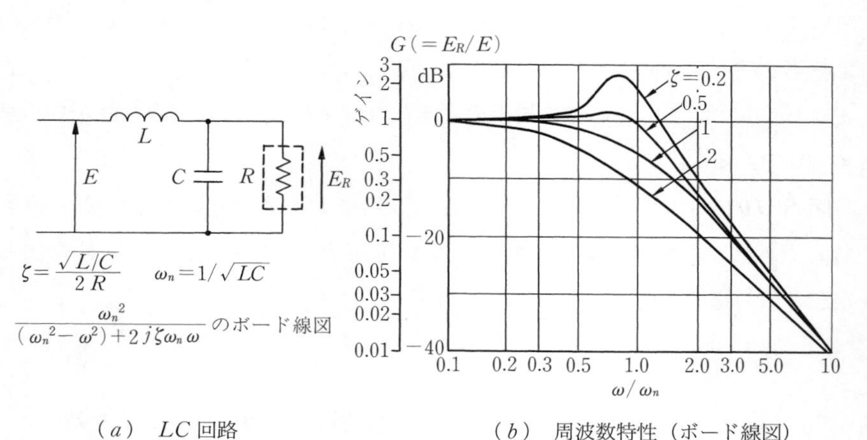

（a）　LC 回路　　　　（b）　周波数特性（ボード線図）

図 8.11　LC フィルタの周波数特性

その特性を図(*b*)に示す。周波数の大きな領域では，周波数の2乗に反比例しGは小さくなることがわかる。このように高周波領域において減衰度が優秀なので，前記のRLフィルタに対し勝っている。ここで，ω_nはLC回路の共振周波数で一定であり，図(*b*)より共振周波数付近では，負荷の大きさによる電圧変動が大きいのでこの点での使用は避ける。しかし，この共振点を除けば負荷RによるGの変動は少ないので優秀なフィルタである。このフィルタでは基本波角周波数ω_fはω_nより小さく，高調波角周波数はこれより十分大きくなるようにω_nが選ばれる。

以上からわかるように，電圧波形に含まれる最低次の高調波の周波数がなるべく高いほうが望ましい。例えば，方形波では第3次高調波はこのフィルタを用いても1/3〜1/5程度の減衰率しか得られないので，第3高調波含有率は数〜10％の出力波形となり改善度は少ない。

可変周波数のインバータを用いると，基本波周波数とそれに比例し高調波周波数が変化するので上記のような周波数特性が一定のフィルタを用いると，電圧変動の大きなものになったり，高調波が十分除去されなかったりして実際の場合に使用できない。

8.3.3 方形波インバータの波形改善

〔*1*〕 **ブリッジインバータによる波形改善**　　ここで**図 *8.7***の単相ブリッジ形インバータの3レベルインバータについて考えてみる。120°導通幅の電圧波形をフーリエ級数に展開すると（演習問題【**6**】で求める）

$$e = \frac{4E}{\pi}\left\{\sin\omega t + \frac{1}{5}\sin 5\omega t + \frac{1}{7}\sin 7\omega t + \frac{1}{11}\sin 11\omega t + \cdots\right\} \tag{8.7}$$

となり，2レベルインバータの方形波の式(*8.4*)と比較すると，第3高調波，第9高調波と3倍高調波（3，9，15，…次）のみ0となり波形の改善されることがわかる。

三相インバータの出力電圧波形（**図 *8.8***）も，単相ブリッジ形の場合と同一波形のため3倍高調波は含まれない。しかし，これだけでは最低次の高調波が5次のため十分でなく，さらに高次まで除去するよう努力がなされている。

〔*2*〕 **多重接続による波形改善**　例えば，次に第5高調波を除去したい場合，さらに多くのインバータを接続して出力電圧の位相差を制御すれば可能であることが想像できる。

図 *8.12* (*a*)，(*b*)の方法は，前述のブリッジインバータ（3倍高調波を含まない）を変圧器Tで直列接続する方法と**相間リアクトル** L で並列接続する方法を示し，**多重インバータ**（multiple inverter）と呼ばれている。

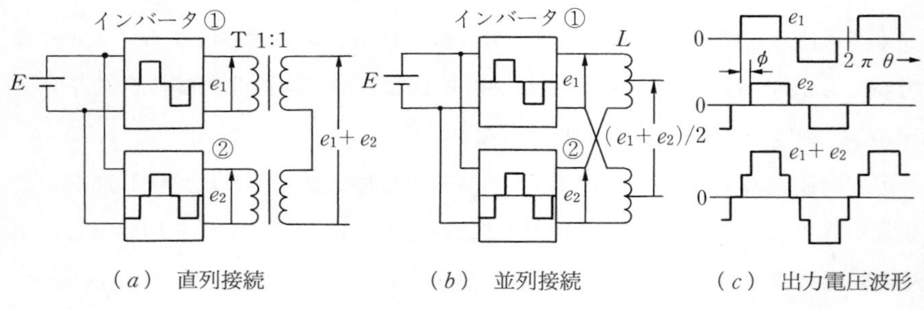

図 *8.12* 多重インバータによる波形改善（インバータ1，2の位相差 ϕ）

ここで，各インバータの出力電圧を e_1，e_2 とすると直列多重方式では負荷の電圧は $e_3 = e_1 + e_2$，並列多重では e_1 と e_2 の中間電圧となり $e_3 = (e_1 + e_2)/2$ となるから，第5高調波は

$\sin 5\omega t + \sin 5(\omega t - \phi)$（ただし ϕ：インバータ1，2の電圧位相差）

でこの値を満足する最小の ϕ は（基本波は最大となる。式(*8.4*)参照）

$$5\phi = \pi \qquad よって \quad \phi = \frac{\pi}{5}$$

である。同様に第7高調波を除去するには $\phi = \pi/7$ であることがわかる。これらを同時に小さくするにはこれらの中間の値，$\phi = \pi/6$ を選んだほうがよく，回路的にも簡単になる。

図(*c*)はそのときの出力電圧波形で，多重化により波形が正弦波に近づいていることがわかるであろう。ちなみにこのときの第5高調波は5.3％，第7高調波は3.8％と多重化しない場合の20％，14.3％に比べ1/4程度に減少している。工学とはなにも理論どおりでなくてもよく，合理的な手法が選択される。

8.3.4　PWMインバータによる波形改善

ここで，最低次の高調波周波数を上げれば，フィルタ後の高調波成分を減少させることができることがわかった。これに対して現在最も多く使用されている方法が**パルス幅変調法**（pulse width modulation：**PWM**）である。

図8.13(*a*)の波形に示すように，この方法は波形をさらに分割し，パルス幅を時間的に変化させ，その平均値を正弦波状にする方法である。このように出力電圧のパルス幅を瞬時的に変化させるためパルス幅変調と呼ばれている。特に正弦波状にパルス幅を変化させる方法は正弦波PWMと呼ばれ，出力に正弦波を望むインバータの制御に使用される。

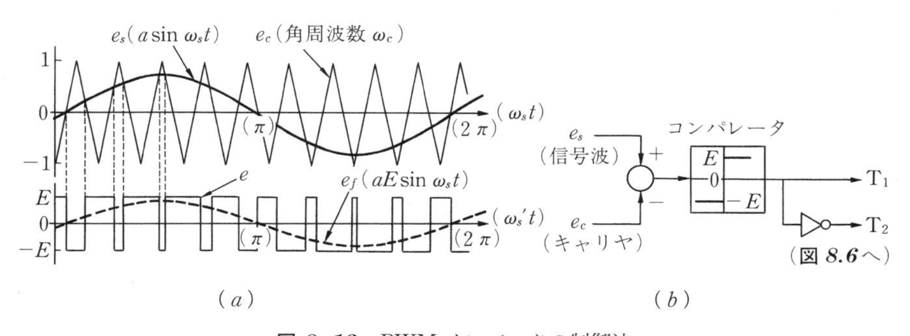

図8.13　PWMインバータの制御法

PWM波形eは図(*b*)のように**キャリヤ**（carrier wave）と呼ばれる三角波e_c（のこぎり状の波の場合もある）と基本波に使用する**信号波**（signal wave）と呼ばれる正弦波e_sを比較して得られる。すなわち半ブリッジインバータで

$$e_s > e_c \text{のとき} \ e = E, \quad e_s < e_c \text{のとき} \ e = -E \qquad (8.8)$$

ここで正弦波の振幅比aを変えるとPWM波形の基本波e_f（$=aE\sin\omega_s t$）

の振幅を同一に変化させることができる。例えば，$e_s=0$ とすれば，e はキャリヤ周波数と等しい方形波となり基本波成分は含まれない。また $e_s=1$ なら，$e=E$ となる。これらから類推すると，e の高周波成分をフィルタで除いた波形は e_s と相似になることが予想される。すなわち，e_s に対して低周波増幅特性をもつ。これらは，数学的にも証明できるが，ここでの範囲を超えるのでこの程度にする。これらを使用したオーディオアンプも実際つくられている。

この図からわかるようにキャリヤ周波数はPWM波形のスイッチング周波数と一致する。したがって，キャリヤ周波数を上げるだけで最低次の高調波の周波数を上げることができ，出力フィルタの小形化が図れる。

図 8.14 はPWM波形の高調波解析をした結果である。詳細の波形解析法は複雑なので省くが，最低次で目立つ高調波は $\omega_c-2\omega_s$ {ω_c：キャリヤ（スイッチング）周波数，ω_s：基本波角周波数} 程度であり，ω_c を大きくすることにより最低次高調波の周波数を上げることができる。最近はスイッチング素子の進歩によりスイッチング周波数 ω_c を10数kHz以上に上げることができるようになった。このため，小形の L，C でよくなり，良好な減衰特性をもったフィルタが得られる。

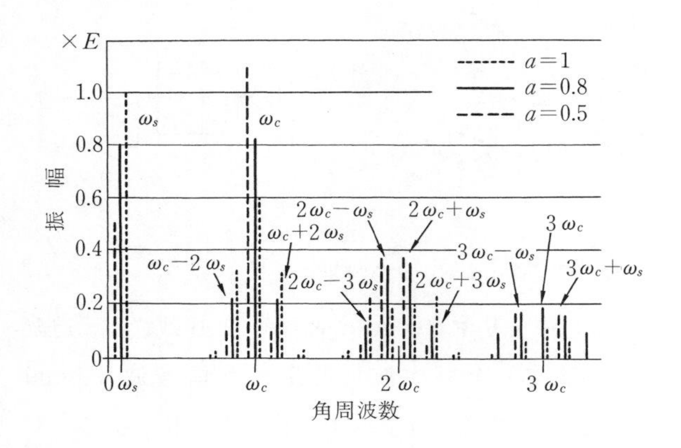

図 8.14　PWM波形の高調波解析

もちろん同じ波形を3個用い三相インバータも構成できる。この場合は他の相の干渉を受けるので，単相ブリッジインバータと少し異なった波形となるがフィルタ後の波形は，ω_c が高いのでほとんど問題はない。

図 8.15 に三相 PWM インバータの出力波形の一例を示す。線間電圧 e_{ab} は 3 レベルの波形となり，ここには相電圧で**図 8.14** の同相成分の高調波 ω_c，$2\omega_c + 3\omega_s$，$3\omega_c$ などの成分は含まれないので波形は若干良好となる（なぜか考えてみよう）。

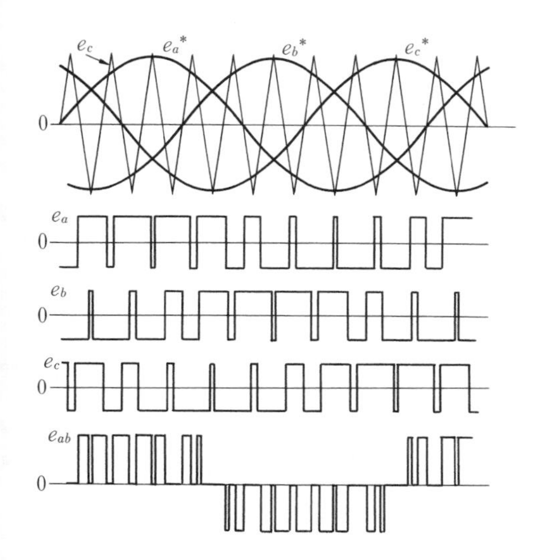

図 8.15　三相 PWM インバータの出力波形

8.4 インバータの主回路と制御回路

単相インバータは三相インバータの一部と考えることができるので，一般に使用される三相インバータについてのみ述べる。インバータに興味をもった諸君は，以下の記述を十分理解し，卒業研究などでインバータを試作してみよう。その観点から，回路定数なども記入し少し実際的に述べてみた。

インバータは，スイッチング時を考えると数 MHz の大容量，高周波を扱っていることになり，実際試作してみると電磁波による多くのノイズが発生する。要するに，配線図に示されない空間を伝わる電流が存在し，電磁ノイズで苦労することもあり，その他多くの経験を要する。身をもって知ることが，学問を身に付ける着実な手段でもある。

8.4.1 三相インバータの主回路

図 8.16 の写真は，量産されている誘導モータ駆動用の市販のインバータ（6.5 kW）である。入力は三相 200 V，出力は三相可変電圧，可変周波数（VVVF）である。ここでは，このインバータの回路について説明しよう。市販のインバータは，商用電源が三相交流のため直流に変換する三相整流回路も内蔵している。したがって，AC → DC → AC 周波数変換器である。

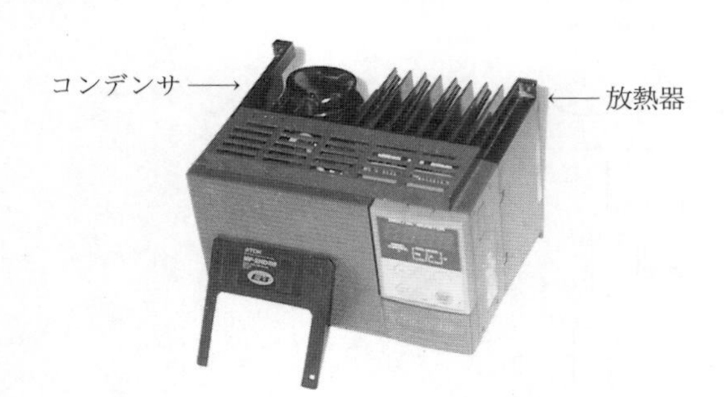

図 8.16　小形のインバータ

図 8.17 がこのインバータの主回路図を示している。市販品でインバータと称するものは，この回路のように三相電源から整流し，直流を得るダイオード整流回路 D が内蔵されている。このため電源をオンした際，電解コンデンサ C_d の電圧が 0 のため，ダイオード出力がオン瞬時に短絡されることになり，電源に大きな電流が流れる。1 サイクル程度であるが，条件の悪い場合は

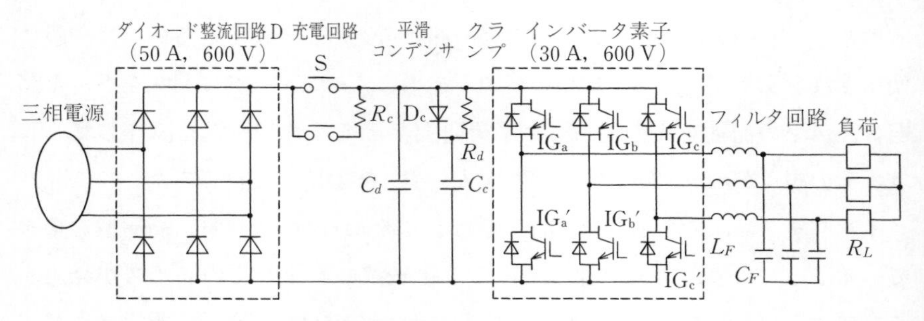

R_C：50 Ω（10 W）　充電回路リレー：30 A, 3 A，C_d：2 700 μF, 400 V，R_d：100 Ω 2 W，
C_c：1 μF 400 V（クランプコンデンサ）　L_F：1 mH，15 A（アモルファス鉄心）
C_F：30 μF（フィルムコンデンサ）（フィルタは含まないことが多い）

図 8.17　インバータの主回路図

定格の 100 倍程度流れることがあり，系統の瞬時電圧低下，電解コンデンサ C_d，ダイオード整流器 D の破損事故につながることがある。このため，電源投入時小さな抵抗で 0.5 秒程度の時間，抵抗を介して充電しこの突入電流を防止する。充電終了後，この抵抗を接続しておくと損失になるのでリレー S で短絡する。

半導体のスイッチング速度はきわめて速く，これらを流れる電流の変化速度 di/dt が非常に大きい。したがって，図のスイッチング素子と C_d のループに少しでもインダクタンスがあると $L(di/dt)$ のため狭いパルス状の高電圧（サージ電圧）が発生し，スイッチング素子を破壊することがある。そのため電解コンデンサ，スイッチング素子の配置には十分注意し，配線長を短くかつループをつくらないように設計しなければならない。

5.5.1 項で述べたように例えば，150 A 流れている IGBT のスイッチング時間が 0.3 μs だったとすると，この間の電流の変化率が一定と仮定すると，1 μH の線路インダクタンスに対するサージ電圧は，$L(di/dt) = 500$ V 以上となる。なんらかの対策を講じない場合は，500 V に使用電圧を加えた高耐圧素子を使用しなければならず不経済である。

このサージ電圧の発生を阻止するため，図の回路に示すようなクランプ回路を用いる。サージ電圧はここに接続されたクランプコンデンサ C_c で抑えることができる。

ダイオードはリレー S の故障なども考え，定格入力電流の 3 倍以上，スイッチング素子は 2 倍以上の電流素子を使用し，電源電圧 200 V 系統は素子耐圧 600 V，電解コンデンサは耐圧 400 V 以上，1 kW につき 500 μF 程度の高リプル用のコンデンサを使用する。

図 *8.18* はこれらの素子の実装例を示したものである。10 kW 程度以下の場合，電線には極厚の銅プリント基板が使用され，インダクタンスの最少化と製造工程の省力化が図られる。それ以上の大容量の場合は，銅板が配線に使用されることがある。

以上の事柄と関係ある素子のサージ電圧と実装法については，***5.5*** 節でも

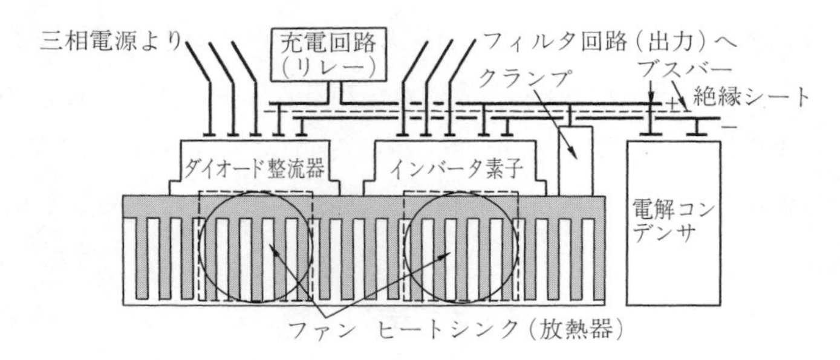

図 **8.18**　インバータの実装例

詳しく述べているので，**5** 章も勉強してほしい。

8.4.2　三相インバータの制御回路

図 8.19 は三相方形波インバータの制御回路を示したものである。インバータで一番簡単な**図 8.8**(*b*)のように，線間電圧に 120°幅の電圧を得る回路について述べてみよう。これには**図 8.8**(*a*)のスイッチング素子に a，b，c 相それぞれ三相で 120°の位相差があり，a，a′，b，b′ などは 180°位相の異なった 180°導通幅の 6 個のパルスをつくればよいことがわかる。

この回路は，三相方形波発生回路，デッドタイム回路，過電流保護回路，ドライブ回路などより構成されている。

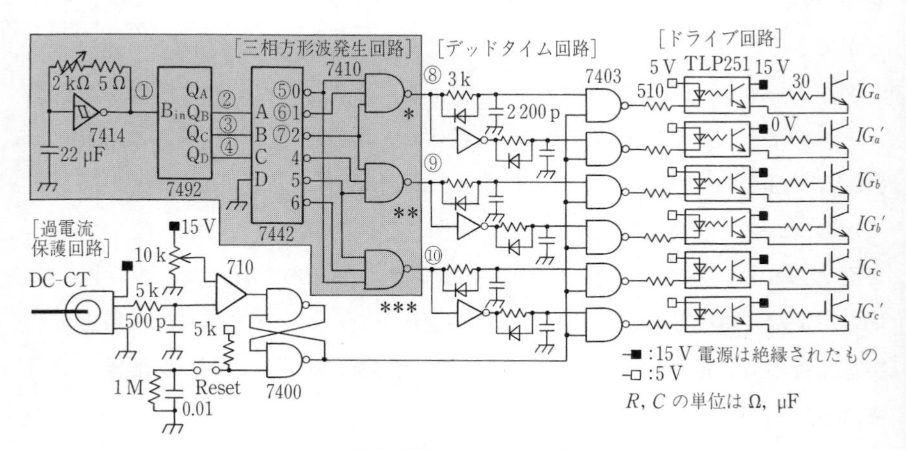

図 **8.19**　方形波インバータの制御回路

〔*1*〕 **三相方形波発生回路**　120°位相の異なる180°導通幅のパルスは，6進ディジタルカウンタIC（$\omega t = 360/6 = 60°$ の分解能をもつ）とその出力2進コードを10進（0〜5）に変換するデコーダICを使用する。

6進カウンタは市販されていないので12進カウンタ（7492）を使用し，デコーダ用ICにはNOT出力を有するデコーダ（7442）を使用する。これらの組合せにより，各クロックごとに変化する，NOT出力の60°パルス幅の波形を得ることができる。これを隣り合せの3個で組み合わせれば180°導通幅の波形となり，かつ120°位相の異なった S_a，S_b，S_c の波形を合成できる。

図 *8.20* は，この回路の波形を示している。NAND（7410）ICの出力⑧，⑨，⑩に三相の方形波が得られることがわかる。

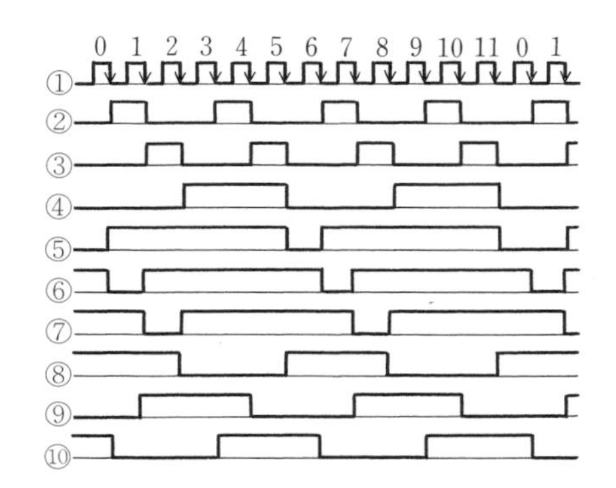

図 *8.20*　三相方形波発生回路の波形

〔*2*〕 **デッドタイム回路**　これは**図 *8.5*** に示すように，上下アーム短絡を防ぐために使用するもので，これに関してはすでに ***8.1.2*** 項で説明した。

図 *8.21* はこの回路の簡単な例であり，併せて各部の波形も示している。最近は，タイマなどを用いた完全ディジタルの回路を使用する場合が多い。こ

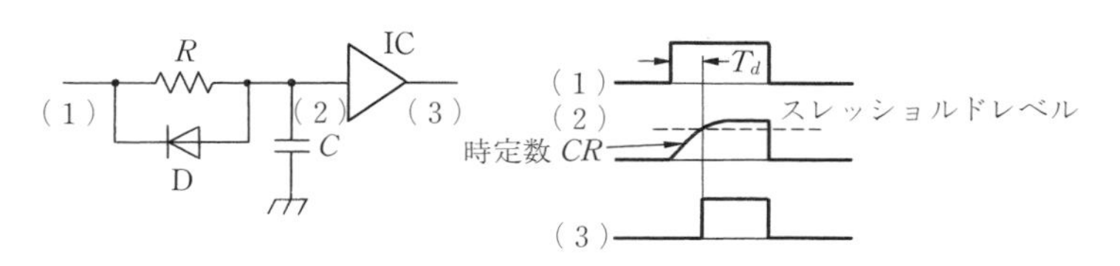

図 *8.21*　デッドタイム回路

の回路では $T_d \fallingdotseq 0.7CR$ で決まる。この回路を**図 8.19** にも使用した。

〔3〕 **過電流保護回路**　　スイッチング素子が上下アーム短絡を起こすと，素子電流は直ちに大電流に達し素子を破壊する。しかし，一般的な IGBT 素子の場合 20 μs 程度内で保護すれば素子は破壊にまで達しない場合が多い。これらは電子的な手段でしか保護できない。この回路は直流電流を検出する高速 DCCT（direct current transformer），電流レベルを検出するコンパレータと R-S フリップフロップ（set-reset flip-flop）より構成されている。この R-S FF の出力が L レベルになると NAND（7430）回路により出力が遮断される。

DCCT は直流電流でも 1〜3 μs 程度の応答速度で素早く検出するもので，ホール素子とギャップ入りリアクトルで構成されている。リアクトルのギャップに設置されたホール素子は，電流に比例した磁界を検出し，絶縁して電流を検出する。

〔4〕 **ドライブ回路**　　インバータ素子の上下アームの電位は異なっている。したがって，これらの素子を独立にドライブするため電源と信号を絶縁し

コーヒーブレイク

失敗からの教訓 ① — インバータのデッドタイム

1970 年台の後半ころだったと思う。ようやくパワートランジスタが手に入り(300 V，30 A 素子で 2 〜 3 万円)，大切に使っていたが壊れやすい素子であった(多分知識が少なく壊したのだろう)。また，参考文献もまったくなく，暗中模索で研究としてはおもしろい時代であった。

三相インバータをつくりモータを回し，ようやく完成し実験に入ったころ，よく素子が壊れる。なんとなく効率を調べていたところ無負荷にしても損失がある。理論的にはないはずである。おかしい？？？　調べたところ，インバータに 10 μs 程度，転流時 100 A 以上の大きなパルス電流が流れていた。皆さんもわかったと思うがデッドタイムという概念を知らなかったからである。これにより短時間上下短絡を引き起こし大電流が流れていたのが原因であった。

このような経験は一生忘れない。なにか納得のいかないおかしなことがあったら，極力原因を追求することを勧める。そこには自分の知らないなんらかの未知のものが存在し，大発見につながることが往々にしてあるからである。

なければならない。電力の供給にはトランスが使用され，その出力を整流して使用される。信号の絶縁には光絶縁を使用したホトカプラが使用される。これは発光ダイオード（LED）と光トランジスタより構成され，LED が発光すると光トランジスタがオンする。このように光絶縁を施すことにより電気ノイズに強い回路構成を実現できる。

図 ***8.22*** はこの具体的な回路を示す。特に高速スイッチング素子を用いた

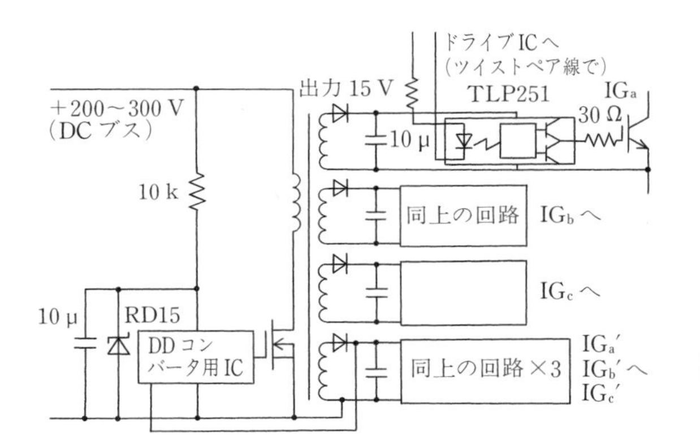

図 ***8.22*** IGBT ドライブ回路

コーヒーブレイク

失敗からの教訓 ② — ホトカプラがフラッシュに反応

インバータ開発の初期のころである。あるメーカが大電力のインバータを完成し，ユーザとの立ち会い試験をしたときのことである。薄暗いインバータの部屋でフラッシュをたいて装置の写真をとった。その瞬間，“パーン”という音とともに装置が煙をあげ壊れてしまった。立ち会い試験（完成を祝う儀式のようなもの）なのに，メーカ関係者は真っ青になったそうで，その場が目に浮かぶ。

さて，その後この原因が検討され，それがホトカプラにあることがわかった。当時のものはケースの遮光がまだ十分でなく，フラッシュの強い光で光トランジスタが反応してしまったからであった。すぐわかるように上下アームの素子が同時にオンし電源を短絡してしまう。この回路は過電流保護回路外にあるので保護されない。したがって最悪の事故となったわけである。もちろんこれらの教訓を生かし，ホトカプラは改善されている。現在では，パワー素子内に過電流保護回路を有する IPM（***5.2*** 節）が用いられるようになった。

場合，インバータにおいて上アームの素子の電圧が高速に変化するため，電源トランスの線間容量や空中を通して電流が流れ，これが電源を回り制御回路のノイズとして現れることが多い。これらを防ぐため，巻線間の静電容量の小さな高周波トランス（DC-DC コンバータ）などの使用が考えられる。

8.4.3　PWM インバータの制御回路

図 8.23 に PWM インバータの波形生成回路の一例を示す。最近はマイコン内蔵のタイマなど使用した専用の PWM 発生器もあるが，原理的には同一なのでわかりやすいアナログ回路で示す。また，**図 8.25** に試作した三相インバータの写真を示す。

三相 PWM インバータの制御回路は次の回路で構成されている。

〔*1*〕　**三相基準波正弦波信号発生回路**　　この回路はカウンタ，正弦波

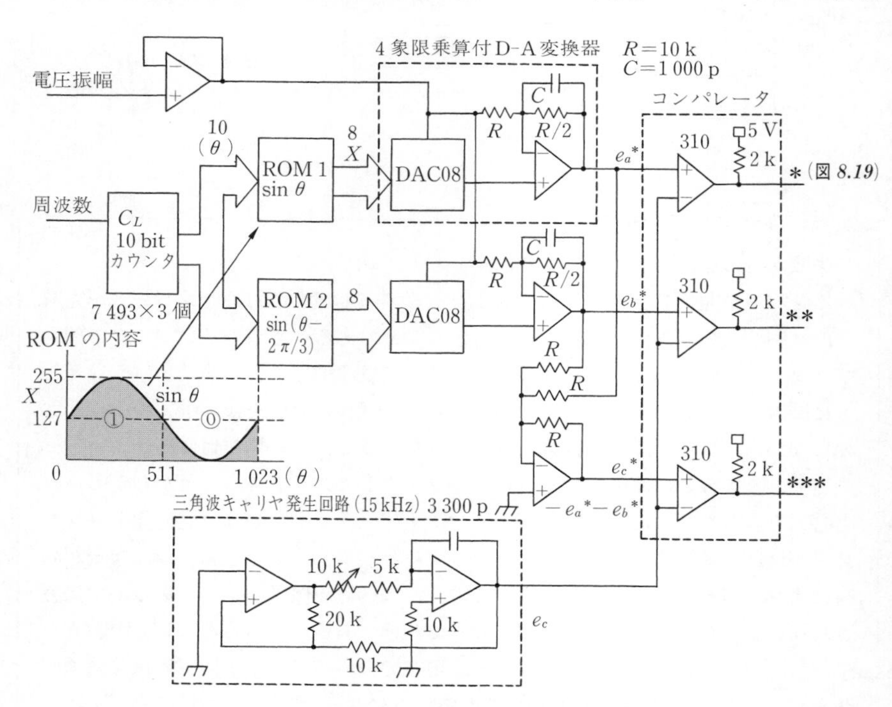

図 8.23　PWM インバータの制御回路

($\sin\theta$，$\sin(\theta-2\pi/3)$ が書かれている ROM (read only memory)，乗算形 D-A コンバータより構成されている。カウンタで ROM のアドレスを読み出すことにより正弦波基準波信号のディジタル化されたものが得られ，これを D-A コンバータでアナログ量に変換している。この乗算形 D-A コンバータは乗算

コーヒーブレイク

失敗からの教訓 ③ ― モータの脈動トルク

これはあるメーカからの技術相談を受けた 1980 年ころの話である。その相談とは，インバータ駆動の誘導モータでファンの風量制御をするシステムであった。このファンとモータを結ぶ軸が破壊する。十分の機械強度があるのになにが原因であるかとの相談であった。

モータの始動時の突入電流による過渡現象，モータのロータバー破損による脈動トルク，モータの異常現象，インバータの制御不良によるモータ鉄心の直流偏磁など調べたがいずれも違っていた。この軸にひずみセンサを付けトルクを検出したところ，ある周波数で非常にトルクが大きくなるところがあった。

原因は 6 倍周波数の脈動トルクにあることがわかった。これらを結ぶ軸は，ばねと等価でファンは質量であることから，電気系と同じように機械的な共振点が存在する（図 ***8.11*** の ω_n）。この点において，軽負荷の場合は非常に大きなゲイン G となる。機械系の場合は，この値が非常に大きく 100 以上になる場合が多い。実際は 150 以上であったと思われるが，小さな脈動トルクでも 150 倍に増幅されれば軸の破壊の原因になることもうなずける。

図 ***8.24*** のように，これらの現象はラジオ，テレビなどの無線の分野でピエゾ素子を用いたメカニカルフィルタとして，Q の大きな共振フィルタに実用化されている。この現象は軸を破壊する原因にはなったが，見方を転ずれば Q の大きなフィルタとしてみることができる。悪玉であればあるほど，見方を転ずれば逆に最良の善玉として利用することができるので注目しなければならない。

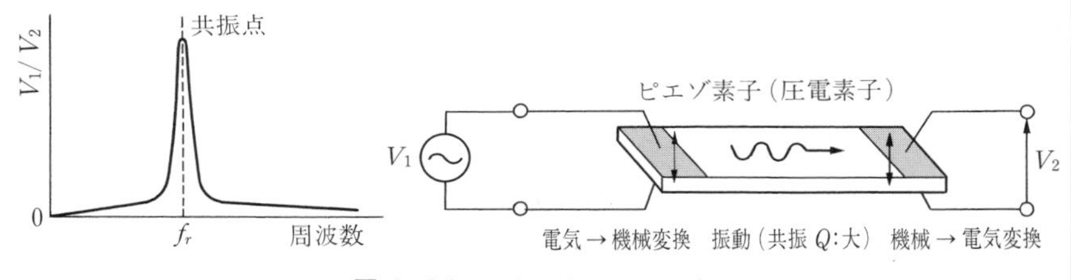

図 ***8.24***　メカニカルフィルタ

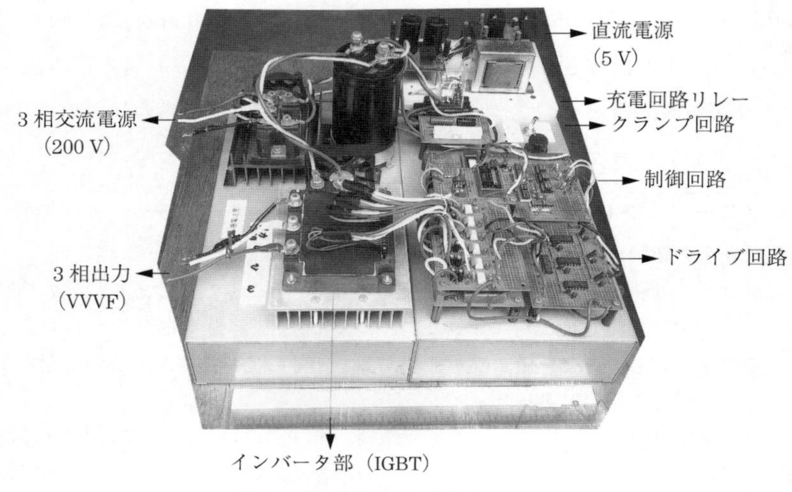

図 ***8.25***　試作した三相インバータ

作用ももっているので，振幅をアナログ量に従って調整できる。この回路では基準信号 $e_a{}^*$，$e_b{}^*$ しか得られていないが，$e_c{}^* = - e_a{}^* - e_b{}^*$ の関係を使用し $e_c{}^*$ を得ている。

〔***2***〕 **三角波キャリヤ発生回路**　　この回路は積分器とコンパレータ（ヒステリシスコンパレータ）より構成され，出力に一定振幅の三角波を得る回路である。積分時定数により三角波の傾きが調整できるので，キャリヤ周波数を調整できる。可聴周波数以上の 15 kHz 程度が選ばれる。

〔***3***〕 **コンパレータ回路**　　三角波キャリヤと三相正弦波信号を比較する回路である。この出力は図 ***8.19*** の＊，＊＊，＊＊＊に接続され，デッドタイム発生回路を経た後ドライブ回路に接続される。

演　習　問　題

【1】 なぜ直流-交流変換に，交流発電機に代わりインバータが使用されるようになったか（***9*** 章演習問題【1】，***10.1*** 節なども参照）。

【2】 インバータの直流電源側にコンデンサを接続してあるとき，負荷側は並列にコンデンサを挿入できないのはなぜか。

【3】 単相ブリッジ形インバータにおいて二つのレッグの制御信号の位相差を**問図 *8.1***のように ϕ とすると，出力電圧の基本波分の振幅はどうなるか。ただし，直流電源の電圧を E とする。

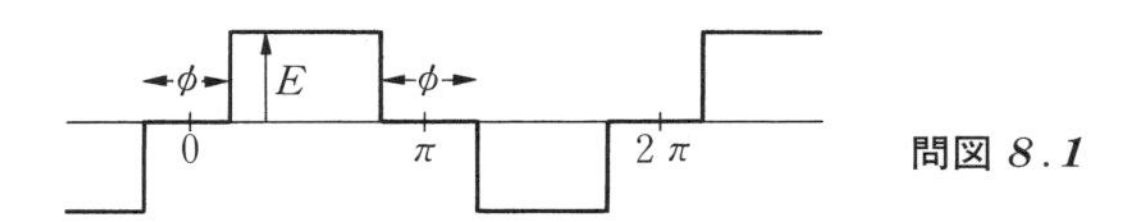

問図 *8.1*

【4】 波高値 100V，周波数 50Hz の方形波電源の負荷として 100 mH＋10 Ω を接続した場合の定常時の電流波形を示せ（時間 $0 < t < 10$ ms の区間の波形）。

【5】 **図 *8.8*** の三相ブリッジ形インバータの電圧波形は 6 個のスイッチング素子が 180° 導通の場合である。120° 導通の場合には，線間電圧の波形はどのようになるか考えてみよ。

【6】 120° 導通幅の電圧波形をフーリエ級数に展開せよ（***8.3.3*** 項）。

【7】 三相インバータの制御回路の考え方について述べよ。

【8】 インバータで出力波形を正弦波化する方法を三つ書け。

【9】 クランプ回路について説明せよ。

【10】 次の文章は，汎用インバータに関する記述である。次の［　　］の中に当てはまる語句を解答群の中から選び，記入せよ。

専用インバータはエレベータや車両用あるいは鉄鋼圧延機用など，特定用途向けのインバータである。これに対し，汎用インバータは幅広い分野への適用を考え，量産による低価格化を狙ったもので，交流を直流に変換する［（1）］と，直流電圧を平滑するコンデンサ，および直流を可変電圧・可変周波数の三相交流に変換する PWM インバータで構成されている。

汎用インバータの負荷が誘導電動機の場合は，電動機の端子電圧と［（2）］の比がほぼ一定になるように制御される。この制御方式では，低周波領域で電動機の［（3）］による電圧降下の影響が大きくなり，電動機の［（4）］が低下する問題が生じる。これを防止するため低周波運転時にインバータ出力電圧を［（5）］する機能を付加している。

［平 9 II・1 次　機械］

［解答群］

（イ）リアクタンス　（ロ）低く　（ハ）交流電力　（ニ）周波数　（ホ）損

失　(ヘ)滑り　(ト)インバータ回路　(チ)一次抵抗　(リ)発生トルク　(ヌ)高く　(ル)整流回路　(ヲ)零に　(ワ)電源電圧　(カ)二次抵抗　(ヨ)チョッパ回路

【11】 三相方形波インバータで負荷が対称 Y 結線の場合，直流電源の中性点（n）と負荷の中性点（o）間の電位差は方形波で振幅が出力の 1/3，周波数は 3 倍となることを示せ（各スイッチは 180°導通とする。**問図 *8.2***）。

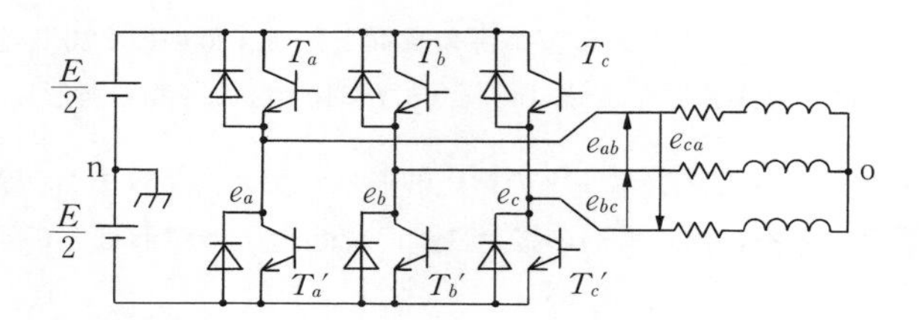

問図 *8.2*

【12】 **問図 *8.3*** は，IGBT を用いた単相ブリッジ接続の電圧形インバータを示す。直流電圧 E_d〔V〕は，一定値と見なせる。出力端子には，インダクタンス L〔H〕で抵抗値 R〔Ω〕の誘導性負荷が接続されている。

問図 *8.4* は，このインバータの動作波形である。時刻 $t=0$ s で IGBT Q_3 および Q_4 のゲート信号をオフにするとともに Q_1 および Q_2 のゲート信号をオンにすると，出力電圧 v_a〔V〕は E_d〔V〕となる。$t=T/2$〔s〕で Q_1 および Q_2 のゲート信号をオフにするとともに Q_3 および Q_4 のゲート信号をオンにすると，v_a〔V〕は $-E_d$〔V〕となる。これを周期 T〔s〕で繰り返して方形波電圧を出力する。

出力電流 i_a〔A〕は，$t=0$ s で $-I_p$〔A〕になっているものとする。負荷の時定数は $\tau=L/R$〔s〕である。$t=0$～$T/2$〔s〕では，時間の関数 $i_a(t)$ は次式となる。

$$i_a(t)=-I_pe^{-t/\tau}+\frac{E_d}{R}(1-e^{-t/\tau})$$

定常的に動作しているときには，周期条件から $t=T/2$〔s〕で出力電流は I_p〔A〕となり，次式が成り立つ。

$$i_a\left(\frac{T}{2}\right)=-I_pe^{-T/(2\tau)}+\frac{E_d}{R}(1-e^{-T/(2\tau)})=I_p$$

このとき，次の(a)および(b)に答えよ。

ただし，バルブデバイス（IGBT およびダイオード）での電圧降下は無視するものとする。　［平 21 III・機械］

（a）　時刻 $t = T/2$〔s〕の直前では Q_1 および Q_2 がオンしており，出力電流は直流電源から Q_1→負荷→ Q_2 の経路で流れている。$t = T/2$〔s〕で IGBT Q_1 および Q_2 のゲート信号をオフにするとともに Q_3 および Q_4 のゲート信号をオンにした。その直後（**問図 *8.4*** で，$t = T/2$〔s〕から，出力電流が 0 A になる $t = t_r$〔s〕までの期間），出力電流が流れるバルブデバイスとして，正しいものを組み合わせたのは次のうちどれか。

（1）　Q_1，Q_2　　（2）　Q_3，Q_4　　（3）　D_1，D_2

（4）　D_3，D_4　　（5）　Q_3，Q_4，D_1，D_2

（b）　$E_d = 200$ V，$L = 10$ mH，$R = 2.0\ \Omega$，$T = 10$ ms としたとき，I_p〔A〕の値として，最も近いのは次のうちどれか。

ただし，$e = 2.718$ とする。

（1）　32　　（2）　46　　（3）　63　　（4）　76　　（5）　92

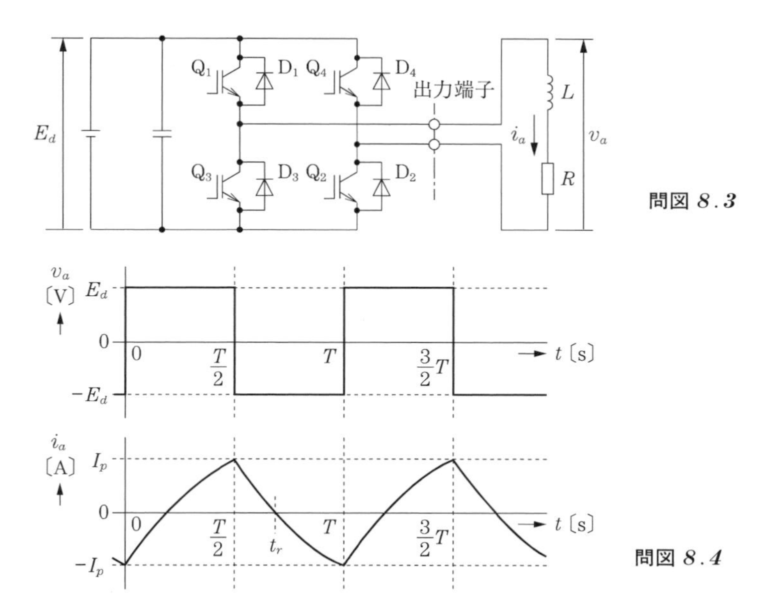

問図 *8.3*

問図 *8.4*

【13】　**問図 *8.5*** は，単相インバータで誘導性負荷に給電する基本回路を示す。負荷電流 i_o と直流電流 i_d は図示する矢印の向きを正の方向として，次の（a）および（b）の問いに答えよ。　［平 24 III・機械］

（a）　出力交流電圧の 1 周期に各パワートランジスタが 1 回オンオフする運転において，**問図 *8.6*** に示すように，パワートランジスタ S_1～S_4 のオンオフ信号波形に対して，負荷電流 i_o の正しい波形が(ア)〜(ウ)，直流電流 i_d の正しい波形が(エ)，(オ)のいずれかに示されている。その正しい波形の組合せを次の(1)〜(5)のうちから一つ選べ。

(1)　(ア)と(エ)　　(2)　(イ)と(エ)　　(3)　(ウ)と(オ)

(4)　(ア)と(オ)　　(5)　(イ)と(オ)

(b)　単相インバータの特徴に関する記述として，誤っているものを次の(1)〜(5)のうちから一つ選べ。

(1)　**問図 8.5** は電圧形インバータであり，直流電源 E の高周波インピーダンスが低いことが要求される。

(2)　交流出力の調整は，S_1〜S_4 に与えるオンオフ信号の幅 $T/2$ を短くすることによって交流周波数を上げることができる。または，E の直流電圧を高くすることによって交流電圧を高くすることができる。

(3)　**問図 8.5** に示されたパワートランジスタを，IGBT またはパワー MOSFET に置き換えてもインバータを実現できる。

(4)　ダイオードが接続されているのは負荷のインダクタンスに蓄えられたエネルギーを直流電源に戻すためであり，さらにダイオードが導通することによって得られる逆電圧でパワートランジスタを転流させている。

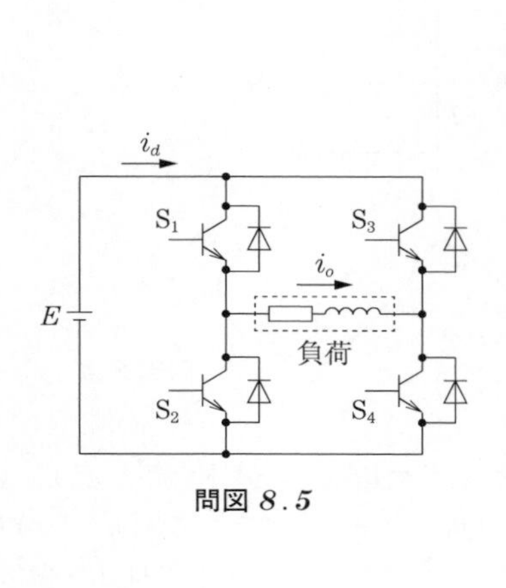

問図 8.5

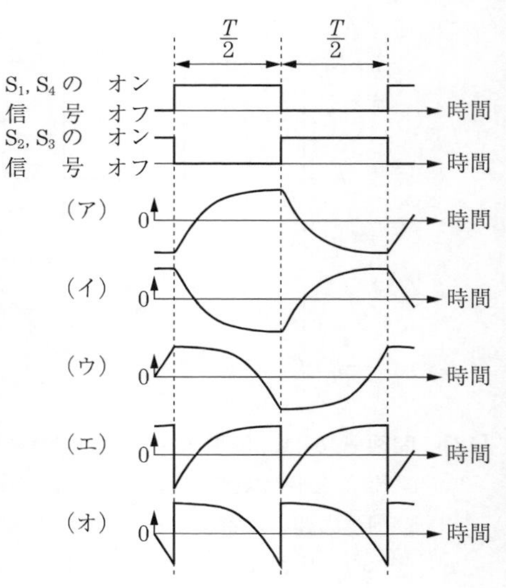

問図 8.6

（5）　インダクタンスを含む負荷としては誘導電動機も駆動できる。運転中に負荷の力率が悪くなると，電流がダイオードに流れる時間が長くなる。

【14】 次の文章は，直流を交流に変換する電力変換器に関する記述である。

問図 8.7 は，直流電圧源から単相の交流負荷に電力を供給する［（ア）］の動作の概念を示したものであり，［（ア）］は四つのスイッチ S_1～S_4 から構成される。スイッチ S_1～S_4 を実現する半導体バルブデバイスは，それぞれ［（イ）］機能をもつデバイス（例えばIGBT）と，それと逆並列に接続した［（ウ）］とからなる。

この電力変換器は，出力の交流電圧と交流周波数とを変化させて運転することができる。交流電圧を変化させる方法は主に二つあり，一つは，直流電圧源の電圧 E を変化させて，交流電圧波形の［（エ）］を変化させる方法である。もう一つは，直流電圧源の電圧 E は一定にして，基本波 1 周期の間に多数のスイッチングを行い，その多数のパルス幅を変化させて全体で基本波 1 周期の電圧波形をつくり出す［（オ）］と呼ばれる方法である。

上記の記述中の空白箇所(ア)，(イ)，(ウ)，(エ)および(オ)に当てはまる組合せとして，正しいものを次の(1)～(5)のうちから一つ選べ。

［平 30 III・機械］

	（ア）	（イ）	（ウ）	（エ）	（オ）
（1）	インバータ	オンオフ制御	サイリスタ	周　期	PWM制御
（2）	整流器	オンオフ制御	ダイオード	周　期	位相制御
（3）	整流器	オン制御	サイリスタ	波高値	PWM制御
（4）	インバータ	オン制御	ダイオード	周　期	位相制御
（5）	インバータ	オンオフ制御	ダイオード	波高値	PWM制御

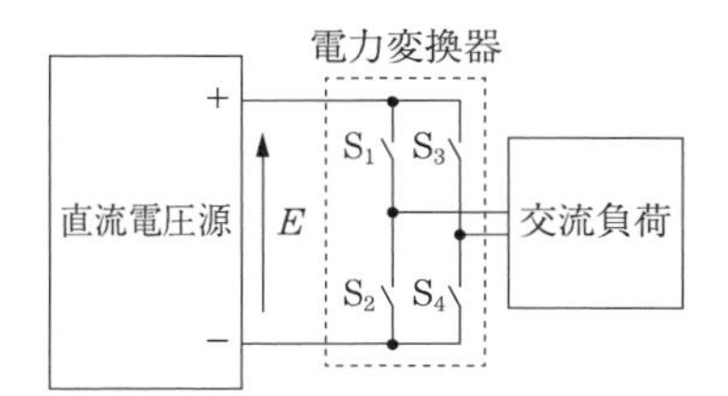

問図 8.7　直流を交流に変換する電力変換器

9

直流チョッパとサイクロコンバータ

交流電圧の大きさを変化させるのに変圧器があった。変圧器に直流電圧を印加すると短時間で鉄心が飽和し，$d\phi/dt$ による誘導電圧を発生しなくなる。巻線抵抗のみによる大電流が流れ，しかも 2 次側に電圧が発生しない。

1970 年ころより電力用半導体が実用化され，広く応用できるようになり，これらの半導体を使用した直流電圧調整が可能になった。これが本章で述べるチョッパ回路であり，直流電圧を細かく分断（chop）することにより電圧制御するものである。

サイクロコンバータは交流電圧から他の周波数，電圧を発生する直接形周波数変換器である。また，最も単純な構成である交流スイッチによる交流電力調整装置についても述べる。

9.1 直流チョッパ

9.1.1 チョッパによる電力調整

直流回路の場合には，図 **9.1** に示すように，負荷に直列に可変抵抗を入れて，これにより調整する方法が，一般的な方法として採用されてきた。例えば，電車（直流モータ）の速度制御方式などは，このよい例である。日本の電車は，明治時代に始まり直流直巻電動機との組合せによる抵抗制御方式でスタートし，長い間用いられていた。

しかしながら，この方法では，連続可変の直列抵抗を用いることにより，円滑な制御ができるが，調整用抵抗器内で無駄な電力損が発生し，制御効率がきわめて悪い。

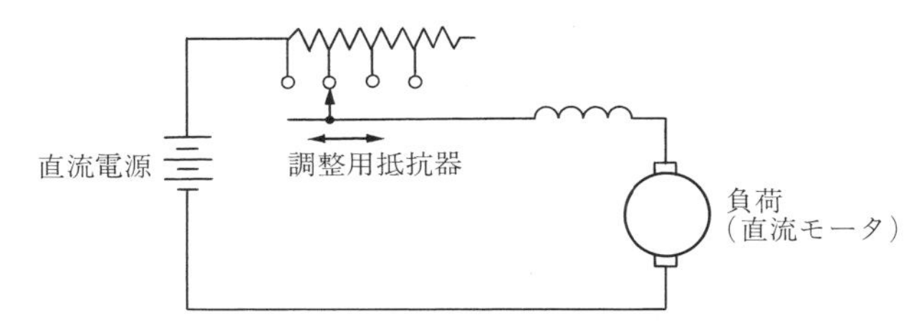

図 9.1　直流電力の調整

いま**図 9.2**(*b*)に示すように，抵抗 R に直列にスイッチ Ch を挿入し，これを高速度にオンオフし，電流の流れを調整すると，負荷に供給する平均電力を制御することができる。このような制御方法を**チョッパ制御方式**と呼んでいる。

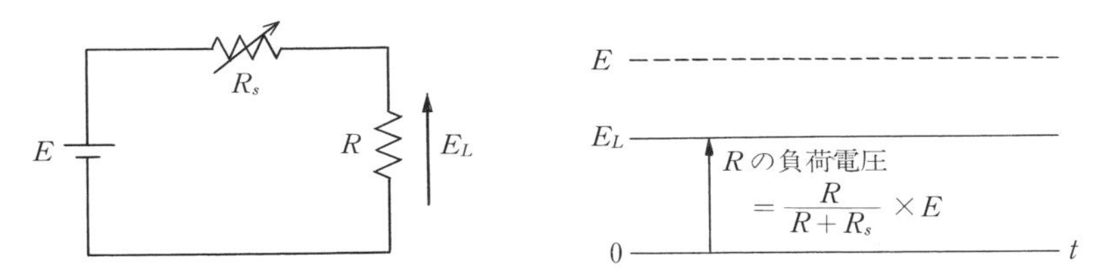

（*a*）　抵抗による電力制御

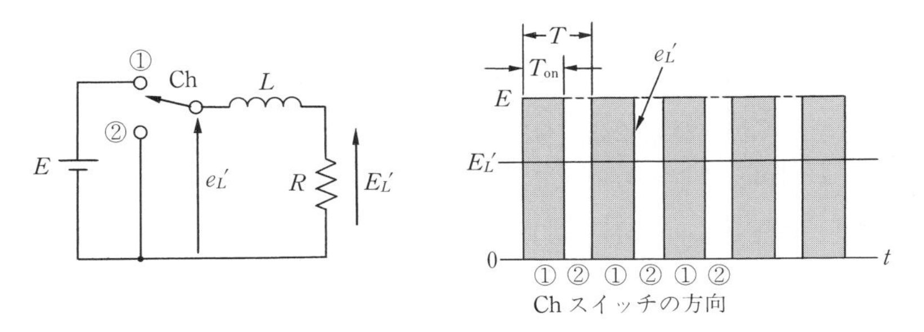

（*b*）　チョッパによる電力制御

図 9.2　抵抗制御方式とチョッパ制御方式

このように，半導体スイッチにより入力電圧を切り刻む（チョップ，chop）ことから**チョッパ**（chopper）の名がきている。

図 9.2 が，抵抗とチョッパによる電力制御の原理を示したものである。図(*a*)では，抵抗 R_s を負荷抵抗 R に直列に挿入し，R に発生する電力 W_L を

調整するものである。$E_L = \{R/(R + R_s)\}E$ となるから，ここに発生する電力は

$$W_L = \left\{\frac{R}{(R + R_s)}\right\}^2\left(\frac{E^2}{R}\right) \tag{9.1}$$

で表される。

一方，図(b)のチョッパ方式においては，図のように Ch のスイッチを①側に T_{on} 時間，次に②側にと周期 T ($T = T_{on} + T_{off}$) でスイッチングを繰り返すと，図の e_L' のような繰返しパルス波形が得られる。これを大きなリアクトル L（平滑リアクトル）を通して平滑すると，スイッチング周波数が高くなると，リアクトルは電流の交流成分に対しインピーダンス ωL は非常に大きく，直流（$\omega = 0$）に対してはインピーダンスは 0 であるから，E_L' には e_L' の直流分すなわち平均値しか現れない。したがって

$$E_L' = \frac{T_{on}}{T}E \tag{9.2}$$

ゆえに，負荷の電力 W_L' は

$$W_L' = \left(\frac{T_{on}}{T}\right)^2\left(\frac{E^2}{R}\right) \tag{9.3}$$

となる。図(a)の回路における効率は $\eta = R/(R + R_s)$ で，低電圧に制御したい場合，効率がきわめて低くなる。これに対して，図(b)のチョッパ方式はスイッチを理想スイッチとすれば電力ロスがないため，理論効率は 100 %となる。実際の場合でも 90 %以上の効率を得るのは容易で，大容量チョッパでは 95〜98 %程度の効率が得られている。

1970 年代から鉄道分野において，従来の抵抗制御方式に代わって地下鉄車両などを中心に，チョッパ方式が相当使われるようになっていった（コーヒーブレイク（チョッパ電車）参照）。

式(9.1)と式(9.3)を比べると，$\eta = R/(R + R_s)$ の代わりに T_{on}/T を制御しても同一の電力制御ができることがわかる。すなわち図(b)の回路において，R_s の代わりに $T_{on} = \{R/(R + R_s)\}T$ となるようにスイッチを制御すれば，同一の制御が連続的にできることがわかる。平滑リアクトル L を小さく

するには，スイッチング周波数（$f=1/T$）を高める必要があり，実際にはパワー半導体で実現されている。

$T_{on}/T=\alpha$ を**通流率**（conduction ratio）あるいは**デューティファクタ**（duty factor）といい，通流率 α を変えることにより，負荷に加わる電圧，電力を自由に変えることができる。このチョッパは $T_{on} \leqq T$ であり，必ず $0 \leqq E_L' \leqq E$ であるので**降圧チョッパ**（step-down chopper）と呼ばれている。

9.1.2 降圧チョッパ

前項で述べたように，降圧チョッパは電源電圧より電圧を下げる働きをする。**図 *9.2*(*b*)**ではスイッチで示したがパワー半導体で示すと**図 *9.3*** のようになる。

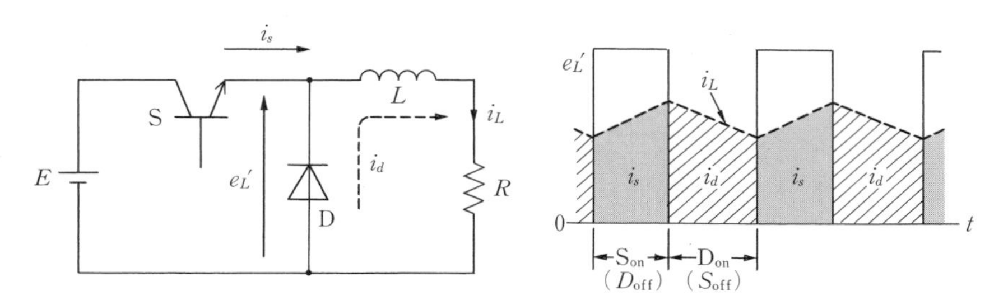

図 *9.3* 降圧チョッパ

この回路ではスイッチング素子Sをトランジスタで示してあるが，インバータの章でも述べたようにIGBT，GTO，MOSFETなどの素子も使用できることはいうまでもない。

Sがオンすると $e_L'=E$ となるので，ダイオードDは導通せず，しかもリアクトル L に電流 i_L が流れていたとすれば，図の i_s のような経路で $i_s=i_L$ なる電流が流れる。このとき $L=\infty$ でなければ，負荷抵抗との時定数 L/R で電流は増加する。Sがオフ状態になると，L を流れる電流は急には0になれないので，Dが導通し図の i_d のような経路で電流が流れる。***7.1.3*** 項でも説明したように，この動作を環流動作と呼び，このダイオードDは環流ダイオード（freewheeling diode）と呼ばれる。このとき $i_d = i_L$ となる。この回路は，RL 回路を短絡した回路と等価になり，電流はこの時定数でSがオンになるまで減衰する。L が小さい場合やスイッチング周波数が低いと，負荷電流 i_L にそれなりの大きなリプル電流が生じる。このように L はリプルを小さくし平滑化する役目があることから，***7.1.2*** 項でも説明したとおり平滑リアクトルと呼ばれている。

このようにリプル電圧を生じても，負荷抵抗の直流平均電圧は L の直流電圧分が0であるため，式(*9.2*)に従う。

9.1.3 昇圧チョッパ

電圧を下げるのが降圧チョッパであるが，逆に電圧を上げる**昇圧チョッパ**（step-up chopper）がある。**図 *9.4*** は昇圧チョッパの回路とその波形を示している。

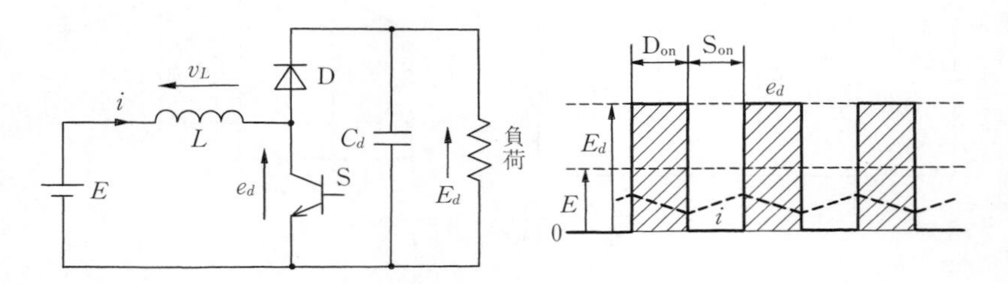

図 *9.4* 昇圧チョッパ回路

図 *9.4* の回路で，スイッチSがオンの状態で，L には E の電圧が印加され，$E \Rightarrow L \Rightarrow$ Sの経路で電流が流れ，L の電流は増加するので L には電磁エネルギー $1/2Li^2$ が増加する。Dは，このとき出力のコンデンサ C_d の電荷がSを通じて放電するのを防ぐ放電阻止用ダイオードである。

スイッチSがオフのときには，L には逆起電力が発生し，蓄えられたエネルギーが放出され，$E \Rightarrow L \Rightarrow$ D $\Rightarrow$ 負荷の経路で電流が流れる。このとき出力 E_d は，電源電圧 E にリアクトル放電電圧が加算されて印加されるため，$E_d > E$ となり，入力電圧より出力電圧は昇圧する。

ここでリアクトル L の働きについて，**7.1.2** 項でも述べたが，再び考えてみよう。**図 9.5** はリアクトル電圧 v_L の波形である。リアクトルの性質よりオン時に加わる電圧 E とオフ時に加わる電圧 $E_d - E$ の波形は面積（A と A'）が等しくなる。つまり，交流電圧 v_L の時間平均値が 0 でなければならない。以上のことから，**図 9.5** より次の関係が求まる。

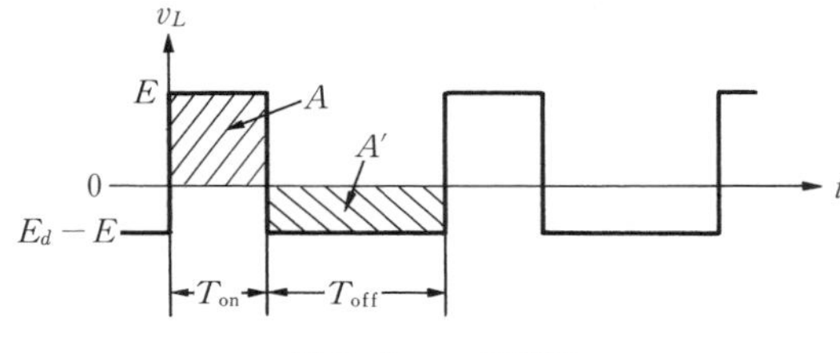

図 9.5　v_L の波形

$$E \cdot T_{on} = (E_d - E) \cdot T_{off}$$

$$E \cdot (T_{on} + T_{off}) = E_d \cdot T_{off}$$

よって

$$E_d = \frac{T_{on} + T_{off}}{T_{off}} E = \frac{T}{T - T_{on}} E = \frac{1}{1 - \alpha} E$$

あるいは $(1 - \alpha) E_d = E$ となる。

ここで，**図 9.3** と**図 9.4** は逆の関係で，$1/(1 - \alpha) \to \alpha$ にするだけで同一の式が得られることがわかる。

これらを一緒にした回路を**図 9.6** に示す。この回路は，電力回生も可能である。すなわち，負荷から見れば昇圧チョッパになるからである。

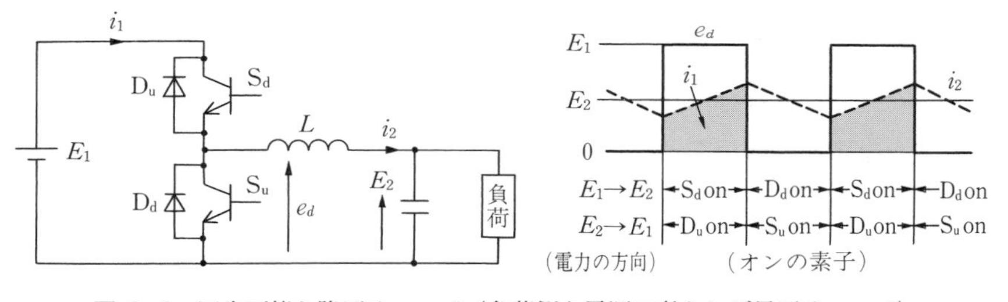

図 9.6　回生可能な降圧チョッパ（負荷側を電源に考えれば昇圧チョッパ）

以上より，降圧チョッパの電圧・電流関係は，デューティファクタをαとすれば

$$E_1 = \frac{1}{\alpha} \times (E_2\text{の平均値}),\ (I_1\text{の平均値}) = \alpha \times (I_2\text{の平均値})$$

となる。この式は，まさに交流における変圧器（巻数比　1：α）と同様な関係である。このようなチョッパは**直流変圧器**と呼ばれている。

図 *9.7* は直流変圧器の模式図を示したものである。これが一般の交流変圧器と異なるところは，電源の極性が一方向の直流であること，巻数比が可変であることであるが，**図 *9.6*** の回路では $0 \leqq \alpha \leqq 1$ で固定である。

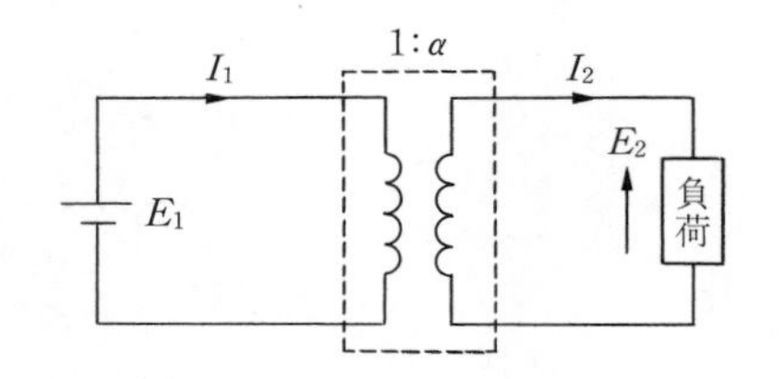

図 *9.7*　直流変圧器の等価回路（$\alpha = T_{on}/T$）

しかし，最近交流でも可能なチョッパ，巻数比が自由に調整できるチョッパ回路も出現している。

9.2　サイクロコンバータ

AC ⇒ AC 電力変換（交流電力を周波数の異なる他の交流電力に変える）方式には，間接式と直接式がある（**図 *9.8***）。間接式とは，すでに学んだ順変換器（コンバータ）と逆変換器（インバータ）とを組み合わせ，交流電力をいったん直流電力にし，それを再度，希望の周波数の交流電力に直すという操作を行うものである。これに対し，直接式は，ある周波数の交流電力を直接的に周波数の異なる他の交流電力に変換するものであり，その具体的な代表機器が**サイクロコンバータ**（cycloconverter）である。

サイクロコンバータは，***8*** 章の強制転流形インバータを用いた間接形変換方式に比べ，次のような特徴をもっている。

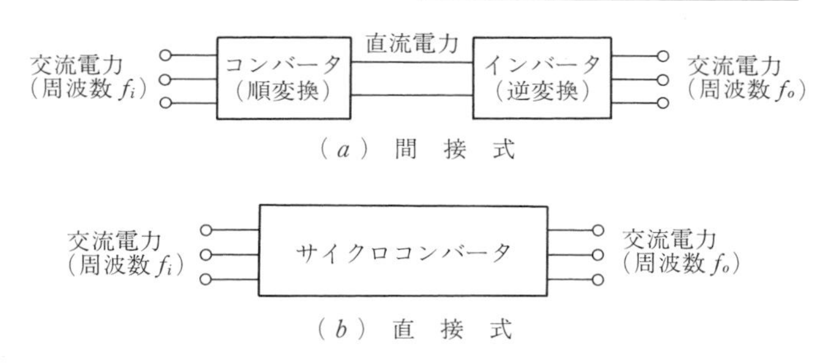

図 9.8　AC → AC 電力変換の方法（静止形周波数変換方式）

① 電源電圧によって転流を行わせる（自然転流）ので，強制転流形インバータのような転流失敗による永久短絡がなく，運転の安定性が高く，大容量器をつくりやすい。

② 直流が中間に介在しないので（直接変換），機器構成が単純になり，装置の総合効率が高い。

③ 負荷側から電源側への電力変換もそのままできるので，負荷力率に影響されない安定な運転が可能である（エネルギーの流れは両方向性）。

④ 方形波出力インバータと異なり，正弦波出力を得やすい。

などの利点があるが，次のような欠点，制約もある。

⑤ 電源波形を組み合わせて出力波形をつくるので，一般的には，出力周波数は電源周波数の 1/2～1/3 以下が適切である。

⑥ 電源周波数および出力周波数の両方に関係した高調波電流が電源側に流れるので，その対策が必要である。

このようなサイクロコンバータが，日本では磁気浮上式鉄道（リニアモータカー）電源として，1977 年宮崎実験線にて 10 MVA 級のサイクロコンバータが製作，運転された。近年一般工業用として数千 kW 級の鉄鋼圧延用交流モータの可変速駆動用などに使われ始めている。

サイクロコンバータ回路の基本構成は**図 9.9** である。正と負のそれぞれの半サイクルを出すための 2 組の変換回路（正群コンバータ，負群コンバータ）からなり，その機能としては，おのおののコンバータのもつ電源に対する整流

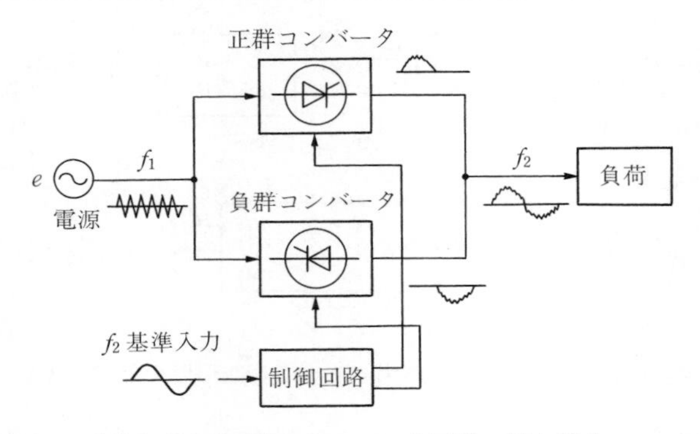

図 **9.9**　サイクロコンバータ回路の基本構成

の役割と，二つのコンバータが交互に負荷に対して正負の出力を与えることによるインバータの働きの両者を兼ね備えたものとみることができる。

まず，最も簡単なサイクロコンバータとして定比式（f_1/f_2 = 一定）で，周波数を半減する（1/2 分周）単相サイクロコンバータについて，その動作原理を示すと**図 9.10** となる。はじめに，正群出力を与えるサイリスタ T_{p1} および T_{p2} をそれぞれ電源の各半サイクル期間ずつオンとし，次に負群出力を与えるサイリスタ T_{n1} および T_{n2} を，同様に各半サイクル期間ずつオン状態とすることにより，同図(4)に斜線で示したような $f_2 = f_1/2$ の分周された出力を得ることができる。

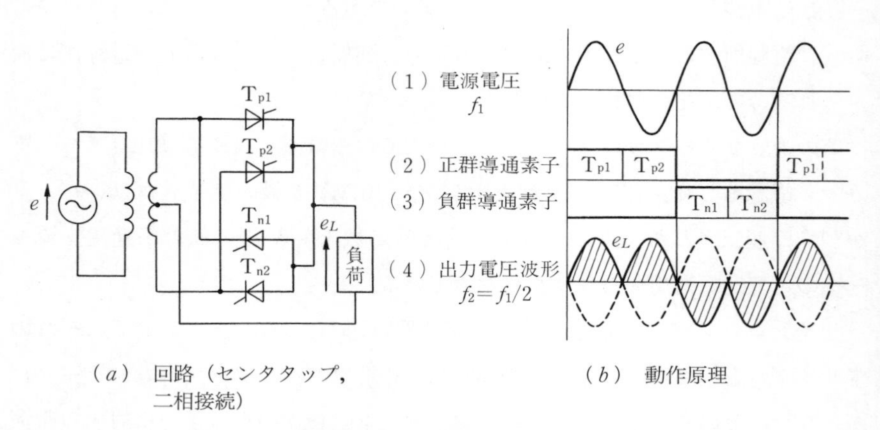

（a）回路（センタタップ，二相接続）　　（b）動作原理

図 **9.10**　定比式単相サイクロコンバータ（1/2 分周）

しかし，この出力波形は単に周波数を 1/2 にしたという程度で良好な波形ではない。実際的には制御角 α を変化させ，**図 9.11** に示すような正弦波に近い形となる。**7** 章でもしばしば出てきたとおり，サイリスタ整流回路は直流電圧を，制御角 α により $E_{d0}\cos\alpha$ に制御できる。この α を制御すれば正弦波状の電圧が可能である。このようにサイクロコンバータは，低周波正弦波を発生させるよう瞬時的に制御し，正弦波を得る方法である。

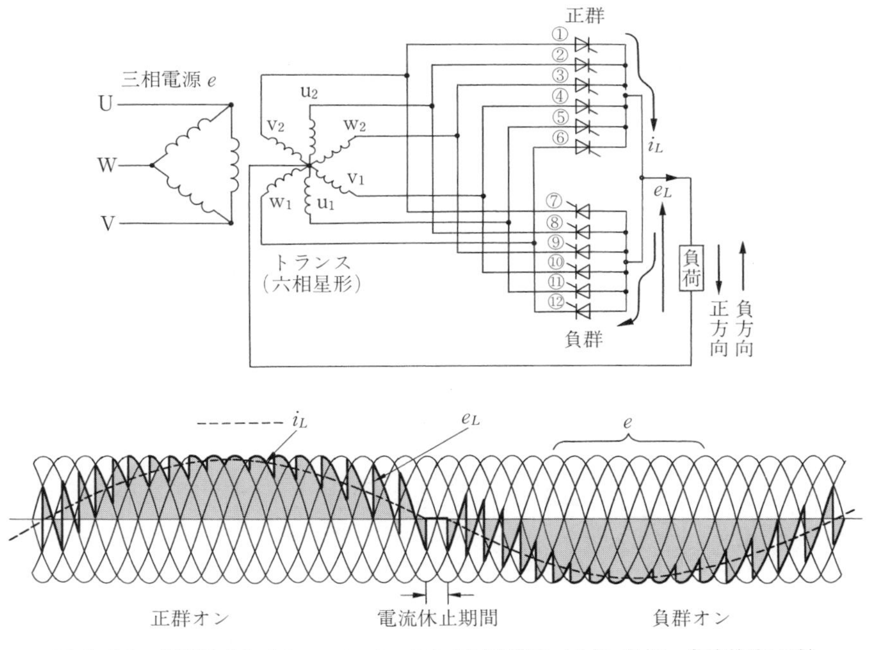

図 9.11 非循環式サイクロコンバータの主回路構成（6 相-単相 半波整流回路）

図 9.11 はサイリスタを用いたサイクロコンバータの一例で，三相電源を六相に分かれた交流にし，時間とともに，スイッチ ① ～ ⑫ の入り切り（オンオフ）を制御角 α で順序よく行うと，太線で示す波形が得られ，等価的には点線で示された波形と同じになる。つまり低い周波数に変換されたことになる。この場合，負荷側に下向き（正方向）の電流を流すときは ① ～ ⑥ のスイッチ（正群）を，上向き（負方向）の電流を流すときは ⑦ ～ ⑫ のスイッチ

（負群）と分けてオンオフを行い，入力と異なる周波数電源を得る。また，正群より負群サイリスタに電流を切り換える非循環式サイクロコンバータであるため，正と負の間において，図で示す電流休止期間をつくる必要がある。

9.3　交流スイッチと交流電力調整装置

電源電圧の変動や負荷の変化によって，変圧器の2次電圧に生じる変動を補償して2次電圧を一定に保つためには，変圧器の巻数比を変えてやればよい。電気炉用変圧器の場合のように，負荷の状況に応じて電圧を変えたい場合も同様である。このような場合には，**図 *9.12*** に示すように巻線の途中から数個の口出線（タップ）を設けて，つなぎ換えればよい。この切換えに，サイリスタをはじめとするパワーデバイスが用いられている。このように単なる交流電力の開閉のために用いる場合には**交流スイッチ**（a.c. switch）と呼ばれる。一方，交流電力の調整に用いる場合には**交流電力調整装置**（a.c. power controller）と呼ばれている。

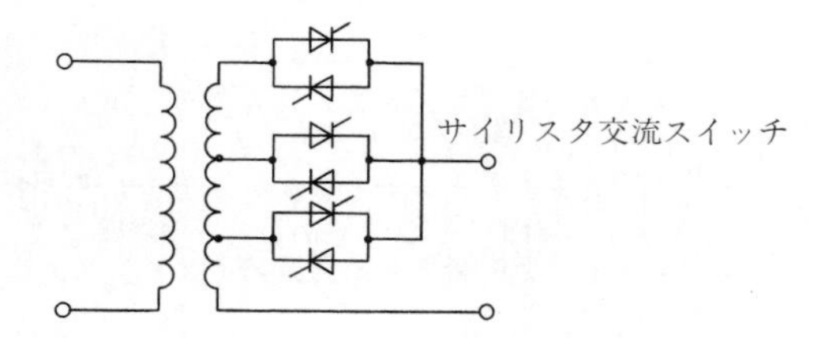

図 *9.12*　タップ付き変圧器

電力系統では無効電力†の変動によって，負荷端に電圧変動が生じる。それを抑制するには無効電力を補償することが必要となる。従来からの技術では，分路リアクトル，電力用コンデンサ，同期調相機などがあった。

表 *9.1* は最近のパワーエレクトロニクス技術を応用し，従来の L，C によ

† 無効電力：電力といえば有効電力（P：単位 W（ワット））を指すが，無効電力（Q：単位 VAR（バール））も電圧変動に関係し重要な事柄である。有効電力 P が皮相電力（V と I の積）と $\cos\theta$ の積に対し，無効電力 Q は皮相電力と $\sin\theta$ の積である。単位 VAR は，Volt-Ampere Reactive からきている。有効電力の単位 W は，周知のとおり蒸気機関をつくった James Watt からきている。

表 *9.1* パワーエレクトロニクスによる無効電力補償装置の分類

SVC	TCR…リアクトル電流をサイリスタ交流電力調整装置で制御 TSC…コンデンサをサイリスタスイッチで開閉
SVG	インバータ（コンバータ）で制御

る無効電力制御に代わるものを実現した装置である。

ここでは，PWM インバータにより任意の大きさの電圧を発生させる **SVG**（static var generator）方式には触れず，サイリスタを用いた **SVC**（static var compensator）の二つの方式について説明する。SVG については ***10.3.1*** 項で説明しているので参照されたい。

〔***1***〕 **TCR**（thyristor controlled reactor）　基本接続を**図 *9.13***(*a*)に示す。サイリスタの位相制御により図(*b*)に示すようにリアクトルの電流を変化させて，遅れの無効電力を連続的に制御する。制御角は，位相制御しないときの電流位相角（90°）を基準とした電流遅れ角で表すことが多い。TCR だけでは，遅れだけしか制御できないので並列に進相コンデンサを接続し，進み側の制御が行えるようにする。TCR の電流はひずんでいるので高調波を発生する。進相コンデンサの一部は交流フィルタとして高調波を抑制する。実際の装置例は図(*c*)である。

〔***2***〕 **TSC**（thyristor switched capacitor）　基本接続を**図 *9.14***(*a*)に示す。サイリスタとダイオードを逆並列にした回路により図(*b*)に示すようにコンデンサをオンオフさせて，進み無効電力補償を行う。オフ時にはダイオードによりコンデンサは電源電圧のピーク値に充電されており，電源電圧のピークでサイリスタをオンすることにより，過大な突入電流を防止する。このため，1 サイクル以上の応答速度でステップ状の制御しかできない。

TCR と組み合わせて複数の TSC を設置し，TCR の制御範囲を拡大する方式もある。TSC は高調波を発生せず，単独で進み補償のできる利点があるが，連続的な制御ができない。応答速度で不利である。サイリスタには電源電圧のピーク値の 2 倍の電圧が加わるなどの欠点もあり，国内では小容量の装置に限定されている。このため電力用では SVC といえば，大部分が TCR である。

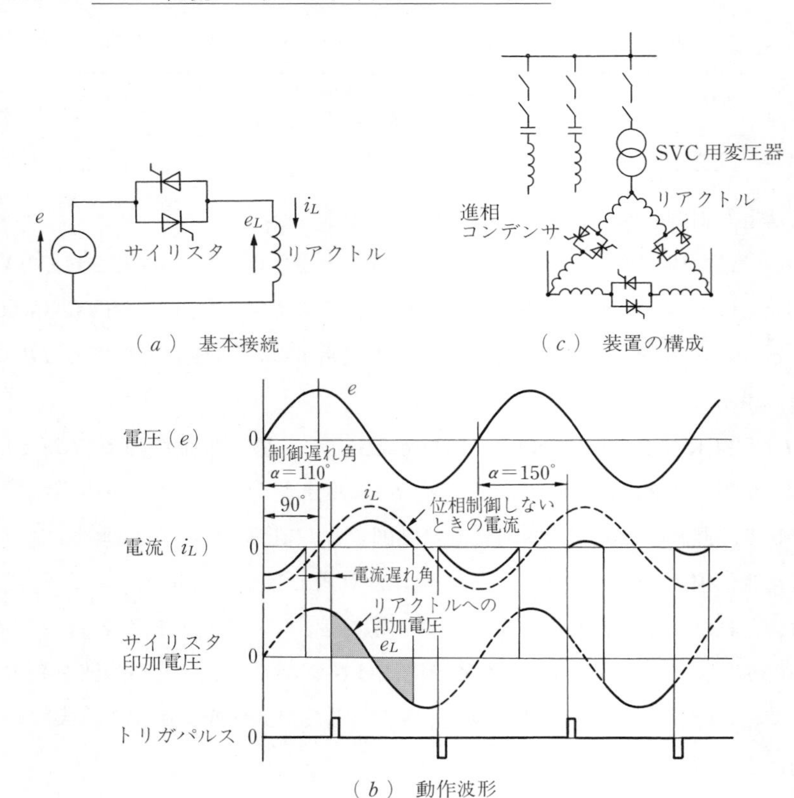

（b）動作波形

図 **9.13**　TCR

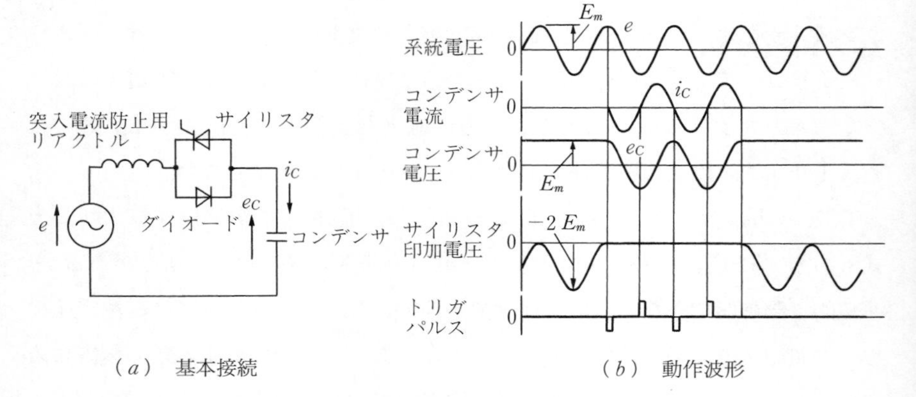

（b）動作波形

図 **9.14**　TSC

コーヒーブレイク

チョッパ電車

日本の電車は，明治時代からずっと直流直巻電動機との組合せで抵抗制御方式が用いられていた。しかしながら，この熱エネルギーを無駄に消費する抵抗制御に代わって1970年代から，現在のインバータ制御による誘導電動機運転に移る約20年間，チョッパ電車は爆発的に普及した（図 ***9.15***）。とりわけ東京での地下鉄では，トンネル内の温度上昇を防ぐため大容量のエアコンを必要としていたが，その発熱対策にとっても，チョッパ車は有効であった（図 ***9.16***）。

現在では，地下鉄においてインバータ電車にその役割を移行しつつあるなか，電気自動車用モータとして，その技術が生かされようとしている。

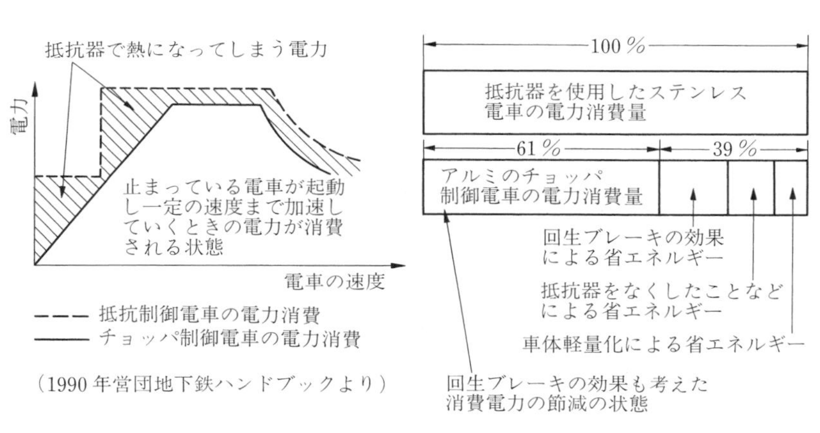

図 ***9.15*** 電力消費の比較

図 ***9.16*** 地下鉄車両（回生ブレーキ付き電機子チョッパ車，千代田線6000系，撮影2000年）

演　習　問　題

【1】 周波数変換に，一般に回転形の M-G 方式よりも半導体を用いた静止形を用いようとするのはなぜか（問図 9.1）。

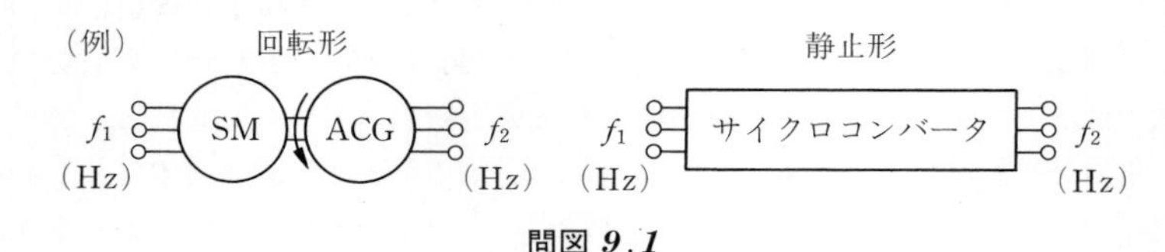

問図 9.1

【2】 次の文章は，周波数変換方式に関する記述である。文中の［　　］に当てはまる語句または数値を解答群の中から選び，記入せよ。

半導体バルブデバイスを用いた交流電力の周波数変換方式には，間接形と直接形がある。間接形は，入力電源の交流電力を一度直流電力に［（1）］変換し，この電力をインバータにより入力電源と異なる周波数の交流電力に変換する方式である。低い周波数から高い周波数まで［（2）］的に制御できる。

直接形はサイクロコンバータと呼ばれ，各相ごとに二組のサイリスタ整流器を［（3）］に接続し，これを制御することにより，入力電源の交流電力を周波数の異なる交流電力に直接変換する方式である。変換［（4）］は優れているが，出力周波数が高くなるにつれて出力波形が正弦波からずれてくるので，実用的には出力周波数の上限は入力周波数の［（5）］程度である。

［平 11 II・1 次　機械］

［解答群］
（イ）相対　（ロ）直列　（ハ）効率　（ニ）交番　（ホ）1/5　（ヘ）逆並列　（ト）連続　（チ）並列　（リ）逆　（ヌ）1/10　（ル）段階
（ヲ）順　（ワ）比率　（カ）周波数　（ヨ）1/3

【3】 次の文章は，交流電力の変換方法についての記述である。次の［　　］の中に当てはまる語句を解答群の中から選び，記入せよ。

交流電力を異なる周波数の交流電力に変換することを［（1）］というが，サイリスタを用いた静止型変換方式には直接式と間接式がある。直接式は，一般に［（2）］と呼ばれている。この方式はサイリスタの数も多く，ゲート回路も複雑であるが，エネルギーの流れは［（3）］であること，転流は［（4）］であることなどの特長がある。間接式は，交流電力を整流し，いったん直流に変換した後，［（5）］で負荷の要求する交流電力に変換する方式である。

［平 8 II・1 次　機械］

［解答群］

(イ)周波数調整　(ロ)順変換装置　(ハ)一方向性　(ニ)インパルス転流　(ホ)インバータ　(ヘ)周波数変換　(ト)コンバータ　(チ)位相制御装置　(リ)双方向性　(ヌ)強制転流　(ル)逆方向性　(ヲ)自然転流　(ワ)周波数変調　(カ)チョッパ　(ヨ)サイクロコンバータ

【4】 問図 *9.2* の回路において，S のスイッチング周期 T が 1/1 000 s で，$T_{on} = T/3$ のとき，以下について求めよ。ただし，$E_b = 100$ V，$L = 50$ mH，$R = 10$ Ω とする。

(1)負荷の平均電圧 E_d　(2)負荷の平均電流 I_d　(3) i_b の平均値 I_b
(4) i_{DF} の平均値 I_{Df}　(5)入力 P_i　(6)負荷の消費電力 P_R

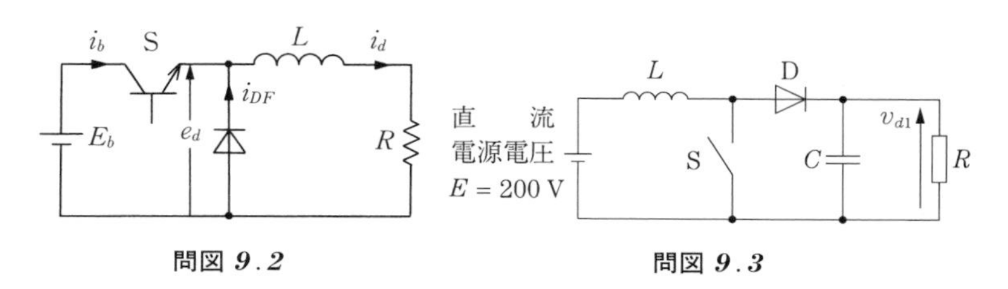

問図 *9.2*　　問図 *9.3*

【5】 問図 *9.3*，問図 *9.4* は，2 種類の直流チョッパを示している。いずれの回路もスイッチ S，ダイオード D，リアクトル L，コンデンサ C（問図 *9.3* のみに使用されている）を用いて，直流電源電圧 $E = 200$ V を変換し，負荷抵抗 R の電圧 v_{d1}，v_{d2} を制御するためのものである。これらの回路で，直流電源電圧は $E = 200$ V 一定とする。また，負荷抵抗 R の抵抗値とリアクトル L のインダクタンスまたはコンデンサ C の静電容量の値とで決まる時定数が，スイッチ S の動作周期に対して十分に大きいものとする。各回路のスイッチ S の通流率を 0.7 とした場合，負荷抵抗 R の電圧 v_{d1}，v_{d2} の平均値 V_{d1}，V_{d2} の値〔V〕の組合せとして，最も近いものを次の(1)～(5)のうちから一つ選べ。

［平 28 III・機械］

	V_{d1}	V_{d2}
(1)	667	140
(2)	467	60
(3)	667	86
(4)	467	140
(5)	286	60

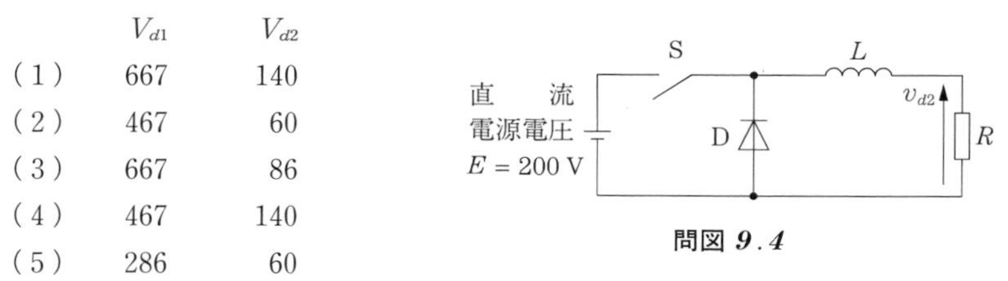

問図 *9.4*

【6】 直流電源 100 V から 20 V の電源を得たい。チョッパを含めて，どんな方式があるか答えよ。

【7】 六相の電源から三相の低周波を得る場合，サイクロコンバータのサイリスタの素子数は最低いくつか。

【8】 電力系統では無効電力の変動によって，負荷端に電圧変動が生じる。その一例として，次の**フェランチ現象**を考える。

長距離高圧送電線が無負荷の場合は対地静電容量のため進み電流が流れ，受電端電圧（E_r）が送電端電圧（E_s）より高くなることがある（**問図 9.5**）。この現象をフェランチ現象（効果）という。

この現象についてベクトル図を用いて説明せよ。

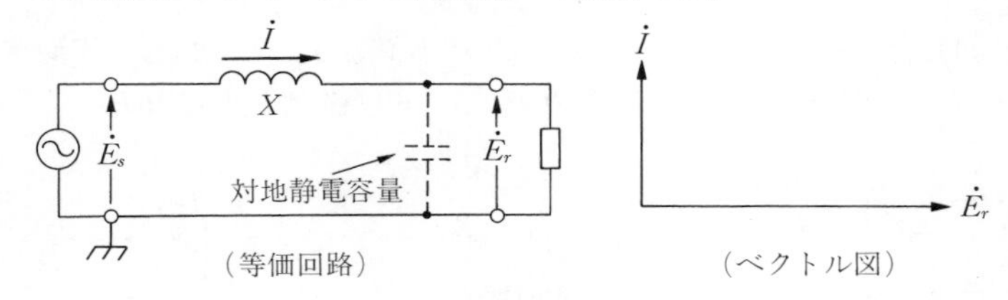

問図 9.5

【9】 **問図 9.6** に示す降圧チョッパの回路は，電圧 E の直流電源，スイッチングする半導体バルブデバイス S，ダイオード D，リアクトル L，および抵抗 R の負荷から構成されている。また，**問図 9.7** には，**問図 9.6** の回路に示すダイオード D の電圧 v_D と負荷の電流 i_R の波形を示す。次の(a)および(b)の問いに答えよ。　　［平 30 Ⅲ・機械］

（a） 降圧チョッパの回路動作に関し，**問図 9.8**～**問図 9.10** に，実線で示した回路に流れる電流のループと方向を示した三つの電流経路を考える。**問図 9.7** の時刻 t_1 および時刻 t_2 において，それぞれどの電流経路となるか。正しい組合せを次の(1)～(5)のうちから一つ選べ。

	時刻 t_1	時刻 t_2
(1)	電流経路（A）	電流経路（B）
(2)	電流経路（A）	電流経路（C）
(3)	電流経路（B）	電流経路（A）
(4)	電流経路（B）	電流経路（C）
(5)	電流経路（C）	電流経路（B）

（b） 電圧 E が 100 V，降圧チョッパの通流率が 50 %，負荷抵抗 R が 2 Ω とする。デバイス S は周期 T の高周波でスイッチングし，リアクトル L の平滑作用により，**問図 9.7** に示す電流 i_R のリプル成分は十分小さ

いとする。電流 i_R の平均値 I_R〔A〕として，最も近いものを次の(1)～(5)のうちから一つ選べ。

(1)　17.7　(2)　25.0　(3)　35.4　(4)　50.1　(5)　70.7

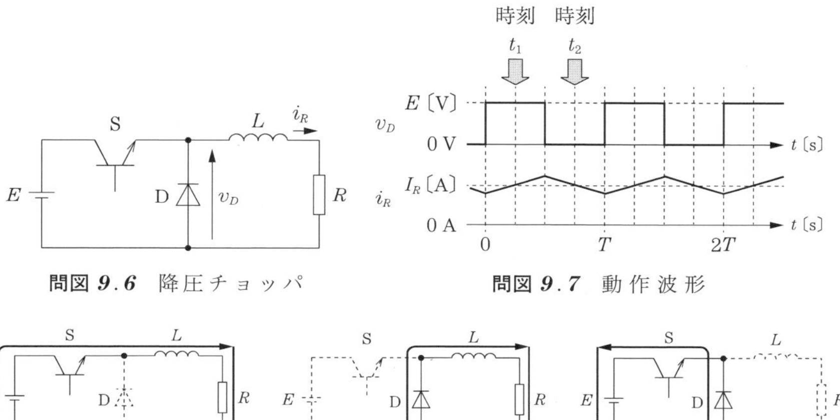

問図 9.6　降圧チョッパ

問図 9.7　動 作 波 形

問図 9.8　電流経路（A）

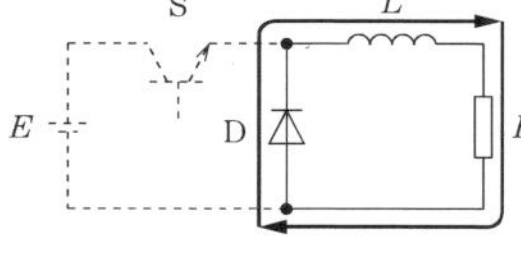

問図 9.9　電流経路（B）

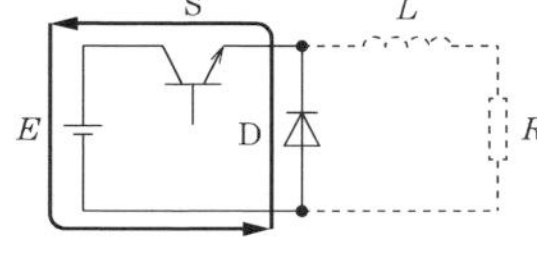

問図 9.10　電流経路（C）

【10】　次の文章は，電力変換器の出力電圧制御に関する記述である。

商用交流電圧を入力とし同じ周波数の交流電圧を出力とする電力変換器において，可変の交流電圧を得るには［（ア）］を変える方法が広く用いられていて，このときに使用するパワーデバイスは［（イ）］が一般的である。この電力変換器は［（ウ）］と呼ばれる。

一方，一定の直流電圧を入力とし交流電圧を出力とする電力変換器において，可変の交流電圧を得るにはパルス状の電圧にして制御する方法が広く用いられていて，このときにオンオフ制御デバイスを使用する。デバイスの種類としては，デバイスのゲート端子に電流ではなくて，電圧を与えて駆動する［（エ）］を使うことが最近では一般的である。この電力変換器はインバータと呼ばれ，基本波周波数で１サイクルの出力電圧が正または負の多数のパルス列からなって，そのパルスの［（オ）］を変えて１サイクル全体で目的の電圧波形を得る制御がPWM制御である。

上記の記述中の空白箇所(ア)，(イ)，(ウ)，(エ)および(オ)に当てはまる組合せとして，正しいものを次の(1)～(5)のうちから一つ選べ。

［平 27 III・機械］

	（ア）	（イ）	（ウ）	（エ）	（オ）
（1）	制　御　角	サイリスタ	交流電力調整装置	IGBT	幅
（2）	制　御　角	ダイオード	サイクロコンバータ	IGBT	周波数
（3）	制　御　角	サイリスタ	交流電力調整装置	GTO	幅
（4）	転流重なり角	ダイオード	交流電力調整装置	IGBT	周波数
（5）	転流重なり角	サイリスタ	サイクロコンバータ	GTO	周波数

【11】 **問図 *9.11*** に示す単相交流電力調整回路が制御遅れ角 α〔rad〕で運転しているときの動作を考える。

正弦波の交流電源電圧は v_S，負荷は純抵抗負荷または誘導性負荷であり，負荷電圧を v_L，負荷電流を i_L とする。次の(a)および(b)の問いに答えよ。

［平 29 III・機械］

（a）　**問図 *9.12*** の波形 1〜3 のうち，純抵抗負荷の場合と誘導性負荷の場合とで発生する波形の組合せとして，正しいものを次の(1)〜(5)のうちから一つ選べ。

	純抵抗負荷	誘導性負荷		純抵抗負荷	誘導性負荷
（1）	波形 1	波形 2	（2）	波形 1	波形 3
（3）	波形 2	波形 1	（4）	波形 2	波形 3
（5）	波形 3	波形 2			

（b）　交流電源電圧 v_S の実効値を V_S として，純抵抗負荷の場合の負荷電圧 v_L の実効値 V_L は，$V_L = V_S\sqrt{1-\alpha/\pi+\sin 2\alpha/(2\pi)}$ で表される。制御遅れ角を $\alpha_1 = \pi/2$〔rad〕から $\alpha_2 = \pi/4$〔rad〕に変えたときに，負荷の抵抗で消費される交流電力は何倍となるか，最も近いものを次の(1)〜(5)のうちから一つ選べ。

（1）0.550　（2）0.742　（3）1.35　（4）1.82　（5）2.00

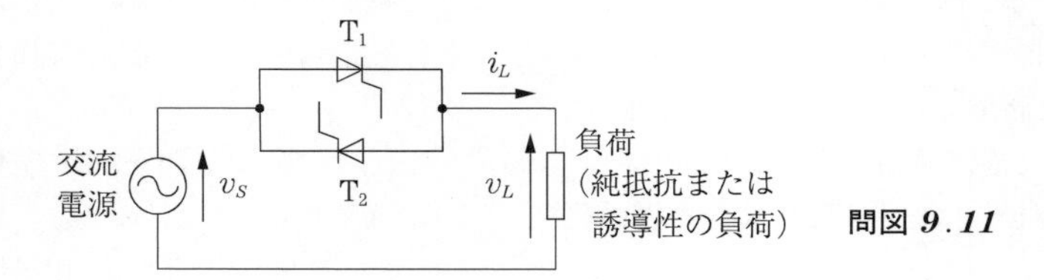

問図 *9.11*

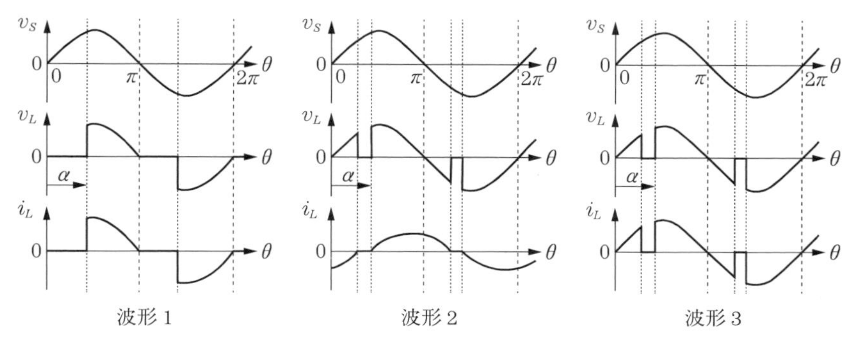

問図 9.12

【12】 問図 *9.13* のように他励直流機を直流チョッパで駆動する。電源電圧は $E=200$ V で一定とし，直流機の電機子電圧を V とする。IGBT Q_1 および Q_2 をオンオフ動作させるときのスイッチング周波数は 500 Hz であるとする。なお，本問では直流機の定常状態だけを扱うものとする。次の(a)および(b)の問いに答えよ。 ［平 26 III・機械］

(a) この直流機を電動機として駆動する場合，Q_2 をオフとし，Q_1 をオンオフ制御することで，V を調整することができる。電圧 V_1 の平均値が 150 V のとき，1 周期の中で Q_1 がオンになっている時間の値〔ms〕として，最も近いものを次の(1)～(5)のうちから一つ選べ。

(1) 0.75　(2) 1.00　(3) 1.25　(4) 1.50　(5) 1.75

(b) Q_1 をオフして Q_2 をオンオフ制御することで，電機子電流の向きを(a)の場合と反対にし，直流機に発電動作（回生制動）をさせることができる。この制御において，スイッチングの 1 周期の間で Q_2 がオンになっている時間が 0.4 ms のとき，この直流機の電機子電圧 V〔V〕として，最も近い V の値を次の(1)～(5)のうちから一つ選べ。

(1) 40　(2) 160　(3) 200　(4) 250　(5) 1 000

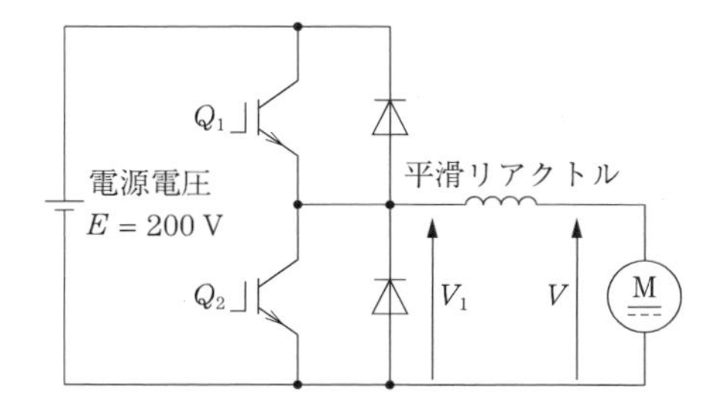

問図 9.13

10

パワーエレクトロニクスの応用技術

1.3 節において，パワーエレクトロニクスが今日の社会で，さまざまな分野で活躍している様子を紹介した。***10*** 章では，さらにその事柄について次の3項目に集約し説明する。交通・輸送，産業・家電に大いに関係するモータ制御分野，産業・電力に関係が深い電源分野と電力分野である。***9*** 章までに学んだ事柄と若干重複する部分もあるが，それについては復習も兼ねて勉強してほしい。

10.1 モータ制御分野

パワーエレクトロニクス技術が実用化される前までは，以下のようなものが使用されていた。

- 交流の周波数変換：直流モータと交流発電機の組合せ
- 交流の電圧調整：変圧器のタップ切換え，スライドトランス，可飽和リアクトル（図 ***10.1***）†，交流発電機の界磁制御
- 直流電圧調整：交流モータと直流発電機の界磁制御

そのため，制御速度が遅くまた多様性，種々の性能に劣っていた。パワーエレクトロニクス技術の実用化でこれらモータ，電源分野などに多様で高速な制御

† 図 ***10.1***(*a*)で示される特性をもつ飽和しやすい鉄心に巻かれたリアクトルは，飽和すると磁束が一定となるため $d\phi/dt$ による起電力が生じない。したがって，ほぼ短絡状態になる。このリアクトルを2個用い，さらに直流巻線 N_c を設け，電流を調整してこの直流励磁の大きさを変えることにより，交流電圧による飽和時間を調整できる。この原理を利用して交流電力を制御する方法であり，サイリスタの出現により特殊用途を除けば，ほとんど使用されなくなっていた。しかし信頼性が高いので，最近では高周波スイッチング電源の直流電圧調整にも同じ原理のものが使用されている。

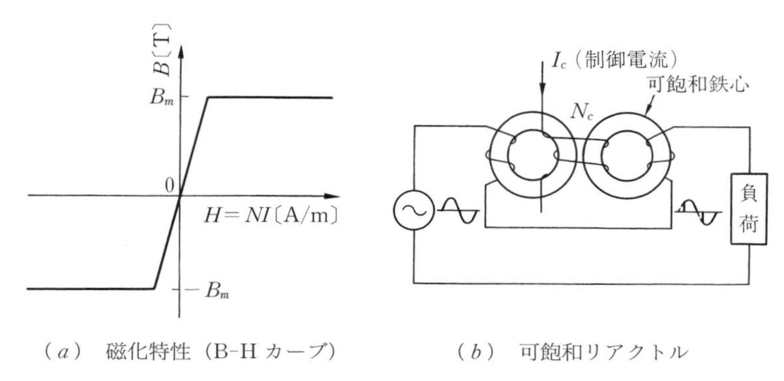

（a） 磁化特性（B-H カーブ）　　（b） 可飽和リアクトル

図 10.1 磁化特性と可飽和リアクトル

技術を与え，飛躍的に発展したことは周知のことであろう。ここでは，これらの技術が現在どのような分野に活躍しているか述べていく。

10.1.1 直流モータの制御への応用

最近パワーエレクトロニクス技術の進歩により，誘導モータがよく用いられるようになり，直流モータの使用が大容量の方面でめっきり減った。しかし制御が交流モータに比べ簡単であること，開発が容易であること，小形機においては経済的であることなどの理由でいまだに人気が高い。

図 10.2 のように，直流モータは電機子電圧制御（e）と界磁電流制御（I_f）の二つの手法があるが，ほとんど電機子電圧制御の手法が採用されている。これには直流チョッパ（**9.1** 節）による手法が最適で，1個のスイッチ

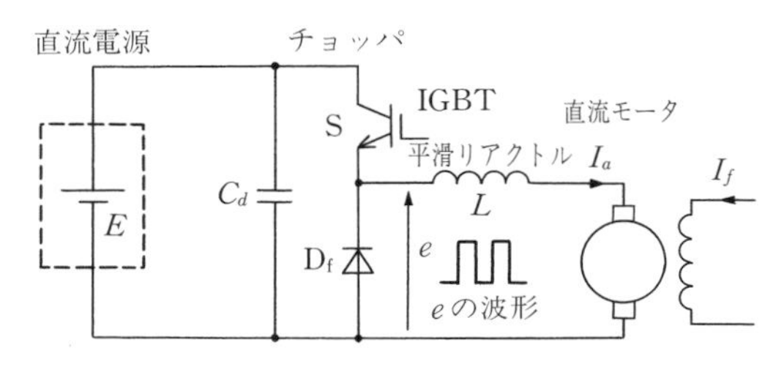

図 10.2 直流モータの制御

ング素子と1個のフリーホイーリングダイオード D_f で構成できるため，制御回路ともども主回路も安価である。

直流モータのトルク T は電機子電流を I_a，磁束を ϕ とすれば

$$T = k\phi I_a \qquad (k：定数)$$

で表されるので，スイッチング素子のオンの割合デューティファクタ（通流率）を変化させ，電圧制御することにより電流を制御するだけでトルク T が制御できる。

図 *10.3* は，その制御回路の一例である。ϕ を一定すなわち I_f 一定のもとでは，トルクは I_a に比例するため，電流制御だけでトルク制御は可能である。電圧を増減させれば I_a も増減するので，三角波キャリヤを用いてチョッパのデューティファクタを制御し，電圧制御すれば電流制御も可能になる。この制御にはフィードバックループに PI 回路（比例＋積分）† を挿入し，指令値 I_a^* と I_a を一致させるようにしている。

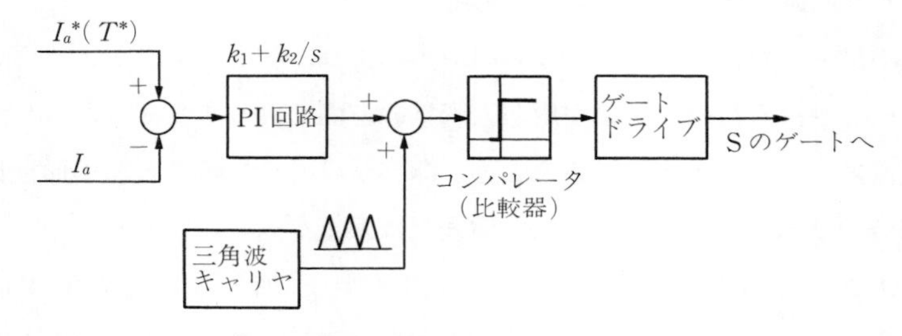

図 *10.3*　直流モータのトルク制御回路

直流モータは直流電源が容易に得られるところに使用され，おもな用途には以下のようなものがある。

・自動車内部の制御用モータ，小形簡易電気自動車（例えばゴルフカート），電動自転車，電気自動車用モータ（100 W～数十 kW）

---

† 自動制御系の指令値と出力の誤差を 0 にできれば，この系は指令値＝出力となり追従する。そのため，この誤差信号を係数器と積分器（伝達関数 k_1+k_2/s）を用いて増幅し，制御する対象に加える。ここには積分要素があるので，定常的には誤差が 0 になるが，安定性と過渡状態を改善するために係数要素を加える。
　以上を PI（proportion：比例，integral：積分）制御という。

・古いタイプの電車用モータ（JR 在来線鉄道など）† （100〜200 kW）

・簡単なロボット用サーボモータ（10〜数百 W）

しかし直流モータに用いるブラシのメンテナンスが必要で，高速回転が難しく大形となり，交流モータ化が実現されつつある現在では，将来性は期待薄である。

10.1.2 交流モータの制御への応用

いままで述べたとおり，モータドライブの分野では現在，交流モータ（誘導モータ，永久磁石同期モータ（PM モータ））が全盛時代を迎えつつある。こ

† JR 在来線あるいは地下鉄（**9** 章コーヒーブレイク，チョッパ車）など，日本では直流き電方式が一般的である（図 **10.4**）。特別高圧の電気を直流変電所で受電し，この電気をシリコン整流器によって直流 1 500 V に変換し，トロリー線，パンタグラフを経て，電車床下にある直流直巻モータを駆動する方式である。なお新幹線をはじめとする交流き電方式については，次の **10.1.3** 項で述べる。

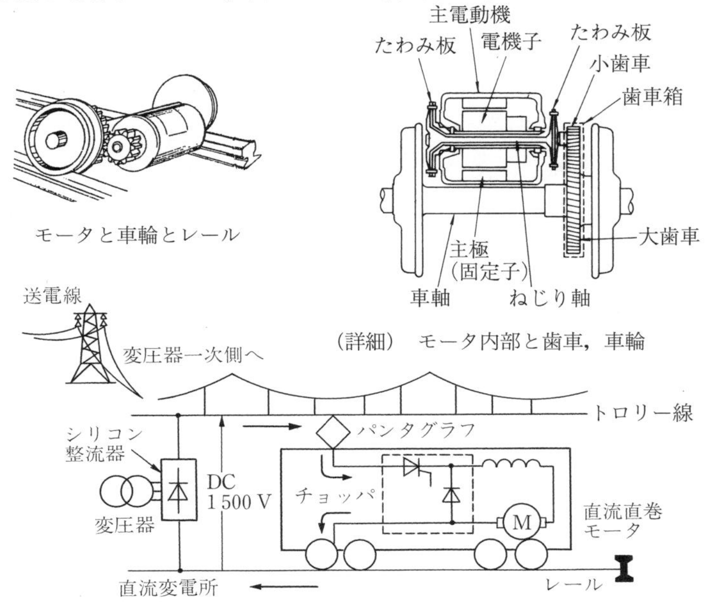

図 **10.4** 直流き電方式

れは，ブラシレス化が可能でメンテナンス，高速ドライブの面で優れているからである。

これらの交流モータはいずれも三相交流で，周波数と比例して回転する回転磁界を作り，誘導モータは短絡されたかご形巻線を有する回転子を，PM モータは永久磁石を内蔵した回転子を用いてトルクを発生させている。

もし，観測者が固定子のつくる回転磁界と同じ速度で回転して観測すれば，この回転磁界は直流モータの界磁と同じように，静止した磁界に見える。回転子のつくる磁界も固定子のつくる磁界と同一速度で回転し（そうでなければトルクは発生しない），これも同様に静止した直流起磁力に見える。これらのことからトルクは

$$T = k\phi NI \sin\theta \qquad (k：定数，NI：起磁力)$$

で表される。ただし，磁束 ϕ は回転磁界がつくる最大の値（直流モータの界磁に相当），NI は三相巻線電流がつくる起磁力ベクトルの最大値（直流モータの電機子電流で発生する起磁力に相当），θ は ϕ と NI のベクトルとの角度を示している。直流モータの場合，ϕ と I が直交しているため，$\sin\theta=1$ となっている。

磁束が一定の場合，直流モータの端子電圧 V は

$$V = k\phi n + R_a I_a \qquad (n：回転速度，R_a：電機子または一次抵抗)$$

となり，$R_a I_a$ は小さいので ϕ が一定の場合，V はほぼ回転速度 n に比例して変化しなければならない。また交流モータでは，周波数 f はほとんど回転数 n に比例するため，V/f ＝ 一定で制御される。V の小さな領域では巻線抵抗，漏れインダクタンスのため，多少大きな電圧を加えなければならない。

図 **10.5**(*a*)は誘導モータのトルク-速度特性，図(*b*)はそのときの一次電圧-速度特性である。このように交流モータを制御するには，可変電圧可変周波数（variable voltage and variable frequency：VVVF）制御が必要であり，PWM インバータ（**8.3** 節）が使用される。

電圧は図(*b*)のように V/f ＝ 一定制御されるが，トルクの大きいときの一次電圧は，一次巻線の抵抗分が影響するため多少大きな電圧を印加するためト

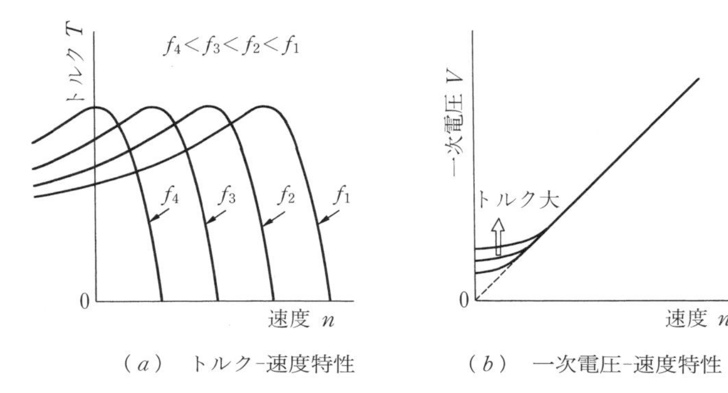

（a）　トルク-速度特性　　（b）　一次電圧-速度特性

図 10.5　VVVF インバータによる誘導機の特性

ルクに応じた電圧を必要とする。**図 10.6** がインバータで駆動される誘導モータの制御回路の例である。汎用形であまり高速制御を必要としない場合は，**図 10.5**（b）のように周波数に応じた電圧パターンが用いられる。

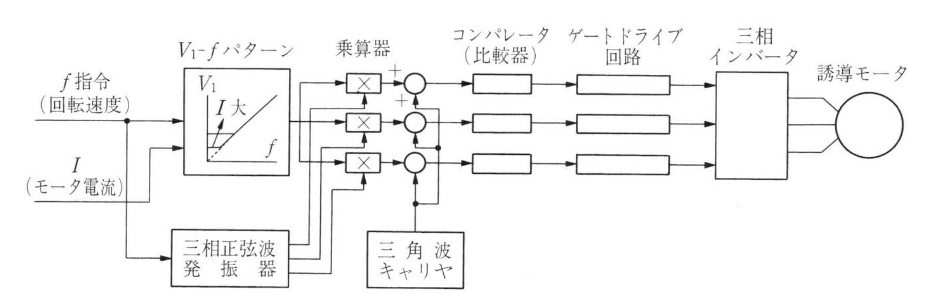

図 10.6　インバータによる誘導モータの速度制御（汎用モータ）

交流モータには三相正弦波電流が必要なため，正弦波状に電圧変調された PWM 波形が用いられる。回転数は周波数 f を制御するだけで得られるので，高速領域では磁束 ϕ が自動的に小さくなり，スムーズに運転できる。

PM（permanent magnet）モータの場合，磁石による磁束 ϕ は一定であるから，回転数にほぼ比例した端子電圧となる。したがって高速領域においては，この値がインバータの最大出力電圧を超え，運転できなくなる。しかし PM モータの場合，$\sin\theta$ の項も制御でき力率を変えることができるので，これによる電機子反作用（減磁作用）を利用し，その結果永久磁石の磁束 ϕ を弱めることにより，高速運転が可能である。

図 *10.7* は，特にトルクの高速応答が要求される場合に使用される回路である。このような高速トルク制御を必要とする場合は，直流モータで示したように，磁束 ϕ とトルクに比例する電流成分 I を直交するように制御し，$\phi=$ 一定のもとで，高速に電流ベクトル I を制御することにより実現している。これには，指令値 ϕ^*，I^*（T^*）が直流量であるため，電源周波数に応じた交流量に変換する（回転座標変換）必要がある。この手法は**ベクトル制御**（vector

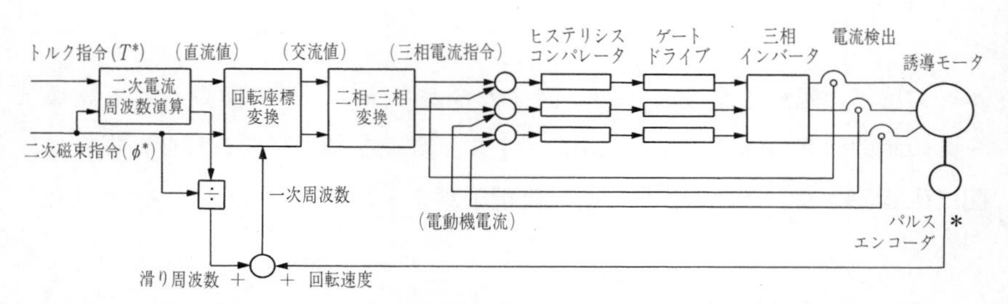

＊ パルスエンコーダ：モータの回転速度に比例する周波数のパルスを発生する回転速度センサ

図 *10.7* インバータによる誘導モータのトルク制御（サーボモータ）

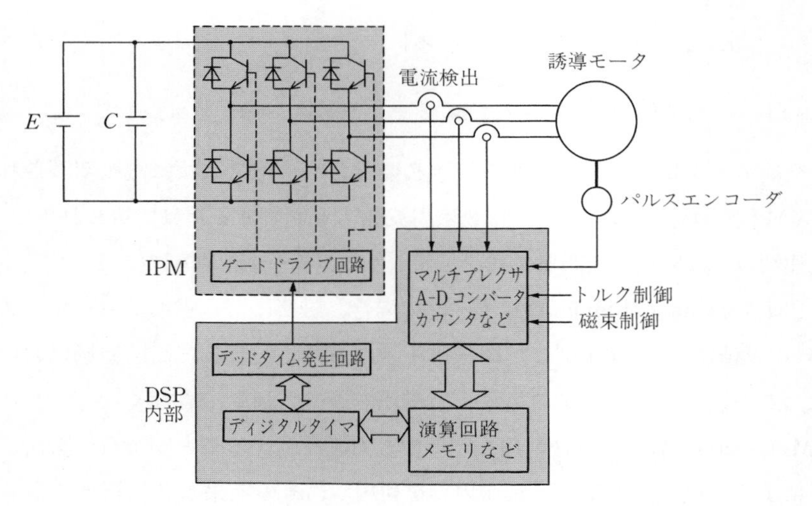

図 *10.8* DSP（マイコン）によるトルク制御

control または field oriented control）と呼ばれ，日本を中心に発展した技術である。これらには複雑な演算が必要になり，最近のマイコンの高速演算技術により初めて実用化された。

図 ***10.8*** は，この誘導モータの高速トルク制御回路の一例を示したもので，1 チップにも**高速マイコン**（digital signal processor：**DSP**）が使用されている。これらの使用により，電流センサ以外の外部回路をほとんど使用しないで実現できるようになった。最近は高度の制御理論を組み込み，回転速度センサ(パルスエンコーダ）レスの技術も実用の域に達している。

10.1.3　誘導モータのインバータドライブへの応用

誘導モータのインバータドライブ方式は，具体的には以下のような多くの用途がある。

〔*1*〕　**一般産業機器の可変速運転用**　　1 kW～1 MW 程度の一般産業動力に使用されている。インバータの使用が一番多い分野である。図 ***10.9*** は鉄鋼産業における冷間圧延工程とモータドライブに使用されたインバータ回路例を示す。この方式は以前の直流モータ方式に比べ，高速トルク制御が可能なため高速作業，製品の均一性改善に貢献した。この回路は 4.5 kV，3 kA の GTO 素子を 2 個直列接続した三相インバータ・コンバータを 2 台並列接続し，多重化した構成になっている。

直流を発生させるため，インバータと同一構成の正弦波入力電流制御形コンバータを使用している。最近では 10 MW 程度まで駆動できる技術が確立されている。

〔*2*〕　**自動車，電車用**　　これには数十 kW の電気自動車用，200 kW～1MWのインバータ駆動の電車，機関車用がある。図 ***10.10***は，新幹線駆動用の電力変換装置の主回路構成を示す。図 ***10.4*** の直流き電方式と異なり，交流 25 kV でパンタグラフを経てきた交流電圧を 2 台の PWM コンバータで直流電圧に変換し，1 台の PWM インバータで周波数 0～約 240 Hz に変換し，4 台の誘導モータを駆動するシステムである。16 両編成で 50 台前後の誘

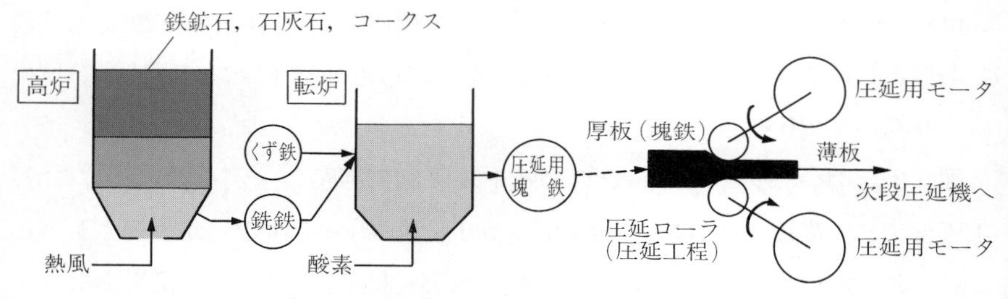

［薄板鋼板の作り方（何段かの圧延を行う）］

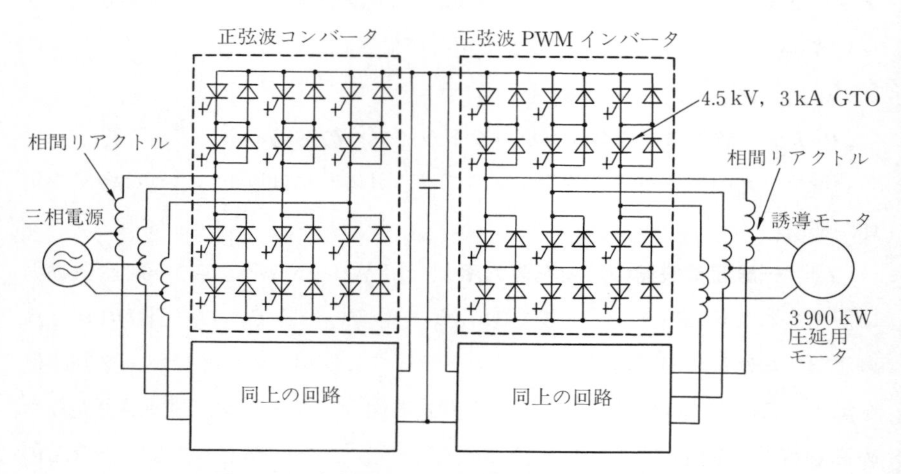

図 *10.9*　鉄鋼プラント（冷間圧延）に使用した例

導モータが搭載されている。素子には GTO，IGBT などが使われている。

〔*3*〕 **大形プラント用**　　1～10 MW の化学プラント用，LNG 用ターボ圧縮機，鉄鋼用圧延機などがある。

〔*4*〕 **可変速揚水発電所のポンプ水車ドライブ用**　　**図 *10.11*** はこのシステムの模式図であり，10～100 MW の領域で 100～400 MW の同期発電機に対して実用化されている。この同期発電機は巻線形誘導モータと同一構造のもので，電力変換器でスリップリングを通じて 2 次励磁をし，±10 %程度速度制御する。これにより±30 %程度の電力の制御が可能となる。効率もこれを用いないと 70 %程度であるが 2～3 %改善できる。**図 *10.12*** に揚水発電所の写真を示す。

向こう側700系，手前300系のぞみ新幹線（東京駅，撮影2000年）

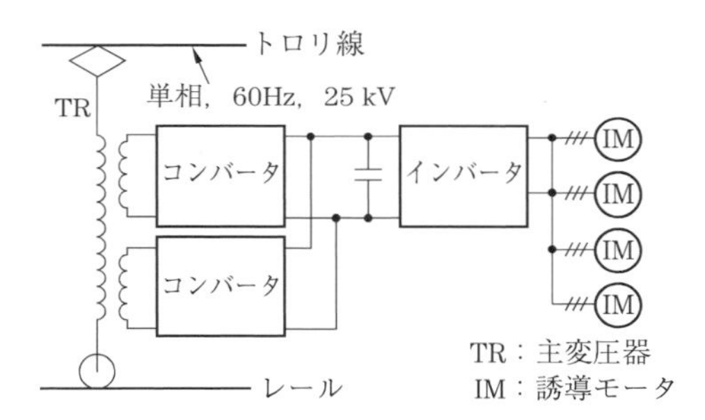

図 ***10.10***　電力変換装置の主回路構成（新幹線）

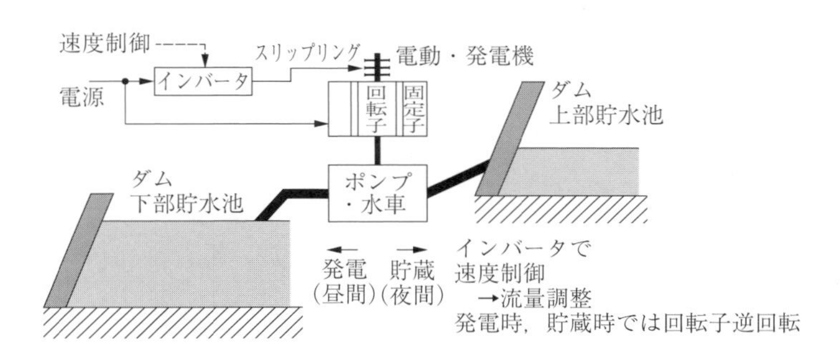

図 ***10.11***　可変速揚水発電所のシステム図

下部ダム（重力ダム）

地下発電所（発電電動機）

上部ダム（フィルダム）

図 ***10.12***　世界最大級の有効落差の東京電力葛野川発電所
（出典：東京電力 かずのがわ発電所パンフレット）

10.1.4 PMモータのインバータドライブへの応用

PMモータのインバータドライブ方式は，界磁に永久磁石（PM）を用いたモータのドライブ方式である。最近は磁石の高性能化に伴い，小形・高効率の機器が得られるようになった。

〔1〕 **家庭電化製品，OA機器用**　　小形冷却用ファンとしては，パソコン

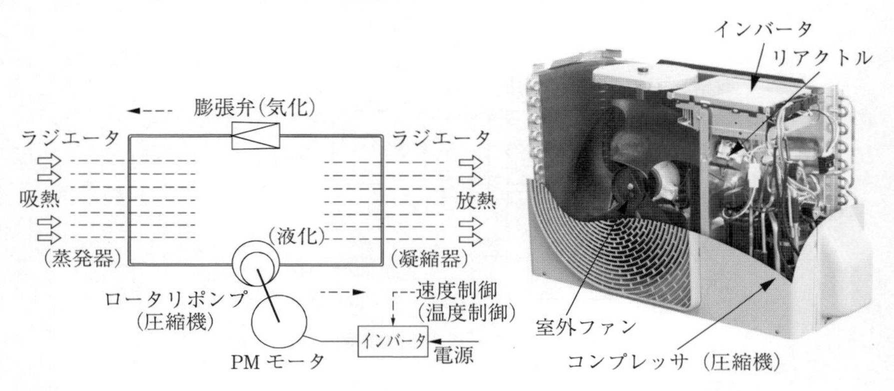

（a） ヒートポンプ式エアコンの原理図　　（b） 屋外機（外観）
（写真提供：東芝キヤリア（株））

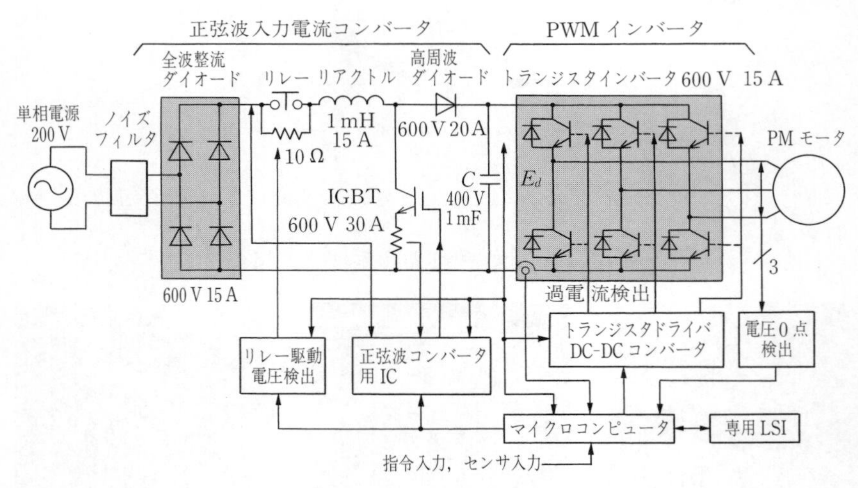

（c） インバータ回路

図 10.13　エアコン用インバータ回路

のCPU冷却用に1W程度のものが使用されている。OA機器に使用されるものは，10W程度で長寿命のものが開発されている。冷蔵庫，電気洗濯機は少し大形の数十〜数百W，インバータエアコンでは1〜数kWが使用され，効率の点からPMモータが多く使用されるようになった。

図 *10.13* は，インバータエアコンの原理とそのインバータ回路である。圧縮機のPMモータをインバータで可変速駆動することにより，効率と快適さの改善が可能となった。整流回路の入力電流は，チョッパ回路で正弦波状に制御されている。

単相電源を用いている家庭用エアコンにおいて，この回路方式が採用されている。ここに，実際使用されている素子の容量も示してあるので，各部品，素子の定格に対する余裕率なども勉強してほしい。

この回路において，電解コンデンサCの電圧が，投入時0のため大きな電流が流れ，ダイオード，コンデンサなどの破壊につながる。したがって，突入電流防止回路を設けている。初めリレーは開いており，10Ωの抵抗を介して十分にCが充電された後にオンされる。このような突入電流防止回路をはじめ，実用化に際しては種々の保護に関する配慮が必要である。

〔*2*〕 **電気自動車用**　走行時にCO_2や排出ガスを出さず，静かで環境性がよく，エネルギー効率のよい**電気自動車**（electric vehicle：**EV**）が注目されている。電気自動車はガソリン車より早く19世紀後半にすでに登場しており，当時は安価なガソリン車の登場などで存在感は薄かったが，最近になって電池の高性能化，低価格化などにより，2010年代から実用化されている。

電気自動車用に日本では**図 *10.14*** に示すような内部磁石形PMモータが，多く使用されている。このPMモータは低速時に効率がよいからであり，数十kW程度のものが多い。

〔*3*〕 **一般産業用**　100W〜100kWの分野（小容量）を中心に，誘導モータに代わりPMモータが使用されつつある。

以上のように，あらゆる領域にPMモータの使用が増加しつつある。

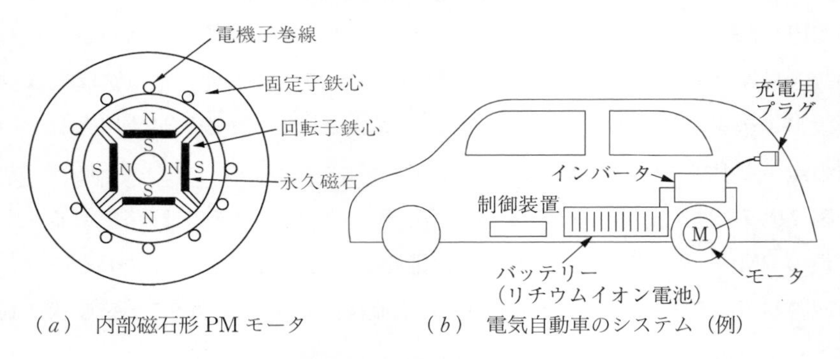

（a）　内部磁石形 PM モータ　　　（b）　電気自動車のシステム（例）

（c）　急速充電器で充電中の EV

図 **10.14**　PM モータの構造と電気自動車

10.2 電　源　分　野

10.2.1 直流電源への応用

直流電源にはダイオード整流回路（**7** 章）を使用するものが一番多い。数 kW 以下の小形電源には単相電源，それ以上のものには三相電源を整流したものが使用される。100 kW を超える電源には，それ以上の相数の電源が使用される場合がある。

図 10.15 は OA 機器，家電品，コンピュータなどの電源に使用されるスイッチング電源の主回路図である。最近は整流回路も高調波規制（**6.3** 節）の点から正弦波入力電流形のコンバータ（**7.2.3** 項参照）が使用されることが多い。しかし，小形のものや簡易形の電源には，ダイオードブリッジを用いた整流回

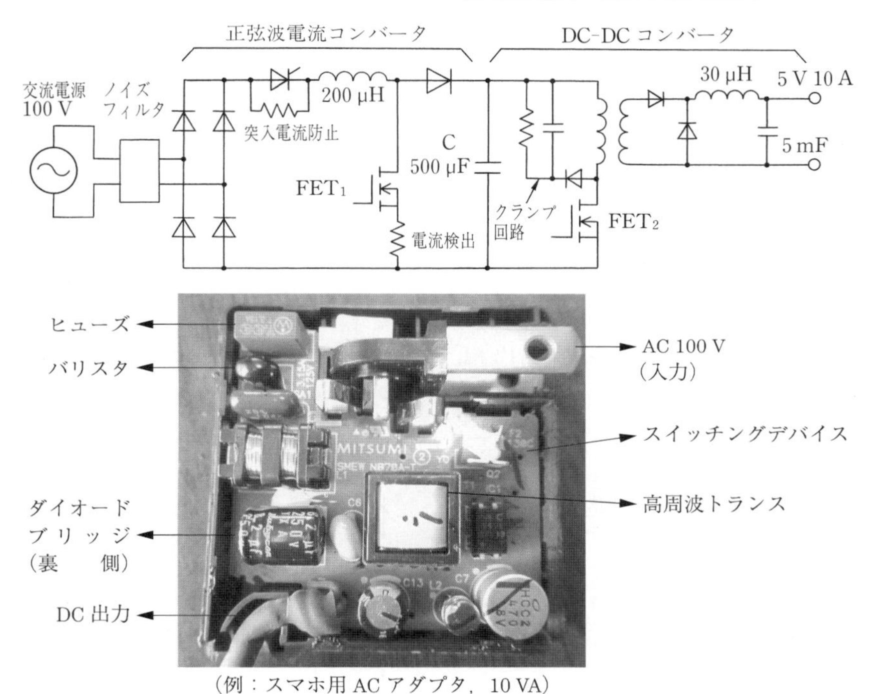

(例：スマホ用 AC アダプタ，10 VA)

図 **10.15** 小形電子機器用スイッチング電源

路が使用される。インバータはトランスの一次側を単にオンオフし，そのオン幅を調整する通流率（デューティファクタ）制御の方式を用いている。この整流回路を省いたものは DC-DC コンバータと呼ばれ，直流電圧を変圧するのに使用される。これらの電源には，数 W の小形電子機器用の電源から数百 kW 程度の電力用のものまで製作されているが，100 W 以下のものが圧倒的に多い。

この DC-DC コンバータはトランスを用いた入出力絶縁形のものが多いが，非絶縁形 DC-DC コンバータには，図 **10.2** に示すような簡単なチョッパが使用されているものもある。

中規模の直流電源としては，直流を必要とする種々の電源，例えばインバータ用直流電源，レーザ用高圧直流電源など，多くの箇所に使用されている。

大容量電源には

・食塩水電気分解用として，ソーダ産業に 100 V，10 kA 程度のサイリスタ整流回路を用いた直流電源

・アルミニウム電解用として 1 kV，30 kA 程度のサイリスタを用いた直流電源

・電気炉にも最近直流が採用されることが多く，1 kV，10 kA 程度の電源が使用されている。

これらは，大容量になるほど 12 相，24 相と相数を増加させ，電源に含まれる高調波の含有率を下げている。しかし，それだけでは対応しきれず，交流側電源回路に LC 高調波フィルタ，高度の電流制御機能を必要とする場合は高

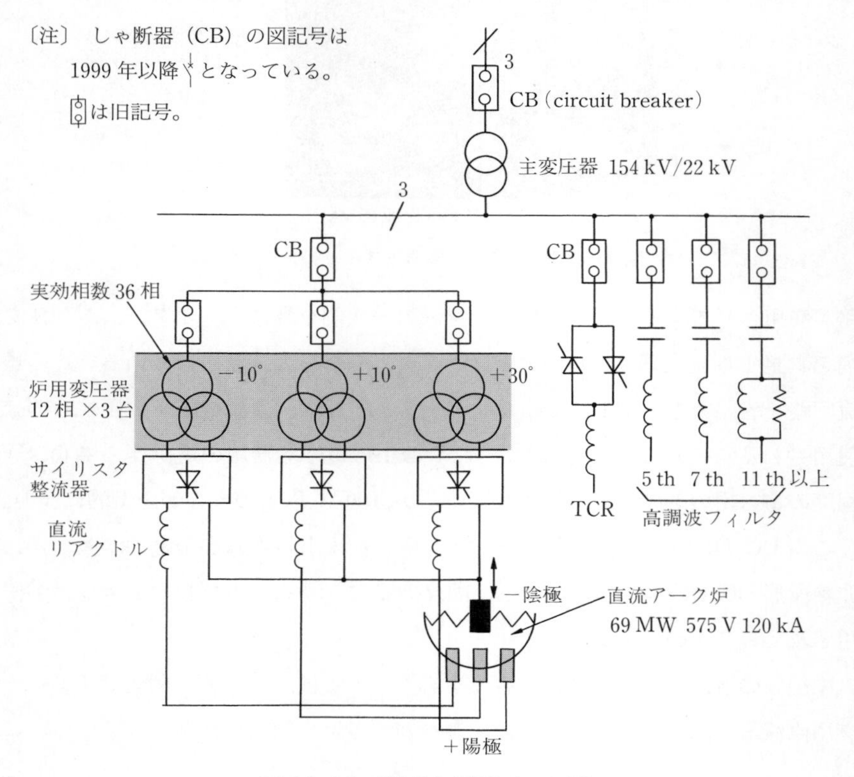

図 10.16　電気炉（直流アーク炉）

速スイッチング素子を用いたアクティブフィルタ（***10.3.1*** 項で説明）が採用されている。

図 *10.16* は電気炉に使用された例で，電気炉ではアーク放電を利用し鉄，アルミニウムなどを溶解するためアーク電流が断続的に流れ，フリッカと呼ばれる 10 Hz の電源電圧の変動を生じる。このため，***9.3*** 節で示した無効電流を高速制御する TCR などを用い，電源電圧が制御される。このように，最近はフリッカ，高調波，電圧低下などの対策がとられ電力の質の向上に努めている。

10.2.2 交流電源への応用

〔*1*〕 **無停電電源装置**　コンピュータなどの電子機器は，20 ms 程度の短い停電や 20 %程度の瞬時電圧降下に対しても誤動作をすることがあり，これらに対処でき無停電化できる電源が必要である。これらに対して現在使用されているのが，バッテリーで電力をバックアップする**無停電電源装置**（uninterruptible power supply：**UPS**）である。この装置は，入力と同一電圧，同一周波数の安定化された正弦波電圧を常時発生しており，停電時はバッテリー電源を用い正弦波インバータにより正弦波電圧を発生する。

図 *10.17* は小形無停電電源装置のシステム図と具体的な回路図を示している。インバータ，コンバータは共に PWM 制御され，瞬時的に出力電圧，入力電流を正弦波状にしている。UPS の負荷はコンピュータ，電子機器のようにダイオード整流器を内蔵した負荷の場合が多く，必ずしも電流波形は良好ではない。そのため，入力側にある高調波を除くフィルタの役目をする正弦波コンバータの存在はきわめて重要である。

停電または瞬時電圧低下の際は，バッテリーに接続されたスイッチング素子（Th）が瞬時にオンとなり，これにより電力が供給される。バッテリーは短時間定格のものが使用され，5～10 分程度の間バックアップされる。これらの電源は必ず直送回路（バイパス回路）を有し，この装置が故障したときは直送回路のサイリスタがオンし，電源と負荷が直接接続される。このようにして信頼性を高めている。

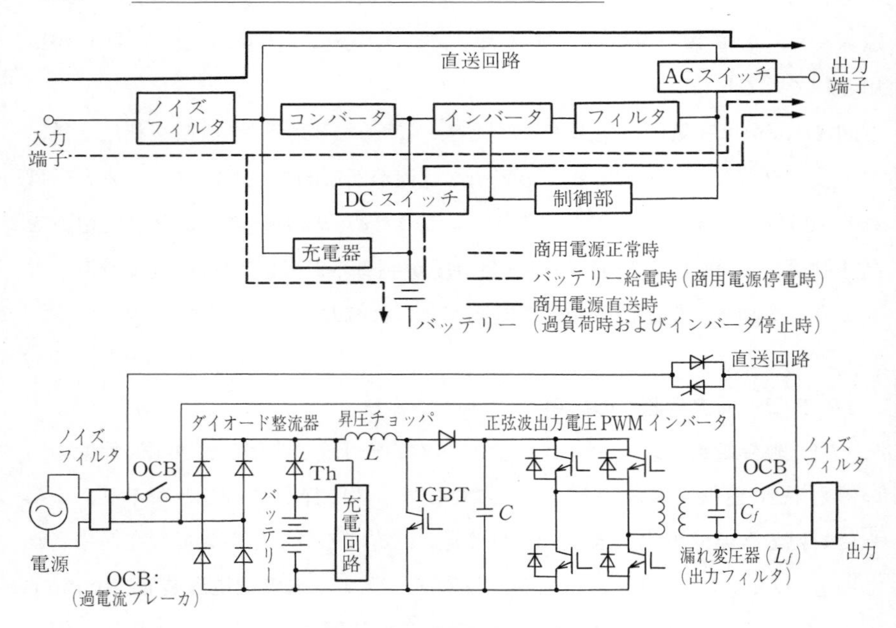

図 ***10.17***　無停電電源装置（UPS）

無停電電源装置は小形のパソコン用100 W級のものから，銀行，電話局（NTTなど）などで使用される数千kWに至るものまである。大形のものはバッテリー室をもち，メンテナンスが簡単となるように配慮されているが，小形のものはシール形バッテリーを用い，メンテナンスフリーにしている。

〔***2***〕 **誘導加熱**（induction heating：**IH**）**用電源**　工業用インバータの使用はモータ制御が圧倒的に多いが，電熱工業の分野においても，インバータが誘導炉用電源などに使用されている。インバータは高周波が発生できるため，特殊環境（真空など），局部加熱，精密制御などが容易で以下のようなところに応用されている（図 ***10.18***）。

・鉄，アルミの溶解，特殊金属の精錬分野で使用される。溶解，精錬分野においては，変圧器の二次巻線にこれらの金属を使用し，磁界による渦電流または誘導電流により発生するジュール熱を利用するものである。数百kW～数MW程度まで製作されている。

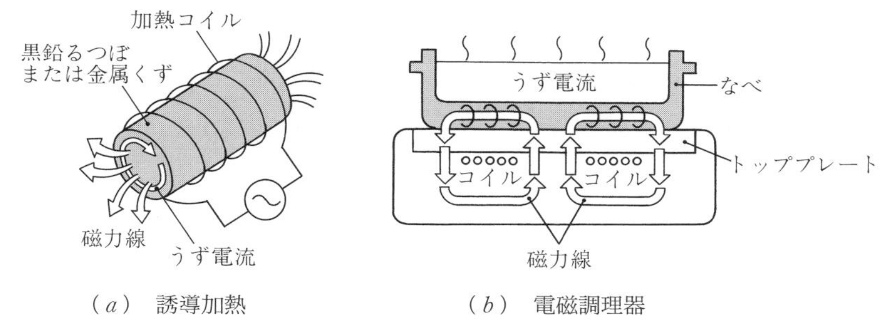

（a） 誘導加熱　（b） 電磁調理器

図 **10.18** 誘導加熱と電磁調理器

- 50 kHz〜1 MHz の領域では局部加熱・焼き入れ，貴金属・特殊金属の溶解などに使用される。数〜100 kW 程度の領域で使用され，インバータには高周波 FET を素子として使用している。
- IH は家電品においても IH 炊飯器，IH 調理器として普及している。これには 30〜50 kHz，1〜2 kW 程度のものが使用されている。容量の小さなものはほとんど1石タイプで，**図 10.15** の DC-DC コンバータの二次側巻線を調理鍋としたもので，この短絡した巻線に相当する鍋底を流れる電流により加熱するものである。

〔*3*〕 **インバータ蛍光灯・水銀灯**　蛍光灯に高周波電源を使用すると照明効率が上昇するばかりでなく，小形・軽量化，高効率化，ちらつき（フリッカ）の防止などに寄与できる。

インバータ蛍光灯により 20 %程度の照度増加が期待でき，高効率照明機器，省エネルギー，長寿命機器として注目されている。容量的には 10〜100 W 程度のもので，周波数は約 50 kHz 程度のものが採用されている。これにより従来使用されていた安定器（リアクトル）が省け，大幅に軽量化が可能になった。また，13.56 MHz の領域のフィラメントレス蛍光灯も実用化され，長寿命化に役立っている。

水銀灯の分野においても，インバータの高速電流制御の技術を用い，安定器レス化により大幅な軽量化が図られている。また，調光機能，電子制御なども簡単になり今後の普及が期待されている。周波数は 50〜200 Hz と低いが，方形波状の定電流を流すような制御がなされている。工業用紫外線ランプ，自動車ヘッドライトなどの分野で普及が早く，一般水銀灯にもその応用が期待されている（図 ***10.19***）。

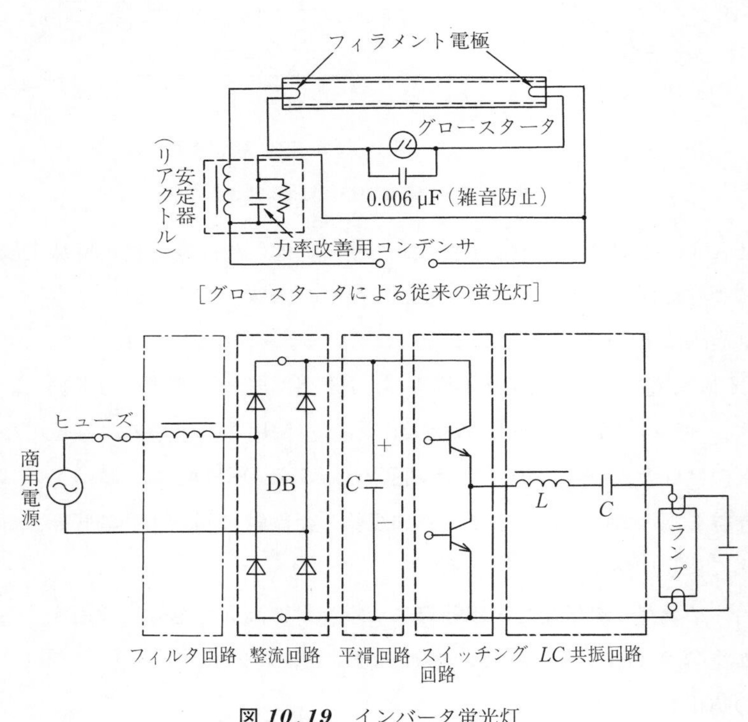

［グロースタータによる従来の蛍光灯］

図 *10.19*　インバータ蛍光灯

10.3 電　力　分　野

10.3.1 電力系統の電圧制御（無効電力制御）への応用

〔***1***〕 **サイリスタスイッチを使用**　　電力系統における電圧制御は，変電所に設置された無効電力制御器で無効電力を制御することにより実現できる。以前は，変電所に設置された L（分路リアクトル）や C（電力用コンデンサ）をスイッチで切り換え調整していたが，即応性に欠き最近はパワーエレクトロニクスを用いた装置に置き換えられつつある。これには，***9.3*** 節で述べたTCR，TSC がある。

最近は光サイリスタ（LTT）を使用し，数百 MVA にわたる特別高圧電源に直接接続できる大容量のものも開発され，電力系統安定化のために使用されるようになった。

〔***2***〕 **インバータを使用**　最近は電力系統が複雑化し，かつ信頼性が要求されるので 1 サイクル以内の高速の電力制御が，要求されるようになった。これには，瞬時的な制御ができるインバータ，コンバータが使用される。

図 *10.20* はその主回路を示したものであり，インバータの整流回路のないものと同一回路である。インバータで無効電流（進みまたは遅れ）のみを制御すれば有効電力は 0 なので，直流コンデンサ C のエネルギー，すなわち電圧は変化しない。しかも，PWM 制御を使用すれば高速制御も可能である。これらは静止形無効電力補償装置（SVG：***9.3*** 節）と呼ばれ，使用されるようになった。

数十 MVA 以上のものも使用されているが，さらに大容量のものまで製作可能である。これらの機器の高速電流制御特性を用いれば，この機器自体で自

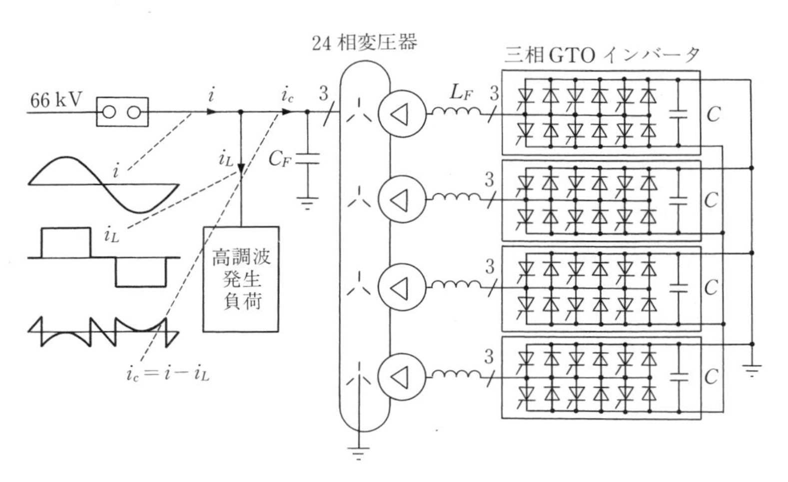

図 *10.20* 無効電力補償装置（アクティブフィルタ）

由な高調波電流を発生できる。この原理を用い，高調波を含む負荷に逆位相の電流を流し込むことにより電源電流の高調波成分をキャンセルし，かつ無効電流も補償し，電源力率を1にする**アクティブフィルタ**（active filter）なども実用の段階に入っている。従来の L，C，LC 回路と異なり能動的（アクティブ）に電流を制御し，負荷に発生する障害電流（無効電流＋高調波電流）を制御するものである。

10.3.2　直流送電への応用

直流送電方式は，送電距離が架空送電線では数百 km 以上，地中送電線（ケーブル）では 30〜60 km 以上の長距離送電線路において，交流送電方式より有利とされている。交流方式と比較すると，同じ実効値で $1/\sqrt{2}$ 倍だけ低い絶縁でよく，安価になるからである。また，500 MW（50 万 kW）を超える大容量送電では，遮断器の設計が難しく，サイリスタのような電子的な手段に頼らなければならない場合があるからである。

また直流を介して接続されるので，50 Hz/60 Hz のような異周波数の系統の接続にも問題がない。このような特徴から長距離大規模送電系統，海底ケーブル送電系統などに多く使用されるようになった。

図 **10.21** は本州-四国間の紀伊水道直流送電の例である。全長約 100 km で，その約半分が海底ケーブルである。将来，設備容量は±500 kV，2 800 A まで拡張され，全体として 2 800 MW と世界最大級のものになる。ここには，500 kV，3 000 m の海底ケーブル，8 kV，3.5 kA の光サイリスタ素子（6 インチ）など最新の技術が投入されコンパクトになっている。モジュール，変換器の外観については，**5** 章コーヒーブレイク（サイリスタバルブ）に詳しく出ているので参照してほしい。また直流送電におけるサイリスタ変換器のコンバータ，インバータ運転については，**7.3.3** 項で勉強してほしい。

2000 年時点で世界最高のものはイタイプ直流送電であり，ブラジルとパラグアイ国境にある水力発電所から，800 km 離れたサンパウロまで±600 kV，

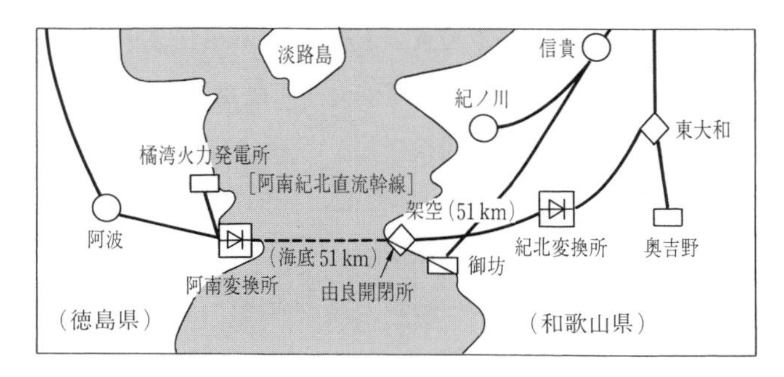

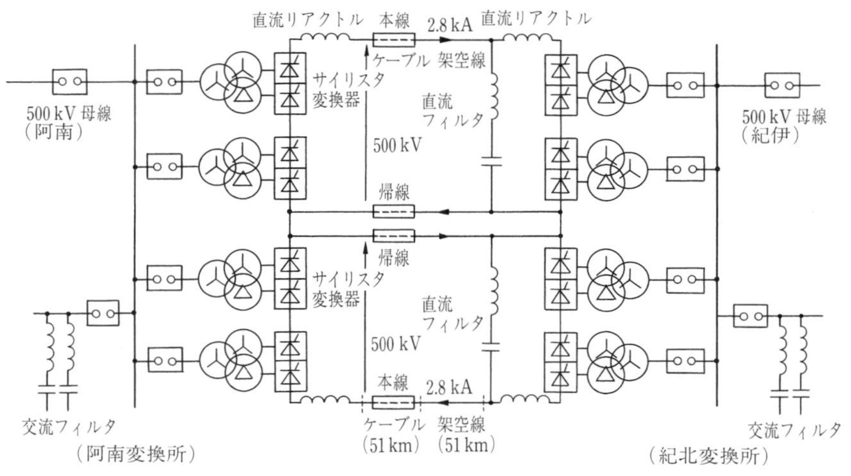

図 ***10.21***　直流送電（紀伊水道，計画の分も含む）

2 625 A 2 回線（6 300 MW）の設備で電力を送っている。これらはパワーエレクトロニクス技術が使用された最大級のものであり，現在では数百万 kW にも及ぶ電力系統を自由に操作できるようになった。

10.3.3 太陽光発電への応用

地球温暖化など環境問題への取り組みが求められるなか，二酸化炭素（CO_2）などの温暖化ガスを排出しないクリーンエネルギーとして**太陽光発電**（**ソーラ発電**，photovoltaic power generation）は，風力発電とともに再生可能エネルギーの主役である。地表に届く太陽光は，真昼で 1 m^2当り約 1 kW

に達するが，これを電気に変える装置が**太陽電池**（solar cell）である。

太陽電池を構成する最小単位は**太陽電池セル**と呼ばれており，1セルの大きさはおよそ15 cm角で出力電圧は0.5～1.0 V，出力は4 W程度である。セルを60個程度直列接続して充てん剤を満たし，表面に透過ガラス，裏面にバックシート，周辺をアルミフレームで機械的に固定して太陽電池モジュールが構成され，このモジュールを直並列接続して太陽電池アレイを構成する。**図 *10.22*** は，学校に設備された一例である。

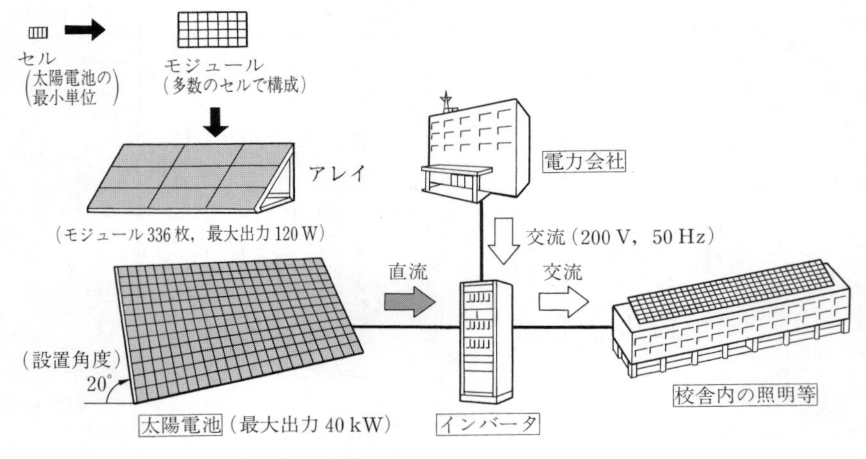

図 *10.22* 太陽光発電システム（学校での一例）

太陽電池の種類としてシリコン系と非シリコンの化合物系がある。前者に単結晶，多結晶，薄膜系がある。前者の効率は9～20 %程度であり，後者は10 %前後である。これらのうちわが国では多結晶が最も多く使われている。

太陽電池はp形とn形の二つの半導体を重ね，このpn接合部（空乏層）に太陽光を照射すると，電子（マイナス）と正孔（プラス）の対が発生する。空乏層内の電子はn形半導体側に，また正孔はp形半導体側に移動する。このとき外部の回路には，直流電流が流れる。半導体の**光起電力効果**（あるいは**光電効果**）であり，これが太陽電池の原理である。

夜は太陽が沈んでしまうので，太陽光発電は時間的な制約がある。また，天

コーヒーブレイク

モータと日本の電力消費量

10 章において，産業界において誘導電動機をはじめとするモータがいろいろな所において活躍していることがわかったと思う。**図 *10.23*** は国内機器別電力消費量である。これを見ると，その約 53 %がモータで消費されていることがわかる。電力消費の面からもモータの重要性がよくわかる。

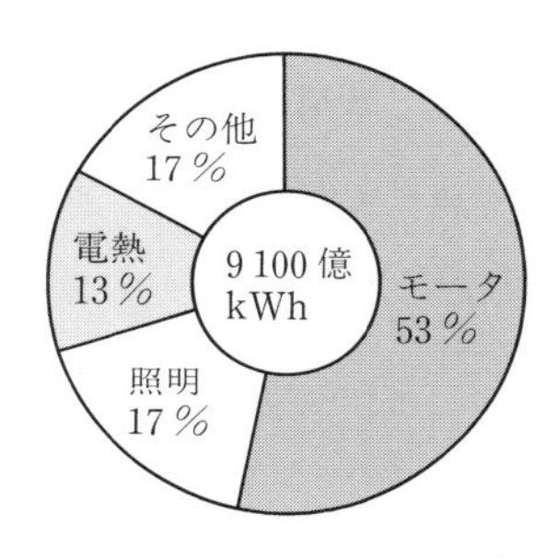

図 *10.23* 国内機器別電力消費量
（通産省資源エネルギー庁，1997 年度）

一方，私たちの身の回りについても振り返ってみよう。家庭にはモータが一体いくつぐらいあるだろうか。エアコン，冷蔵庫，洗濯機，扇風機，電子レンジはもちろんのこと，時計，CD ラジカセ，デジタルカメラ，パソコン，掃除機，シェーバー（ひげ剃り）…等々。ざっと総数にして 50 個前後はあるであろう。**図 *10.24*，図 *10.25*** は，それぞれ家庭内での電気製品の電力消費量と機器別電力消費量である。これらから，モータが 1 位であることがわかる。

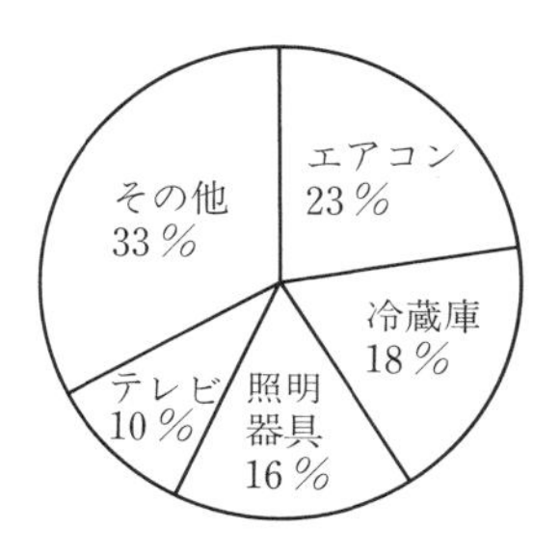

図 *10.24* 家庭内電気製品の電力消費量

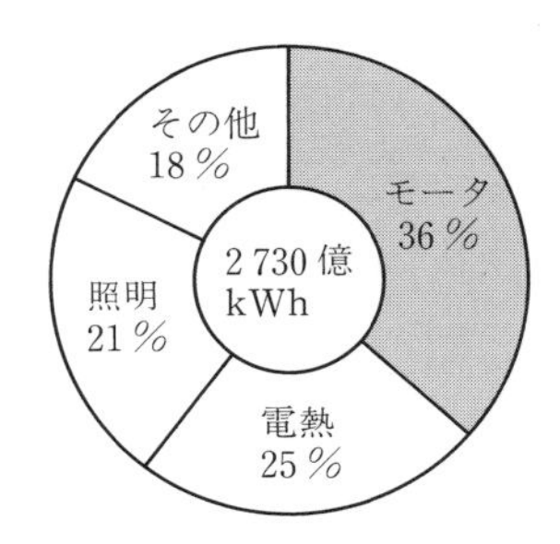

図 *10.25* 家庭内機器別電力消費量

以上のことから，誘導電動機，直流モータをはじめとするさまざまなモータの本体も重要であるとともに，そのモータを効率よく，上手に運転するパワーエレクトロニクス技術の果たす役割も大きい。

候により日照量に変動があることも避けられない。そのため蓄電池により，電力を貯蔵することが必要である。商用電源は交流電力であるので，直流電力は，インバータにより交流電力に変換しなければならない。

また系統連系を行う場合は，インバータ装置に加えて，スイッチ機能，侵入サージのブロック，事故時の保護機能をもつ装置を一つにまとめた，パワーコンディショナを設置することが必要となる。

図 ***10.22*** の太陽光発電システムでは，太陽電池より最大電力がとれるように制御する昇圧チョッパと電源系統と同期して電力を系統に供給するPWMインバータの回路により構成されている（図 ***10.26***）。

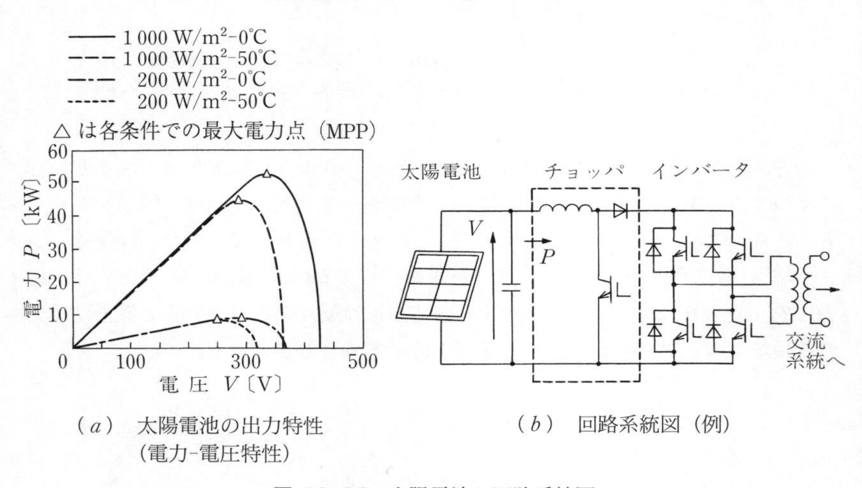

（*a*）太陽電池の出力特性（電力-電圧特性）　（*b*）回路系統図（例）

図 ***10.26*** 太陽電池と回路系統図

演　習　問　題

【1】 本章に出てきた以下の語句中の略語について，英語と日本語で答えよ。

	英語	日本語
① PM モータ	（　　　）	（　　　）
② PI 制御	（　　　）	（　　　）
③ VVVF	（　　　）	（　　　）

【2】 50 ms の停電は，60 Hz では何サイクルになるか。

【3】 問図 ***10.1*** の交流回路に可飽和リアクトルが挿入されているとき，ϕ と i_1 の波形を書け。ただし，v_1 は位相角 α で飽和となる。

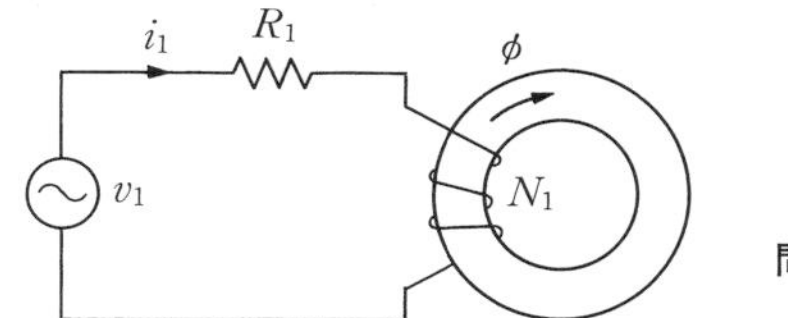

問図 ***10.1***

【4】 直流モータの速度制御法を三つ書け。

【5】 誘導モータのトルク速度特性曲線を書け。

【6】 インバータ蛍光灯の長所をあげよ。

【7】 変圧器を可変周波数インバータの負荷で使用する場合，周波数に比例して電圧を調整しなければならないことを説明せよ。

【8】 誘導モータの可変速運転には，トルクの一定制御をする。そのときほぼ V/f = 一定の運転をする必要があることを示せ。

【9】 問図 ***10.2*** は無停電電源装置の回路構成の一例を示す。常時は，交流電源から整流回路を通して得た直流電力を［（ア）］と呼ばれる回路 B で交流に変換して負荷に供給するが，交流電源が停電あるいは電圧降下した場合には，［（イ）］の回路 D から半導体スイッチおよび回路 B を介して交流電力を供給する方式である。主にコンピュータシステムや［（ウ）］などの電源に用いられる。

運転状態によって直流電圧が変動するので，回路 B は PWM 制御などの電圧制御機能を利用して，出力に［（エ）］の交流を得ることが一般的である。

上記の記述中の空白箇所(ア)，(イ)，(ウ)および(エ)に当てはまる語句として，正しいものを組み合わせたのはつぎのうちどれか。　［平 19 III・機械］

	(ア)	(イ)	(ウ)	(エ)
(1)	インバータ	二次電池	放送・通信用機器	定電圧・定周波数
(2)	DC/DC インバータ	一次電池	家庭用空調機器	定電圧・定周波数
(3)	DC/DC インバータ	二次電池	放送・通信用機器	可変電圧・可変周波数
(4)	インバータ	二次電池	家庭用空調機器	定電圧・定周波数
(5)	インバータ	一次電池	放送・通信用機器	可変電圧・可変周波数

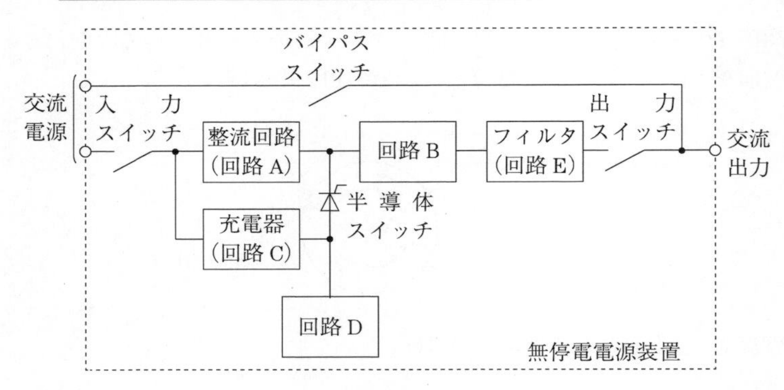

問図 *10.2*

【10】 誘導加熱に関する次の記述のうち，誤っているのはどれか。[平 8 III　機械]

（1） 発熱量は印加電圧の周波数に比例するので，高周波電源が用いられる。

（2） 被加熱物自身の発熱であるから一様に加熱できる。

（3） 誘電損失の大きい物質は熱伝導率が大きく誘電加熱に適さない。

（4） 複合誘電体を加熱する場合の選択加熱ができる。

（5） 発熱量は印加電圧の 2 乗に比例するので温度上昇速度を簡単に制御できる。

【11】 次の文章は，電気加熱に関する記述である。次の［　　　］の中に当てはまる語句を解答群の中から選び，記入せよ。

電気加熱の一種である［（1）］加熱の原理は，交番［（2）］の中に加熱対象の導電体を置き，［（3）］誘導によってその内部に誘導電流を発生させ，この電流による［（4）］を利用して加熱するものである。［（5）］はその応用例である。　[平 9 II・1 次　機械]

[解答群]（イ）電界　（ロ）アーク　（ハ）誘導炉　（ニ）ジュール熱　（ホ）電磁　（ヘ）アーク炉　（ト）磁気　（チ）誘導　（リ）交流　（ヌ）誘電　（ル）銅損　（ヲ）磁界　（ワ）マイクロ波　（カ）電気炉　（ヨ）電子レンジ

【12】 スイッチング電源の原理と回路を示し，説明せよ。

【13】 直流送電に関する記述として，誤っているものを次の（1）～（5）のうちから一つ選べ。　[平 24 III・電力]

（1） 直流送電線は，線路の回路構成をする上で，交流送電線に比べて導体本数が少なくて済むため，同じ電力を送る場合，送電線路の建設費が安い。

(2)　直流は，変圧器で容易に昇圧や降圧ができない。

(3)　直流送電は，交流送電と同様にケーブル系統での充電電流の補償が必要である。

(4)　直流送電は，短絡容量を増大させることなく異なる交流系統の非同期連系を可能とする。

(5)　直流系統と交流系統の連系点には，交直変換所を設置する必要がある。

【14】　次の文章は，太陽光発電システムに関する記述である。

問図 *10.3* は交流系統に連系された太陽光発電システムである。太陽電池アレイはインバータと系統連系用保護装置とが一体になった［(ア)］を介して交流系統に接続されている。

太陽電池アレイは，複数の太陽電池セルを直列または直並列に接続して構成される太陽電池モジュールを，さらに直並列に接続したものである。太陽電池セルは，p 形半導体と n 形半導体とを接合した pn 接合ダイオードであり，照射される太陽光エネルギーを［(イ)］によって電気エネルギーに変換する。

また，太陽電池セルの簡易等価回路は電流源と非線形の電流-電圧特性をもつ一般的なダイオードを組み合わせて**問図 *10.4*** のように表される。太陽電池セルに負荷を接続し，セルに照射される太陽光の量を一定に保ったまま，負荷を変化させたときに得られる出力電流-出力電圧特性は**問図 *10.5*** の［(ウ)］のようになる。このとき負荷への出力電力-出力電圧特性は**問図 *10.6*** の［(エ)］のようになる。セルに照射される太陽光の量が変化すると，最大電力も，最大電力となるときの出力電圧も変化する。このため，［(ア)］には太陽電池アレイからつねに最大の電力を取り出すような制御を行うものがある。この制御は［(オ)］制御と呼ばれている。

上記の記述中の空白箇所(ア)，(イ)，(ウ)，(エ)および(オ)に当てはまる組合せとして，正しいものを次の(1)～(5)のうちから一つ選べ。

［平 28 III・機械］

	(ア)	(イ)	(ウ)	(エ)	(オ)
(1)	パワーコンディショナ	光起電力効果	(b)	(a)	MPPT
(2)	ガバナ	光起電力効果	(b)	(b)	PWM
(3)	パワーコンディショナ	光起電力効果	(a)	(b)	MPPT
(4)	ガバナ	光導電効果	(b)	(a)	PWM
(5)	パワーコンディショナ	光導電効果	(a)	(b)	PWM

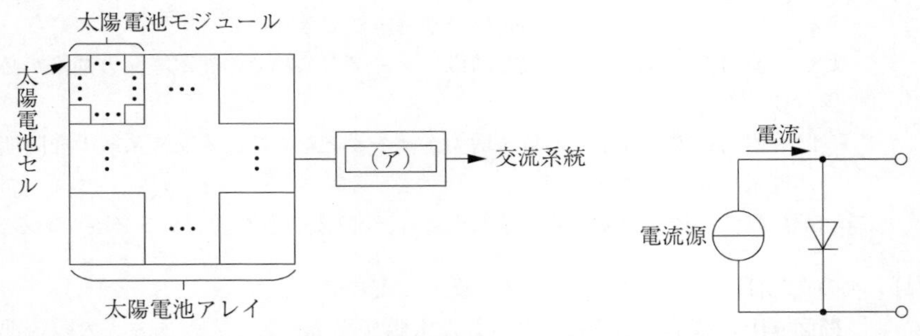

問図 *10.3* 交流系統に連系された太陽光発電システム

問図 *10.4* 太陽電池セルの簡易等価回路

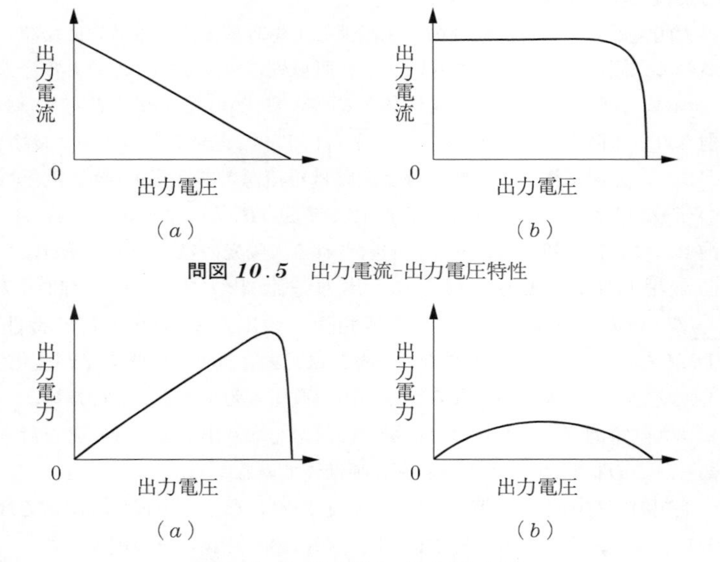

問図 *10.5* 出力電流-出力電圧特性

問図 *10.6* 出力電力-出力電圧特性

【15】 家庭電化製品のなかでインバータを使用（将来も含め）できるものを示せ。

【16】 将来のパワーエレクトロニクスはいかなるものになるか，夢を述べよ。

付　　　　録

A.1　抵抗のカラーコードとコンデンサの種類

A.1.1　抵抗のカラーコード

抵抗器には 4 本の色分けされた色帯が引いてある。これは抵抗値を表している（**付図 *1*，付表 *1*** 参照)。

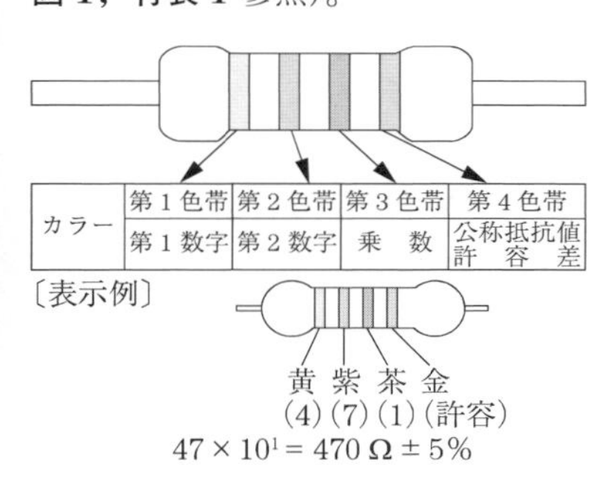

付図 *1*　（出典：(株)デンジニア パンフレット）

付表 *1*　抵抗のカラーコード

色	数字	数値	許容誤差	覚え方の例
銀	−	10^{-2}	± 10 %	
金	−	10^{-1}	± 5 %	
黒	0	10^{0}	−	黒い札（0）服
茶	1	10^{1}	± 1 %	茶を 1 杯
赤	2	10^{2}	± 2 %	赤いに（2）んじん
橙	3	10^{3}	± 0.05 %	み（3）かんは 橙（だいだい）
黄	4	10^{4}	± 0.02 %	黄色いし（4）んごう
緑	5	10^{5}	± 0.5 %	緑はゴ（5）ー！
青	6	10^{6}	± 0.25 %	青二才のロク（6）でなし
紫	7	−	± 0.1 %	紫しち（7）部
灰	8	−	± 0.01 %	ハイヤー（灰 8）
白	9	−	−	白く（9）まくん

A.1.2　コンデンサの種類とコンデンサ値の読み方

コンデンサには用いられる誘電体の種類によりさまざまな種類があり，**付図 *2*，付図 *3*** に電子回路に多く使用されているコンデンサを示す。

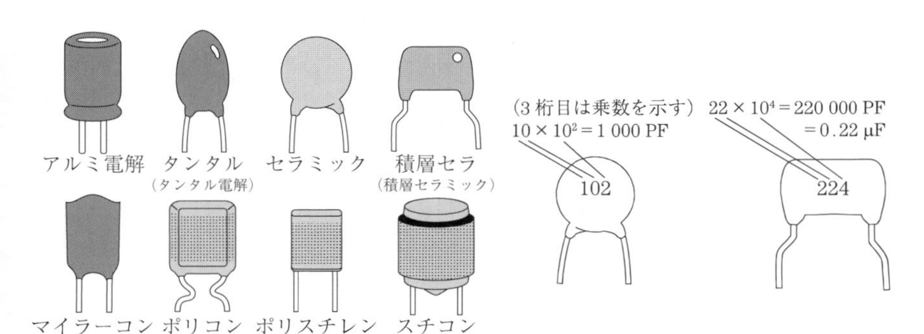

付図 *2*　コンデンサの種類（出典：(株)デンジニア パンフレット）

付図 *3*　コンデンサ値の読み方（出典：(株)デンジニア パンフレット）

A.2　三相整流回路作図シート（7章関連）

付図 4 は三相整流回路作図シートである。コピーなどして活用できる。

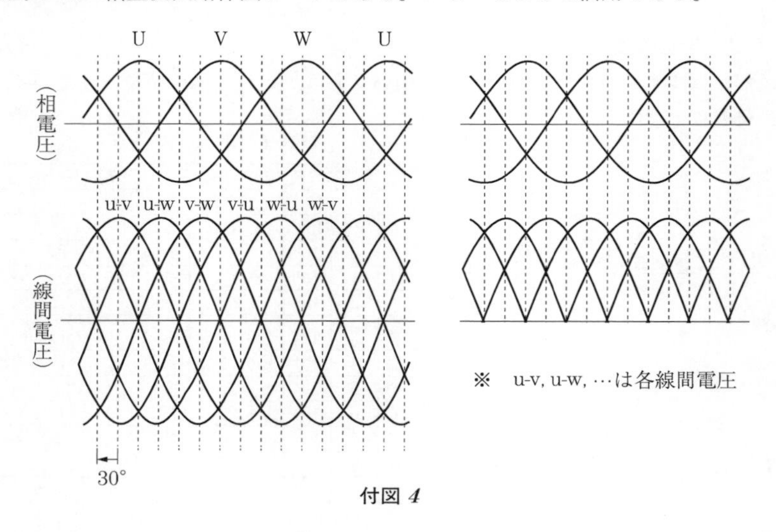

付図 4

A.3　トライアックパワー回路の製作（7章関連）

7章演習問題【5】の2方向性サイリスタ（トライアック）を用いた電力制御回路を製作した。このパワー回路は，シンプルで実用的であることから，調光装置（白熱電球）によく使われているが，半田ごての温度調節などにも活用できる。この回路の動作原理は，交流回路（AC 100 V）に同期したトリガによって，正弦波とトリガとの位相角を制御し，負荷に供給する平均電力を制御する回路でもある。

付図 5 が製作回路であり，演習問題の主回路にゲート回路が付け加えられている。ゲート回路には，*CR* 回路とダイアック（トリガダイオード）を用いている。可変抵抗 V_R の値が大きくなるに従って，コンデンサ両端の値は徐々に減少し，位相も交流電圧に対して遅れてくる。ダイアックのブレークオーバ電圧は約 35 V である。**付図 6** は製作回路の外観であり，**付表 2** は部品リストである。**付図 7** は制御角 $\alpha = 90°$ の出力電圧波形であり，**付図 8** は実効値の理論値と実験値（白熱電球 40 W，100 W）を制御角 α を変化させ，比較を行った。

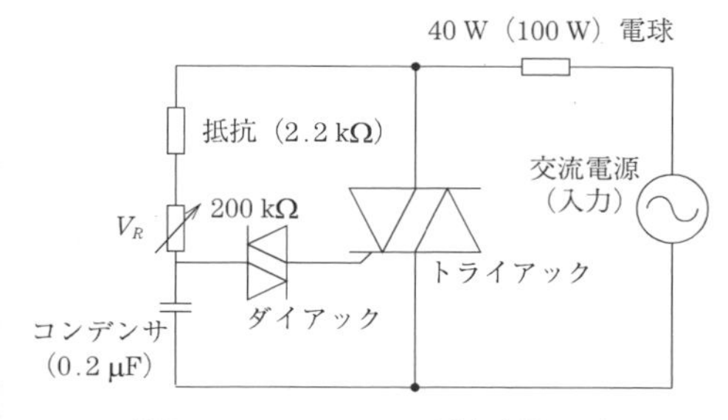

付図 *5* トライアック電力制御回路

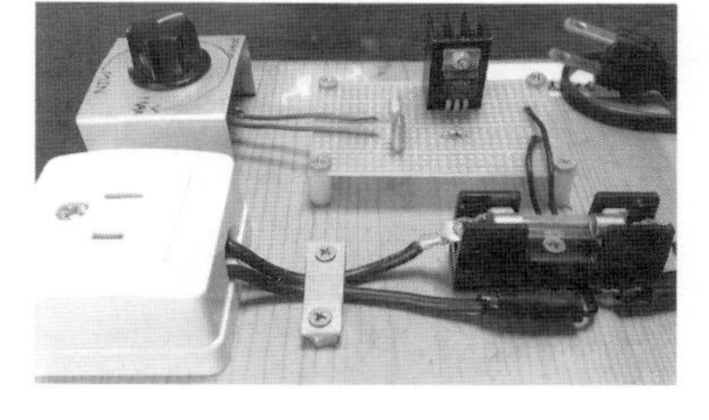

付図 *6* 製作回路の外観

付表 *2* 部品表（例）

No.	部品名	定格・型番など
1	木材板	20×30 cm
2	AC ソケット	15 A，125 V 角型
3	ユニバーサル基板	ICB-288 G
4	ヒューズホルダ	250 V，10 A，F-7111
5	ヒューズ	250 V，2 A
6	モールドツマミ	K-2198
7	ヒートシンク	放熱フィン，16P25
8	電源コード	プラグ付
9	アルミフレーム	アルミ
10	トライアック	AC10D
11	ダイアック	N413, トリガ用 diode
12	抵　抗	2.2 kΩ，0.5 W
13	コンデンサ	0.1 μF，50 V
14	可変抵抗値	RV20YN，B200K

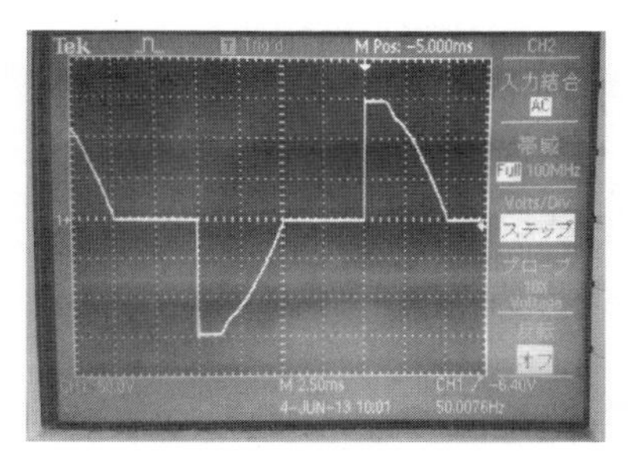

付図 *7* 出力電圧波形（$\alpha = 90°$）

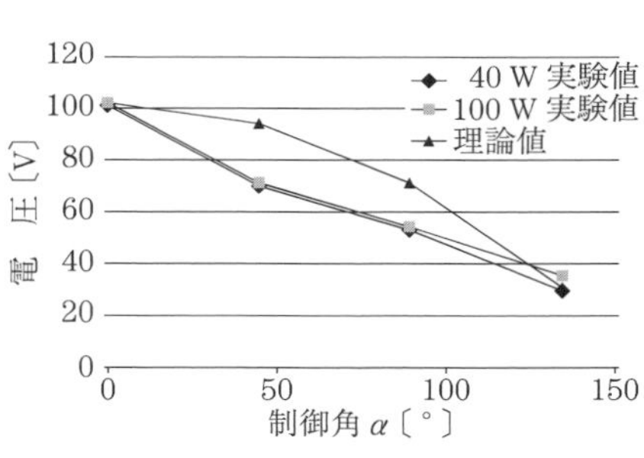

付図 *8* 電圧の理論値と実験値

参 考 文 献

鈴木：単相インバータの製作と実験，東京電機大学出版局（2000）

引用・参考文献

複数の章を通じての参考文献

1）宮入：基礎パワーエレクトロニクス，2，3，4，5，7，9 章，丸善（1991）
2）堀：パワーエレクトロニクス，インターユニバーシテイ，3，4，6，9 章，オーム社（1996）
3）平山：はじめて学ぶサイリスタとパワーエレクトロニクス，1，7 章，技術評論社（1981）
4）岸：パワーエレクトロニクスの基礎，2，5 章，東京電機大学出版局（1996）
5）CQ 出版：実践パワー・エレクトロニクス入門，トランジスタ技術 SPECIAL，No.54．3，5 章（1996）
6）片岡：パワーエレクトロニクス入門，7，9 章，森北出版（1997）
7）日本放送出版協会：NHK 電子立国 日本の自叙伝（上），1，2 章（1991）
8）西條：講座・サイリスタの基礎，7，9 章，(社)鉄道電化協会（1984）
9）野中 ほか：パワーエレクトロニクス演習，3，6，9 章，朝倉書店（1985）
10）http://www.semicon.toshiba.co.jp/ 2，3 章
11）江間，甲斐：電力工学（改訂版），電気・電子系 教科書シリーズ 21，6，10 章，コロナ社（2017）
12）電気技術者試験センター：https://www.shiken.or.jp（本書内 1 章除く全章）

***1* 章**

1）電気学会 編：半導体電力変換回路，電気学会（1987）
2）オーム社：OHM 1998 年 3 月号
3）電気学会：電気学会誌 2006 年 8 月号
4）大野，小山：パワーエレクトロニクス入門（改訂 5 版），オーム社（2014）

***2* 章**

1）押山，相川，辻井，久保田：改訂 電子回路，コロナ社（1991）
2）佐藤：パワー半導体の基本と仕組み，秀和システム（2011）

***3* 章**

1）藤井：アナログ電子回路，昭晃堂（1988）

2）オーム社：半導体の素子と回路の完全理解（後編），新電気 1995 年 6 月号付録

4 章

1）黒部：半導体回路，朝倉書店（1969）
2）橘：ダイオード，入門エレクトロニクス 6，誠文堂新光社（1996）
3）山田 ほか：高速パルス通電用 GTO サイリスタ，第 1 回電気学会沼津・山梨支所研究発表会，NY 1-04（1995 年 1 月）

5 章

1）日本鉄道電気技術協会：電気鉄道におけるパワーエレクトロニクス（1998）
2）電気学会：静止電力変換装置，電学誌昭和 54 年 5 月号，pp.60-66
3）中部電力（株）：東清水変電所パンフレット

6 章

1）郷：交流理論，電気学会（1968）
2）中部電力（株）：技術開発ニュース，No.31（Nov. 1986）

7 章

1）電気書院：電気計算 1998 年 7 月号，Vol.66，No.8
2）天野，常広：電気機械工学，電気学会（1987）

8 章

1）電気学会 編：パワーエレクトロニクス回路，オーム社（1999）
2）矢野，打田：パワーエレクトロニクス，丸善（2000）

9 章

1）西方：パワーエレクトロニクスと電気機器，オーム社（1995）
2）大野：パワーエレクトロニクス入門，オーム社（1991）
3）尾本 ほか：電気機器工学 I，電気学会（1996）

10 章

1）電力館：電力読本 電気エネルギーの手引き（1992）
2）長竹：家電用モータ・インバータ技術，日刊工業新聞社（2000）
3）電気学会 編：最新 電気鉄道工学（三訂版），コロナ社（2017）

演習問題解答

1 章

【1】 おもに ***10* 章**参照。

【2】 （1） SVC…static var compensator（***9.3*** 節参照）

（2） UPS…uninterruptible power supply（system）（***10.2.2*** 項参照）

（3） EV……electric vehicle（***10.1.4*** 参照）

【3】 省略

【4】 1948 年　Shockley，Bardeen，Brattain の 3 人（米国のベル研究所）

【5】 （1） 同期速度 $n_0 = 120f/p$〔rpm〕（f：周波数，p：極数）より，例えば，$f = 15$ Hz の場合 $n \fallingdotseq 448$ rpm 無負荷であり，ほぼ同期速度で運転しているので

$$p = \frac{120f}{n_0} \fallingdotseq \frac{120 \times 15}{448} \fallingdotseq 4.02$$

極数は整数なので，4 極となる。

（2） $S = \dfrac{n_0 - n}{n_0} = \dfrac{450 - 448}{450} \fallingdotseq 0.04 = 4$〔%〕，$n_0 = \dfrac{120 \times 15}{4} = 450$

（3） $f = 15$ Hz のとき $V \fallingdotseq 100$ V，$I \fallingdotseq 3$ A なので $P = \sqrt{3}\,VI\cos\theta$ より

$$P = \sqrt{3} \times 100 \times 3 \times 0.15 = 77 \text{〔W〕}$$

（4） V/f 比 $\fallingdotseq$ 6〜7

【6】 江崎，赤崎，天野，吉野氏らの科学者。

【7】 省略

2 章

【1】 ① 抵抗率が導体と絶縁体の中間

② 抵抗率の温度係数が負で大きい

③ 整流作用（非オーム性）

④ 光電的性質（光電子放出，光伝導，光起電力）

その他，両極性伝導（正孔，電子），熱電効果，ホール効果

【2】 $v = \mu E = 0.048 \times 500 = 24$〔m/s〕

【3】 電流密度　$J = nev$　　$v = \mu E$　より　$J = ne\mu E$　となる。

一方，$J = \sigma E$ より　導電率　$\sigma = ne\mu$　となる。

【4】 ① 定電圧ダイオード（ツェナーダイオード）

② 可変容量ダイオード（バリキャップダイオード）

③ ホトダイオード

④ 発光ダイオード（light emitting diode：LED）

⑤ ショットキーダイオード

その他　ガンダイオード，エサキダイオード（トンネルダイオード），インパットダイオードなど

【5】 指数関数で誤差が大きく出る計算であるが，指数計算のドリルとして試みてほしい。一例として，150℃（423 K），$V_F = 0.7$ V，$I_F = 100$ A の場合

$$I_S = 100 \Big/ \left\{ \exp\left(\frac{1.602 \times 10^{-19} \times 0.7}{1.381 \times 10^{-23} \times 423} \right) - 1 \right\}$$

$$\fallingdotseq \frac{100}{\exp(19.20) - 1} \fallingdotseq \frac{100}{2.18 \times 10^{8}} \fallingdotseq 0.46 \,[\mu\mathrm{A}]$$

【6】 回路方程式　$V_S = V_D + RI$ より　$I = (-1/R)V_D + V_S/R = -0.0005\,V_D + 0.005$ が得られる。それとダイオードの V-I の特性の交点となる．$I = 4$ mA，$V_D = 2$ V

【7】 題意よりツェナーダイオードを流れる電流は 2〜10 mA となる。そこで電源電圧の最小の 12 V から最大の 15 V について各抵抗値の場合，ZD に流れる電流を（1）から（5）までのケースについて計算してみると以下のようになる。

（1） 10〜25 mA と 4〜10 mA　　（2） 4〜10 mA と 2〜5 mA

（3） 2〜5 mA と 1.7〜4.2 mA　　（4） 1.7〜4.2 mA と 1.3〜3.3 mA

（5） 2〜5 mA と 0.8〜2 mA　　題意を満足するものは（2）

【8】 **解図 *2.1*** 参照。

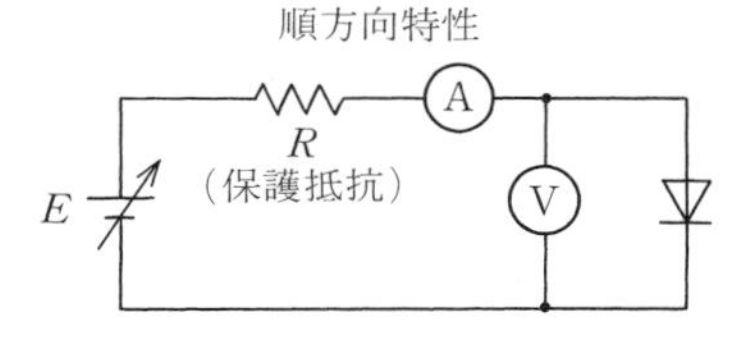

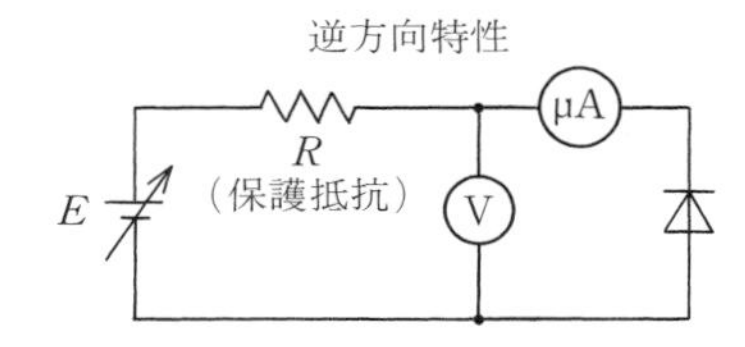

解図 *2.1*

【9】 ベース電流　$I_B = (E - V_{BE})/2.26 \times 10^6 = 5 \times 10^{-6}\,[\mathrm{A}]$　　コレクタ電流　$I_C = \beta I_B = 200 \times 5 \times 10^{-6} = 10^{-3}\,[\mathrm{A}] = 1.0\,[\mathrm{mA}]$　　よって答え（2）

【10】 補助（駆動段）トランジスタの電流増幅率は $\beta = I_{C1}/I_{B1}$，主（出力段）トランジスタの電流増幅率も $\beta = I_{C2}/I_{B2}$ であるので，ダーリントントランジスタ

の電流増幅率 A は，$I_{C1} = I_{B2}$ でもあり

$$A = (I_{C1} + I_{C2})/I_{B1} = (\beta I_{B1} + \beta I_{B2})/I_{B1} = (\beta I_{B1} + \beta\cdot\beta I_{B1})/I_{B1}$$
$$= \beta(1 + \beta) \fallingdotseq \beta^2$$ となる。

【11】（5）

【12】① $v_i \leqq E$ のとき $v_0 = E$，② $v_i \geqq E$ のとき $v_0 = v_i$，この条件を満足するクリッパ回路は（a）と（d）である。答えは（3）

【13】（2）

【14】（2），本書に出てこない表皮効果，ホール効果，超伝導現象，圧電効果（ピエゾ効果）についても調べてみよ。

【15】（4）

【16】（5）

【17】（3）

3章

【1】（1）多数　（2）蓄積効果　（3）電圧制御形　（4）二次降伏　（5）小さく　（6）高く　（7）小さい

【2】（1）動作原理（多数キャリヤ，少数キャリヤ）　（2）入力（ゲート電圧，ベース電流）　（3）入力インピーダンス（より高い）　（4）スイッチング速度（より早い）　（5）集積回路（より適している）　（6）歴史的（より新しい）

【3】***3.4*** 節参照。

【4】（1）接合形 FET（n チャネル）　（2）MOSFET（エンハンス p チャネル）　（3）MOSFET（ディプレション n チャネル）　（4）IGBT

【5】（1）ホ　（2）イ　（3）ト　（4）ル　（5）ヌ

【6】pn 接合を通して p 層領域から n 層領域へ電流を流すと，n 層領域に正電荷（ホール），p 層領域に負電荷（電子）がそれぞれ少数キャリヤとして注入される。この場合，少数キャリヤ注入による効果として本来存在する p 層（あるいは n 層）の抵抗値より低い値が現れる。

【7】（1）

【8】（3）

【9】エンハンスメント形であり，答えは（1）

【10】設問の回路から $E_2 = RI_D + V_{DS}$ が成り立つ。この式から直流負荷線を引き，静特性曲線との交点が動作点となる。答えは（4）

【11】（1）$\bar{P}_S = \dfrac{1}{T}\displaystyle\int_0^{t_S} P_S dt = \dfrac{1}{T}\int_0^{t_S}\left(\dfrac{E_S}{t_S}\right)t\cdot I_L\left(1 - \dfrac{t}{t_S}\right)dt$

$$= \frac{E_S I_L}{T t_S}\int_0^{t_S}\left(1 - \frac{t}{t_S}\right) t dt = \frac{1}{6} E_S I_L \frac{t_S}{T} \text{〔W〕}$$

（2）　題意より $T = 1/f$(スイッチング周波数) $= 1/10 \times 10^3 = 100$〔μA〕，スイッチングがオンとオフで2回あり，以下となる。

$$P_S = 2 \times \frac{1}{6} \times 200 \times 25 \times \frac{8}{100} \fallingdotseq 133 \text{〔W〕}$$

4 章

【1】（1）ハ　（2）へ　（3）リ　（4）ホ　（5）ヌ

【2】（3）

【3】図 ***4.6***（保持電流，ブレークオーバ電圧，降伏電圧など）

【4】$\frac{1}{C}\int i dt + Ri = E$ より，コンデンサCの両端の電荷を q とすると

$q = \int i dt$ より

$q + CR \cdot dq/dt = CE \quad dq/(CE - q) = dt/CR$

$CE - q = K \exp(-t/CR)$

$q = CE - K \exp(-t/CR)$，$t = 0$ のとき $q = -CE$ より

任意定数 $K = 2CE$

よって　$q = CE\{1 - 2\exp(-t/CR)\}$　式(*4.3*)となる。

また　$i = dq/dt$ より，$i = 2E/R \exp(-t/CR)$　　式(*4.2*)となる。

【5】（5）

【6】（1）ト　（2）ワ　（3）ロ　（4）へ　（5）ル

【7】（3），ヒント：$\omega t = \pi \sim 2\pi$ の期間では，電源電圧がそのまま表れているので，s_2 が導通していないことになる。

5 章

【1】***7.3.2*** 項で明らかになるが，③，④，⑤が3相交流電源となり，①（プラス），②（マイナス）の直流となる。

【2】***5.1*** 節参照。

【3】***5.2*** 節参照。

【4】***5.5.1*** 項参照。

定常時の電圧に比べ，ピーク値が非常に大きく，継続時間の非常に短い過渡的な電圧をいう。***5.2*** 節，***5.5*** 節における回路内でのサージ電圧は，発生原因が誘導性負荷の開閉で，$L(di/dt)$ のピーク値の大きな電圧が発生する．***5.3*** 節に外部からの異常電圧という文章があるが，この異常電圧もサージ電圧とい

う。この場合は雷によるもので，数千万Vというような規模である。

【5】 ニッケル，鉄，亜鉛などの酸化物を適当に混合して焼成したもののなかには，電気抵抗の温度依存性の大きなものがある。このような材料を用いた感温素子をサーミスタ（thermistor）という。thermally sensitive resistorの言葉からきている。

【6】（3）

【7】（1） 紀伊水道連系，北海道本州連系（津軽海峡）

（2） 富士川

（3） 明治，大正時代の電気事業の初期では，多くの電力会社が全国で営業していた。各社の発電機は主に東日本ではヨーロッパ系の50 Hz，西日本ではアメリカ系の60 Hzのものを輸入していた。その後，全国的に統一するには莫大な費用と時間がかかるため，現在に至っている。

6章

【1】 平均値 $\fallingdotseq 0.9 \times 200 = 180$〔V〕 最大値 $\fallingdotseq 1.414 \times 200 \fallingdotseq 283$〔V〕

【2】 半波整流の場合

$$\text{平均値} = \frac{1}{2\pi}\int_0^{2\pi} v d(\omega t) = \frac{1}{2\pi}\int_0^{\pi} V_m \sin \omega t d(\omega t) = \frac{V_m}{2\pi}[-\cos \omega t]_0^{\pi} = \frac{V_m}{\pi}$$

$$\text{実効値} = \sqrt{\frac{1}{2\pi}\int_0^{2\pi} v^2 d(\omega t)} = \sqrt{\frac{1}{2\pi}\int_0^{\pi} {V_m}^2 \sin^2 \omega t d(\omega t)}$$

$$= \sqrt{\frac{{V_m}^2}{2\pi}\int_0^{\pi} \frac{1}{2}(1 - \cos 2\omega t) d(\omega t)}$$

$$= \sqrt{\frac{{V_m}^2}{4\pi}\left[\omega t - \frac{1}{2}\sin 2\omega t\right]_0^{\pi}} = \frac{V_m}{2}$$

全波整流の場合は，正弦波と同一となり平均値 $= 2V_m/\pi$，　実効値 $= V_m/\sqrt{2}$

【3】（方形波）　$V_a = V_m \times \dfrac{\pi}{\pi} = V_m \qquad V_e = \sqrt{{V_m}^2 \times \pi \div \pi} = V_m$

（三角波）　$V_a = V_m \times \dfrac{\pi}{2} \times \dfrac{1}{\pi} = \dfrac{V_m}{2}$

$$V_e = \sqrt{\frac{2}{\pi}\int_0^{\frac{\pi}{2}} \left[\frac{2V_m}{\pi}\theta\right]^2 d\theta} = \sqrt{\frac{2}{\pi}\frac{4{V_m}^2}{\pi^2}\left[\frac{\theta^3}{3}\right]_0^{\frac{\pi}{2}}} = \frac{V_m}{\sqrt{3}}$$

【4】 奇関数であり，$a_0 = 0$，　$a_n = 0$

$$b_n = \frac{1}{\pi}\int_0^{2\pi} V \sin n\theta d\theta = \frac{1}{\pi}\int_0^{\pi} V \sin n\theta d\theta + \frac{1}{\pi}\int_{\pi}^{2\pi} (-V) \sin n\theta d\theta$$

$$= \frac{V}{n\pi}[-\cos n\theta]_0^{\pi} + \frac{V}{n\pi}[\cos n\theta]_{\pi}^{2\pi}$$

$$= \frac{2V}{n\pi}(1 - \cos n\pi) = \frac{4V}{n\pi}$$ （nが奇数），　0（nが偶数）

したがって，$\theta = \omega t$　より

$$v(t) = \frac{4}{\pi}V\left(\sin \omega t + \frac{1}{3}\sin 3\omega t + \frac{1}{5}\sin 5\omega t + \cdots\right)$$

【5】 $m \neq n$の場合

$$\int_0^{2\pi} \sin m\theta \sin(n\theta - \alpha)d\theta$$

$$= \frac{1}{2}\int \cos\{(m-n)\theta + \alpha\}d\theta - \frac{1}{2}\int \cos\{(m+n)\theta - \alpha\}d\theta$$

$$= \frac{1}{2}\int \cos(m-n)\theta \cos \alpha d\theta - \frac{1}{2}\int \sin(m-n)\theta \sin \alpha d\theta$$

$$- \frac{1}{2}\int \cos(m+n)\theta \cos \alpha d\theta - \frac{1}{2}\int \sin(m+n)\theta \sin \alpha d\theta$$

$$= \frac{\cos \alpha}{2} \times \frac{1}{m-n}[\sin(m-n)\theta]_0^{2\pi}$$

$$+ \frac{\sin \alpha}{2} \times \frac{1}{m-n}[\cos(m-n)\theta]_0^{2\pi}$$

$$- \frac{\cos \alpha}{2} \times \frac{1}{m+n}[\sin(m+n)\theta]_0^{2\pi}$$

$$+ \frac{\sin \alpha}{2} \times \frac{1}{m+n}[\cos(m+n)\theta]_0^{2\pi} = 0$$

$m = n$の場合は，第1項に着目し

$\frac{1}{2}\int_0^{2\pi} \cos \alpha d\theta = \frac{1}{2} \times \cos\alpha \times 2\pi = \pi \cos \alpha$　となる。

【6】 ひずみ率の定義から

$$\text{ひずみ率} = \frac{\sqrt{\left(\frac{40}{\sqrt{2}}\right)^2 + \left(\frac{30}{\sqrt{2}}\right)^2}}{\frac{200}{\sqrt{2}}} = \frac{\frac{50}{\sqrt{2}}}{\frac{200}{\sqrt{2}}} = 0.25$$　答え（5）

【7】 平均値 $= \frac{50}{3} = 16.7$〔V〕

実効値　$I_e = \sqrt{\frac{1}{t_1}\int_0^{t_1} 50^2\, dt} = 28.9$〔V〕

波高率 $= \frac{50}{28.9} = 1.73$　　波形率 $= \frac{28.9}{16.7} = 1.73$

【8】 ひずみ波電力は，同一調波の電圧，電流の積を加えて求まるので

$$P = E_1 I_1 \cos \theta_1 + E_3 I_3 \cos \theta_3$$

$$= \frac{100}{\sqrt{2}} \times \frac{20}{\sqrt{2}} \times \cos\frac{\pi}{6} + \frac{50}{\sqrt{2}} \times \frac{10\sqrt{3}}{\sqrt{2}} \times \cos\left(-\frac{\pi}{3}\right) = 1\,082\,[\mathrm{W}]$$

$\fallingdotseq 1.08\,[\mathrm{kW}]$　　答え(2)

【9】 (1) 直流電流　$i_0 = \frac{100}{R} = \frac{100}{10} = 10\,[\mathrm{A}]$　　答え(ル)

(2) 基本波電流　$i_1 = \frac{50}{\sqrt{10^2 + 10^2}} = \frac{5}{\sqrt{2}} = 3.54\,[\mathrm{A}]$　　答え(リ)

(3) 第3調波電流　$i_3 = \frac{20}{\sqrt{10^2 + (3 \times 10)^2}} = \frac{20}{10\sqrt{10}} = 0.632\,[\mathrm{A}]$

答え(ハ)

(4) 位相角　$\phi_3 = \tan^{-1}\frac{3 \times 10}{10} = \tan^{-1}3$　　答え(ヘ)

(5) $P = 100 \times 10 + \frac{1}{2} \times 50 \times 2.5\sqrt{2} \times \cos\phi_1 + \frac{1}{2} \times 20 \times \frac{\sqrt{10}}{5}$

$\times \cos\phi_3$

$= 1\,000 + \frac{1}{2} \times 50 \times 2.5\sqrt{2} \times \frac{10}{\sqrt{10^2 + 10^2}} + \frac{1}{2} \times 20 \times \frac{\sqrt{10}}{5}$

$\times \frac{10}{\sqrt{10^2 + (3 \times 10)^2}}$

$= 1\,000 + 62.5 + 2 = 1064.5\,[\mathrm{W}]$　　答え(カ)

【10】 ***6.3.1*** 項参照。

【11】 ***6.3.1*** 項参照。

【12】 **解図 *6.1*** 参照。

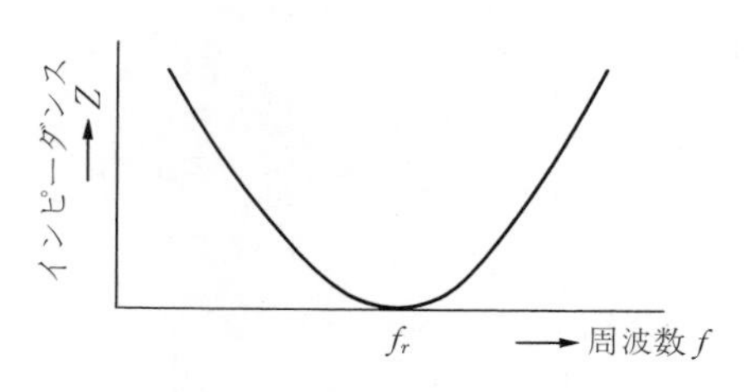

解図 *6.1*

【13】 (5)，演習問題【1】～【3】も参考にせよ。

【14】 波形率＝実効値/平均値，正弦波の波形率は1.11より，答えは(2)

【15】 **解図 *6.2*** のように，例えば，スタートの1の場合，右へ直線が引かれ，ヒステリシス曲線との交点1′が求まり，この点を垂直に伸ばし時間1の電流値（1″）となる。2も同様である。以下，順次12までつづけ，ひずみ波が得られる。

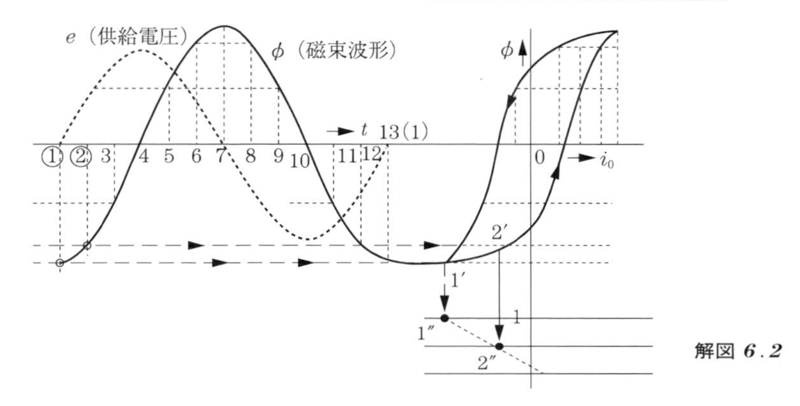

解図 6.2

7章

【1】 ***7.1.3*** 項参照。 答え（1）

【2】 ***7.2.2*** 節参照。平滑コンデンサCの働きを考えること。 答え（3）

【3】 $E_d = 0.9 \times E - 2v = 0.9 \times 200 - 2 \times 2 = 176$〔V〕

【4】 （4）

【5】 実効値の定義式から

$$V_0 = \sqrt{\frac{1}{2\pi}\int_0^{2\pi} {v_0}^2 d\theta} = \sqrt{\frac{1}{\pi}\int_0^{\pi} {v_0}^2 d\theta} = \sqrt{\frac{1}{\pi}\int_\alpha^{\pi} 2V^2 \sin^2\theta d\theta}$$

$$= \sqrt{\frac{V^2}{\pi}\int_\alpha^{\pi}(1-\cos 2\theta)d\theta} = \sqrt{\frac{V^2}{\pi}\left[\theta - \frac{1}{2}\sin 2\theta\right]_\alpha^{\pi}}$$

$$= \sqrt{V^2\left(\frac{\pi-\alpha}{\pi} + \frac{\sin 2\alpha}{2\pi}\right)}$$

よって　$\dfrac{V_0}{V} = \sqrt{1 - \dfrac{1}{2\pi}(2\alpha - \sin 2\alpha)}$

【6】 ***7.3.2*** 項参照。 答え（5）

【7】 （1） 6　（2） E　（3） $3\sqrt{2}/\pi \cdot E = 1.35\,E$

【8】 電源電圧 e の正の半サイクルにおいて，$\theta = \alpha$ でサイリスタ Th_1 をオンすると，電流 i_d は電源⇒ Th_1 ⇒ R ⇒ L ⇒ D_2 ⇒電源の径路で流れ，出力電圧 e_d は $e_d = e$ となる。$\theta = \pi$ で e が負に反転すると，ダイオード D_1 の陰極電位が D_2 のそれより低くなるため D_1 が導通し，D_2 の電流は D_1 に移る。以後サイリスタ Th_2 がオンされるまでは，電流 i_d は Th_1 ⇒ R ⇒ L ⇒ D_1 ⇒ Th_1 の径路で流れ，出力電圧 e_d は $e_d = 0$ となり，負荷は電源から切り離される。この期間 D_2 は電源電圧を逆電圧として受けオフ状態を保つ。

$\theta = \pi + \alpha$ でサイリスタ Th_2 がオンされると，Th_1 はオフし，電流 i_d は電

源 ⇒ Th_2 ⇒ R ⇒ L ⇒ D_1 ⇒ 電源の径路で流れ，出力電圧 e_d は $e_d = e$ となる。このとき Th_1 は電源電圧を逆電圧として受けオフ状態を保つ。以後の回路状態は $\alpha \leqq \theta \leqq \pi$ の期間と同じ繰返しである（**解図 *7.1***）。

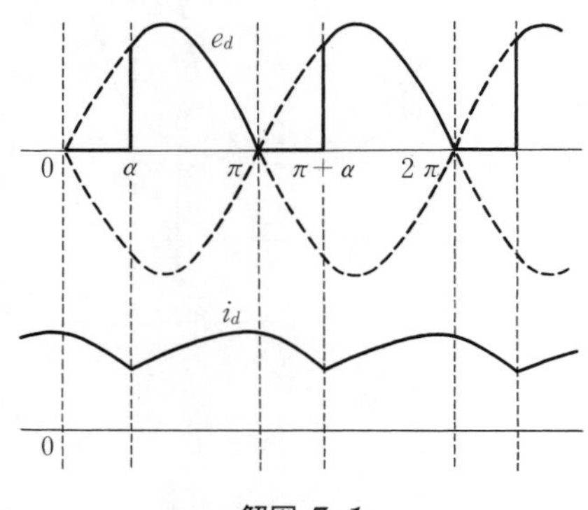

解図 *7.1*

【9】（1）

【10】***7.3.3*** 項，***9.1.1*** 項，***10.1.1*** 項などを参照。 答え（3）

【11】（1），***7.1.1*** 項参照。

【12】（5），***7.2.2*** 項参照。

【13】（5），$\alpha = 0$，π，$\pi/2$ の値をチェックする。***7.2.4*** 項参照。

【14】（a）―（2），（b）―（1）

負荷にインダクタンスがあると，抵抗だけの負荷と異なり，電源電圧が 0 になってもインダクタンスに蓄えられた電磁エネルギーの放出により，負荷電流が流れ続けようとする。

【15】**解図 *7.2*** 参照。

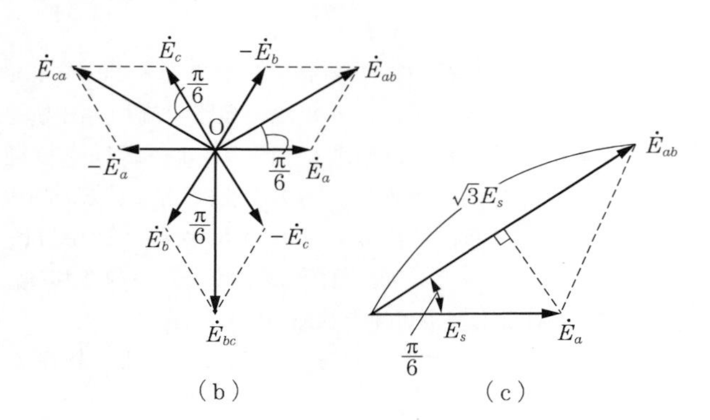

解図 *7.2*

8章

【1】 （1） 効率がよい （2） 静止形で寿命が長い （3） 小形，軽量，安価 （4） 制御が簡単で速い （5） 将来性がある など

【2】 インバータの負荷側の電圧がステップ状に変化すると，コンデンサ電流 $i = C(dv/dt)$ となるため非常に大きな電流が流れ，素子を破壊してしまうから。したがって，純抵抗負荷か直列にリアクトルが挿入されたものでなくてはならない。

【3】 奇関数であり，$a_0 = 0$, $a_n = 0$

$$b_1 = \frac{1}{\pi}\int_0^{2\pi} V \sin\theta d\theta = \frac{1}{\pi}\int_{\varphi/2}^{\pi-\varphi/2} E\sin\theta d\theta + \frac{1}{\pi}\int_{\pi+\varphi/2}^{2\pi-\varphi/2}(-E)\sin\theta d\theta$$

$$= \frac{E}{\pi}[-\cos\theta]_{\varphi/2}^{\pi-\varphi/2} + \frac{E}{\pi}[\cos\theta]_{\pi+\varphi/2}^{2\pi-\varphi/2}$$

$$= \frac{E}{\pi}\left(\cos\frac{\varphi}{2} + \cos\frac{\varphi}{2}\right) + \frac{E}{\pi}\left(\cos\frac{\varphi}{2} + \cos\frac{\varphi}{2}\right) = \frac{4E}{\pi}\cos\frac{\varphi}{2}$$

【4】 電流 i の波形は一般に $i = I_1 \exp(-R/L\cdot t) + I_2$ $I_2 = E/R$

定常状態では $t = 0$ のとき，$i = -I_o$，$t = 10$ ms のとき $i = I_0$ となる（**解図 *8.1***）。また $t = \infty$ においては $i = E/R = 10$〔A〕となるから $I_2 = 10$, $R/L \times 10\,\mathrm{ms} = 1$ よって，$I_1 + 10 = -I_0$ $I_1 \cdot e^{-1} + 10 = I_0$ より $I_1 = -20/(1 + e^{-1}) = -14.6$ ∴ $i = -14.6\exp(-100t) + 10$

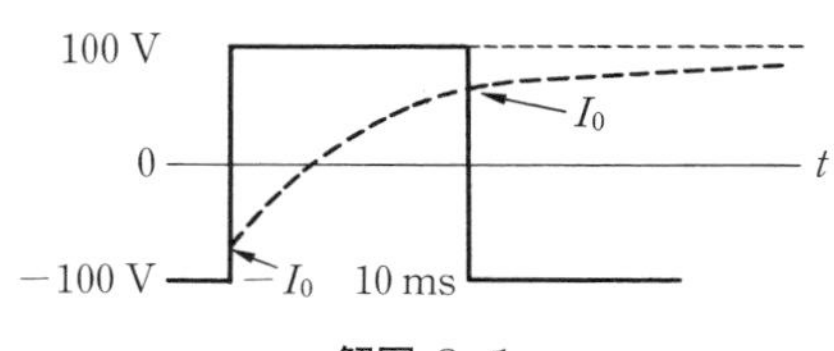

解図 *8.1*

【5】 120° 導通についても**図 *8.8*** のように 6 個のスイッチと三相抵抗負荷 R で単純化して考えてみる。同様に 60° を 1 ステップとして考える。ここでは参考に

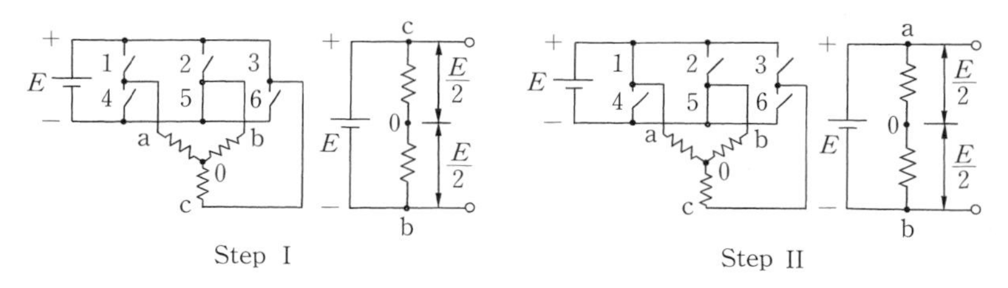

解図 *8.2*

Step Ⅰ，Ⅱのみ示してみる（**解図 8.2**）。

Step Ⅵまで行うとわかるとおり 120° 導通の場合は，180° 導通の場合の相電圧，線間電圧の関係が逆となり，線間電圧はつぎの**解図 8.3** のようになる。

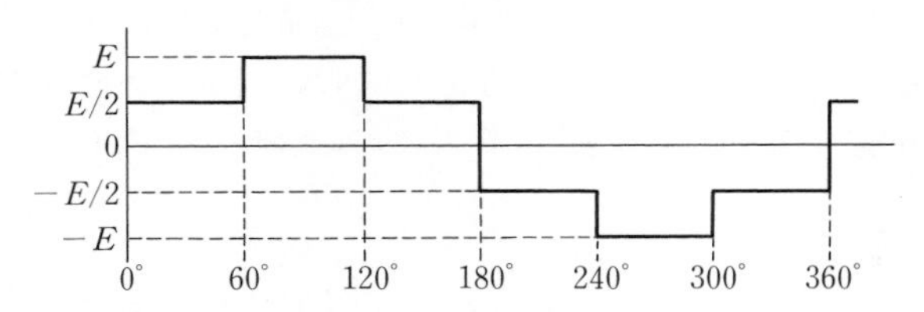

解図 8.3　線間電圧波形（120°導通）

【6】 奇関数であり，$a_0 = 0$，　$a_n = 0$

$$b_n = \frac{1}{\pi}\int_0^{2\pi} V \sin n\theta d\theta = \frac{1}{\pi}\int_0^{2\pi/3} E \sin n\theta d\theta + \frac{1}{\pi}\int_\pi^{5\pi/3} (-E) \sin n\theta d\theta$$

$$= \frac{E}{n\pi}[-\cos n\theta]_0^{2\pi/3} + \frac{E}{n\pi}[\cos n\theta]_\pi^{5\pi/3}$$

$$= \frac{E}{n\pi}(1 - \cos n\pi) + \frac{E}{n\pi}\left(\cos n\cdot\frac{5\pi}{3} - \cos n\cdot\frac{2\pi}{3}\right)$$

それぞれについて代入してみると，2 と 3 の倍数において $b_n = 0$　になることがわかる。したがって，$\theta = \omega t$　より

$$e(t) = \frac{4}{\pi}E\left(\sin\omega t + \frac{1}{5}\sin 5\omega t + \frac{1}{7}\sin 7\omega t + \frac{1}{11}\sin 11\omega t + \cdots\right)$$

【7】 概念的には 3 個の単相インバータを 3 台用いているが，出力波形，制御回路など一部異なるところがある（***8.4*** 節参照）。

【8】 (1) *LC* フィルタを使用する方法　(2) PWM インバータを使用する方法
(3) 多重インバータを使用する方法　(4) 電流形インバータを使用する方法
（逆起電力負荷，容量性負荷の場合）など

【9】 *5.5* 節参照。

【10】 (1)　ル　　(2)　ニ　　(3)　チ　　(4)　リ　　(5)　ヌ

【11】 図 *8.8* を参考に考える。

【12】 (a)　(4)，負荷電流は，インダクタンスの影響ですぐにゼロにはならず，そのまま t_r まで流れつづける。その間，D_3D_4を通って電源に帰還される。

(b)　(2)，$\tau = 5 \times 10^{-3}$〔s〕より

$$I_P = -I_P \times 0.367\,9 + (1 - 0.367\,9)$$

$$\therefore\quad I_P \fallingdotseq 46.2\ \mathrm{A}$$

【13】 (a)　(1)，演習問題【12】も参考にする。

(b)　(4)

【14】（5）

9 章

【1】① 保守不要（maintenance free）　② 高効率　③ 急速応答
④ 小形軽量化

【2】（1）ヲ　（2）ト　（3）ヘ　（4）ハ　（5）ヨ

【3】（1）ヘ　（2）ヨ　（3）リ　（4）ヲ　（5）ホ

【4】（1）$E_d = E_b \cdot \dfrac{T_{\mathrm{on}}}{T} = \dfrac{E_b}{T} \cdot \dfrac{T}{3} = \dfrac{100}{3} = 33.3$〔V〕

（2）$I_d = \dfrac{E_d}{R} = \dfrac{33.3}{10} = 3.33$〔A〕

（3）$I_b = \dfrac{1}{T}\displaystyle\int_0^{T/3} i_b\, dt = \dfrac{I_d}{3} = 1.11$〔A〕

（4）$I_{Df} = \dfrac{1}{T}\displaystyle\int_0^{2T/3} i_{Df}\, dt = \dfrac{2I_d}{3} = 2.22$〔A〕

（5）$P_i = \dfrac{1}{T}\displaystyle\int_0^{T/3} E_b i_b dt = \dfrac{E_b}{T}\displaystyle\int_0^{T/3} i_b dt = E_b I_b = 111.1$〔W〕

（6）$P_R = P_i = 111.1$〔W〕

【5】（1），**問図 *9.3*** は昇圧チョッパ $V_{d1} = E/(1-\alpha) = 200/(1-0.7) \fallingdotseq 667$〔V〕，**問図 *9.4*** は降圧チョッパ $V_{d2} = \alpha E = 0.7 \times 200 = 140$〔V〕

【6】① M-G 方式　② しゅう動抵抗器で調整　③ DC チョッパ方式

【7】**図 *9.11*** より $12 \times 3 = 36$〔個〕

【8】**解図 *9.1*** 参照。

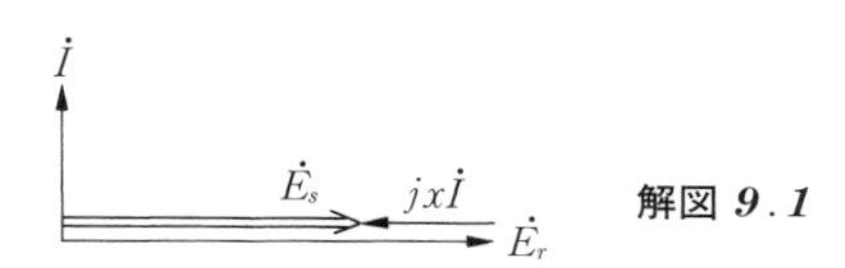

解図 *9.1*

【9】（a）（1）

（b）（2），$I_R = \dfrac{V_d}{R} = \dfrac{\alpha E}{R} = \dfrac{0.5 \times 100}{2} = 25.0$〔Ω〕

【10】（1）

【11】（a）（1）

（b）（4），負荷抵抗 R で消費される交流電力 P は $P = V^2/R$ より（***7*** **章**演習問題【5】も参照）

$$\frac{P_2}{P_1}=\left[\frac{V_s\sqrt{1-\dfrac{\alpha_2}{\pi}+\dfrac{\sin 2\alpha_2}{2\pi}}}{V_s\sqrt{1-\dfrac{\alpha_1}{\pi}+\dfrac{\sin 2\alpha_1}{2\pi}}}\right]^2=\frac{1-\dfrac{\frac{\pi}{4}}{\pi}+\dfrac{\sin\frac{\pi}{2}}{2\pi}}{1-\dfrac{\frac{\pi}{2}}{\pi}+\dfrac{\sin\pi}{2\pi}}=\frac{\dfrac{3}{4}+\dfrac{1}{2\pi}}{\dfrac{1}{2}}$$

$$\fallingdotseq 1.82$$

【12】（a）（4），周期 $T=1/f=1/500=2\times10^{-3}$〔s〕，降圧チョッパなので

$$V_a=\frac{T_{\mathrm{on}}}{T_{\mathrm{on}}+T_{\mathrm{off}}}E=\frac{T_{\mathrm{on}}}{T}E$$

$$\therefore\quad T_{\mathrm{on}}=\frac{V_a}{E}T=\frac{150}{200}\times2\times10^{-3}=1.5\times10^{-3}\,〔\mathrm{s}〕$$

（b）（2），回生制動（$V_1>200$ V が必要）であり，昇圧チョッパ回路になる。

$$V_1=\frac{T_{\mathrm{on}}+T_{\mathrm{off}}}{T_{\mathrm{off}}}V$$

$$\therefore\quad V=V_1\times\frac{T_{\mathrm{off}}}{T_{\mathrm{on}}+T_{\mathrm{off}}}=200\times\frac{2-0.4}{2}=160\,〔\mathrm{V}〕$$

10 章

【1】①（permanent magnet）（永久磁石）
②（proportion integral）（比例，積分）
③（variable voltage variable frequency）（可変電圧可変周波数）

【2】$60\times\dfrac{50}{1000}=3$〔サイクル〕

【3】解図 ***10.1*** 参照。

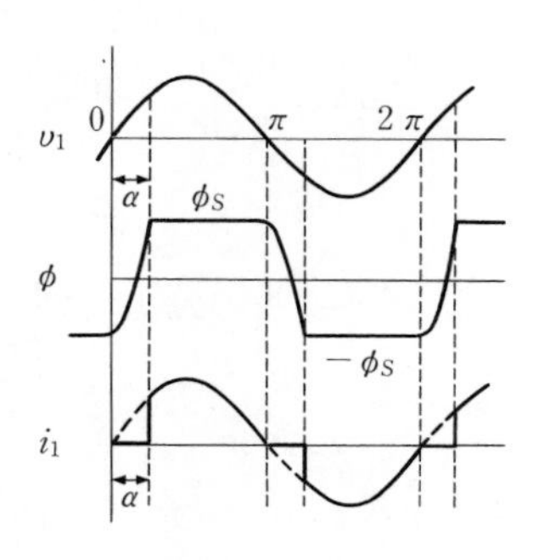

解図 ***10.1***

【4】① 界磁制御法　② 直列抵抗制御法　③ 電圧制御法

【5】図 ***10.5***（*a*）参照。

【6】 ***10.2.2*** 項参照。

【7】 変圧器の鎖交磁束 ϕ は電圧の積分により示される。例えば，電源が方形波の場合，最大磁束鎖交数 ϕ_m は $\phi_m = E/4f$ で示される。最大磁束密度を超えると励磁電流が急増したり，鉄損も急増したりする。そのため，鉄心が過渡時でも飽和しないよう余裕をもって設計される。設計最大磁束鎖交数が一定なら，方形波の波高値 E は f に比例する。

（補足）　$\phi = \dfrac{1}{N}\int edt$（$N$：巻数）で示される。

よって**解図 *10.2*** から

$$2\phi_m = \frac{1}{N}\int_0^{\frac{T}{2}} Edt = \frac{TE}{2N} = \frac{E}{2fN}$$

$$\therefore \quad E = 4fN\phi_m$$　となる。

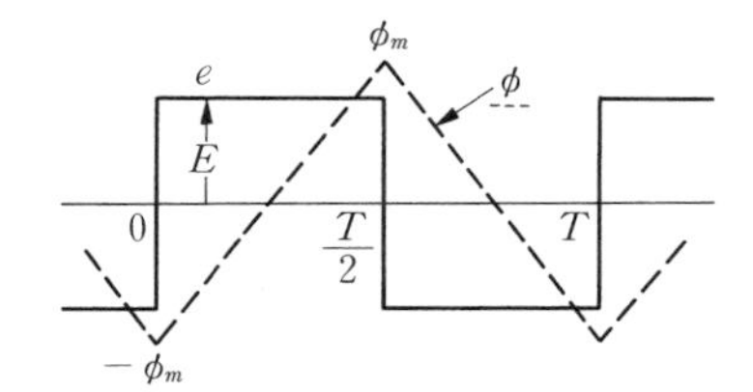

解図 *10.2*

【8】 誘導モータの発生するトルク T は二次電流 I_2 と二次導体に鎖交する磁束 Φ によって発生する。

$$T \propto \Phi \cdot I_2 = \frac{f_s}{2\cdot\pi\cdot R_2}\cdot\left(\frac{E}{f}\right)^2$$

以上のことから，誘起電圧 E と周波数 f の比を一定に保つことにより，磁束 Φ を一定にすることができるため，トルク T と二次電流 I_2 が比例関係となる。すなわち，誘起電圧 E と周波数 f の比を一定として変化させることにより，負荷トルクに比例した電流が流れ，このことにより，広範囲に安定した回転数制御をすることができる。実際のインバータでは，誘起電圧 E ではなく電動機の一次電圧降下を補償したインバータ出力電圧 V と出力周波数 f の比（V/f）を一定に制御している。

【9】 （1）

【10】 発熱量（誘電損）$\propto \varepsilon_s\cdot\tan\delta\cdot f\cdot V^2$ である。 答え（3）

【11】 （1） チ　（2） ヲ　（3） ホ　（4） ニ　（5） ハ

【12】 ***10.2.1*** 項参照。

【13】 (3)，静電容量には直流電流は流れないから，直流送電では静電容量の影響は受けず，充電電流は流れない。これは直流送電の利点の一つである。選択肢(1)，(4)は利点であり，(2)，(5)は欠点である。

【14】 (1)，パワーコンディショナの制御は最大電力点追従制御 MPPT（maximum power point tracking）が行われている。

【15】 以下のすべてに対して使用できる。

エアコン（インバータエアコン），冷蔵庫（インバータ冷蔵庫），洗濯機（インバータ洗濯機），掃除機（インバータ掃除機），照明（インバータ蛍光灯），テレビ（スイッチング電源），OA 機器（スイッチング電源），換気扇（ブラシレスモータ），レンジ（IH レンジ），電子レンジ（スイッチング電源）により小形化，高効率化，高性能化，長寿命化が達成されている。

【16】 つぎの事柄を調べてみよう。

インテリジェントパワーモジュール，次世代パワーデバイス，パワー IC，高温超電導，ファクツ，スマートグリッド，IoT，AI など。

索　　引

――著者略歴――

江間　敏（えま　さとし）
1975年　金沢大学工学部電気工学科卒業
1977年　東京工業大学大学院修士課程修了
1977年　国鉄（現JR）勤務
1985年　鉄道技術研究所主任研究員
1986年　沼津工業高等専門学校勤務
1991年　沼津工業高等専門学校助教授
2002年　沼津工業高等専門学校教授
2015年　沼津工業高等専門学校名誉教授

高橋　勲（たかはし　いさお）
1971年　東京工業大学大学院博士課程修了
（電気工学専攻）
工学博士（東京工業大学）
1971年　東京工業大学助手
1975年　宇都宮大学助教授
1978年　長岡技術科学大学助教授
1988年　長岡技術科学大学教授
1996年　IEEE Fellow
2003年　逝去

パワーエレクトロニクス（改訂版）
Power Electronics (Revised Edition)

2002年1月25日　初版第1刷発行
2021年4月30日　初版第17刷発行（改訂版）
2023年1月10日　初版第18刷発行（改訂版）

検印省略

著　者　江　間　　敏
　　　　高　橋　　勲
発行者　株式会社　コロナ社
　　　　代表者　牛来真也
印刷所　壮光舎印刷株式会社
製本所　株式会社　グリーン

112-0011　東京都文京区千石4-46-10
発行所　株式会社　コロナ社
CORONA PUBLISHING CO., LTD.
Tokyo Japan
振替00140-8-14844・電話(03)3941-3131(代)
ホームページ　https://www.coronasha.co.jp

ISBN 978-4-339-01216-3　C3354　Printed in Japan　（金）